普通高等院校

新工科人才培养机械工程系列规划教材

GONGCHENG CAILIAO YU CHENGXING JICHU

工程材料与成形基础

主 编 丁晓非 施 伟

副主编 鞠 恒 谢忠东

蔡卫国 李 栋

吴俊祥 张寒冰

于赢水

大连理工大学出版社

图书在版编目(CIP)数据

工程材料与成形基础 ：普通高等院校新工科人才培养机械工程系列规划教材 / 丁晓非，施伟主编. — 大连：大连理工大学出版社，2022.2(2024.8 重印)
ISBN 978-7-5685-3614-1

Ⅰ. ①工… Ⅱ. ①丁… ②施… Ⅲ. ①工程材料－成型－高等学校－教材 Ⅳ. ①TB3

中国版本图书馆 CIP 数据核字(2022)第 023531 号

大连理工大学出版社出版
地址:大连市软件园路 80 号 邮政编码:116023
发行:0411-84708842 邮购:0411-84708943 传真:0411-84701466
E-mail:dutp@dutp.cn URL:http://dutp.dlut.edu.cn
辽宁一诺广告印务有限公司印刷 大连理工大学出版社发行

幅面尺寸:185mm×260mm 印张:17 字数:391 千字
2022 年 2 月第 1 版 2024 年 8 月第 3 次印刷

责任编辑:王晓历 责任校对:孙兴乐
封面设计:对岸书影

ISBN 978-7-5685-3614-1 定 价:53.80 元

前言

在“新工科”建设背景下，要培养符合新工科建设所需要的国际化应用型人才，优秀的理实结合能力是必备条件。具有国际竞争力的工程人才不但要能熟练运用理论知识分析问题、提出方案，而且要能运用实践能力解决问题，这对高校的专业基础课教学提出了新的挑战。

《工程材料与成形基础》是高等院校机械类及相关专业的一门十分重要的专业基础课。本教材是在“新工科”建设的背景下，为高等院校机械类及相关专业学生量身打造的专业基础课教材，是普通高等院校新工科人才培养机械工程系列教材之一。本教材以国内外企业对工程人才的需求为驱动，以专业基础课教学中理论和实践两个部分为主要内容，针对机械工程类及相关专业学生学习要求，按照“材料的结构与性能—材料的成形理论与工艺—常用的工程材料—工程材料的应用”全面进行设计和编写，并体现以下特色：

1. 以学生为中心，立足应用，强化能力递进培养

在保证理论知识深度合适，兼顾材料学知识的系统性和实践性的同时，突出工程材料应用技能，把过于深奥的理论知识进行了简化；把机械设计、制造的选材及用材结合起来，将机械制造中常用的加工方法与材料的工艺性能相结合；以 4 个篇章递进式地对接新标准、新规范，采用的案例均以企业应用为中心，突出产、教、研融合；案例设计、课后思考题等均坚持“以学生为中心”的教学理念，注重训练学生逻辑思维能力以及培养学生在工程实践中选材、用材的能力，体现了“宽、新、用”的特色，符合应用型人才培养的需求。

2. 坚持立德树人，落实课程思政

本教材将思政元素润物无声地引入各章节中，将学知识、学技术与做人、做事相结合。本教材将社会主义核心价值观、中华优秀传统文化、国家主权、法治意识、人文素养、职业素养、专业精神、工匠精神、大国制造等思政元素穿插于各章节中，不仅可以激发学生的专业使命感和责任感，而且能够引领学生树立正确的世界观、人生观和价值观，坚定理想信念和爱国情怀。

3. 注重内容的多样性和广泛性，突出学校特色

本教材内容在保证传统、成熟材料知识的前提下，兼顾高分子材料、陶瓷材料及复合材料，增加了材料表面改性新技术、新型结构材料及功能材料等反映学科发展及新材料技术的内容；此外，本教材结合学校办学定位，兼具海洋特色，介绍了海洋装备及海洋材料防腐、船舶工程材料选材应用等方面知识。

4. 构建立体化、数字化教学资源，助力教与学

本教材推出视频微课及知识拓展链接，学生可即时扫描二维码进行观看与阅读，真正实现教材的数字化、信息化、立体化。本教材力求增强学生学习的自主性与自由性，将课堂教学与课下学习紧密结合，力图为广大读者提供更为全面且多样化的教材配套服务。

本教材编写理念先进，编写团队均来自教学一线和企业人员，为培养高素质“新工科”

国际化应用型人才奠定坚实的基础。本教材由大连海洋大学丁晓非、施伟任主编；由大连海洋大学鞠恒、谢忠东、蔡卫国，上海卓然（靖江）设备制造有限公司李栋，本溪钢铁（集团）矿业有限责任公司吴俊祥，大连海洋大学张寒冰、于赢水任副主编。具体编写分工如下：第 1 章、第 2 章、第 3 章、第 6 章、第 15 章由丁晓非编写，第 4 章、第 5 章、第 8 章、第 14 章由施伟编写，第 11 章、第 12 章、第 13 章由鞠恒编写，第 7 章、第 16 章由谢忠东编写，第 9 章、第 10 章由蔡卫国编写。全书的整体设计由丁晓非和施伟完成，书中相关的新标准和案例的完善由李栋和吴俊祥提供，书中的图、表及文字审核由张寒冰、于赢水完成。

本教材在编写过程中得到了大连理工大学齐民、谭毅、王富岗等的指导，在此表示衷心的感谢。

在编写本教材的过程中，编者参考、引用和改编了国内外出版物中的相关资料以及网络资源，在此表示深深的谢意！相关著作权人看到本教材后，请与出版社联系，出版社将按照相关法律的规定支付稿酬。

尽管我们在教材建设的特色方面做出了许多努力，但由于编者水平有限，书中不足之处在所难免，恳望各教学单位、教师及广大读者批评指正。

编 者

2022 年 2 月

所有意见和建议请发往：dutpbk@163.com
欢迎访问高教数字化服务平台：http://hep.dutpbook.com
联系电话：0411-84708445　84708462

目　录

第1篇　材料的结构与性能

第1章　材料科学与工程引论 …… 3
1.1　材料与工程 …… 4
1.2　材料科学与工程 …… 5
第2章　金属材料的晶体结构 …… 7
2.1　纯金属的晶体结构 …… 7
2.2　实际金属的晶体结构与晶体缺陷 …… 15
2.3　合金的相结构 …… 18
第3章　金属材料的性能 …… 23
3.1　金属材料的力学性能 …… 23
3.2　金属材料的物理、化学性能 …… 26
3.3　金属材料的工艺性能 …… 27

第2篇　材料的成形理论与工艺

第4章　金属的凝固 …… 31
4.1　金属的结晶与同素异构转变 …… 31
4.2　合金的结晶 …… 34
4.3　铁-碳合金相图 …… 45
第5章　金属的液态成形 …… 62
5.1　金属铸造成形理论基础 …… 63
5.2　砂型铸造 …… 72
5.3　特种铸造 …… 76
5.4　铸件的结构设计 …… 84
第6章　金属的塑性变形与再结晶 …… 89
6.1　金属的塑性变形 …… 89
6.2　冷塑性变形对金属组织和性能的影响 …… 94
6.3　回复与再结晶 …… 96
6.4　热加工对金属组织与性能的影响 …… 100
第7章　金属的塑性成形 …… 103
7.1　自由锻 …… 104
7.2　模　锻 …… 110
7.3　冲　压 …… 114
7.4　其他压力加工成形方法 …… 117
第8章　钢的热处理 …… 120
8.1　钢在加热时的转变 …… 121
8.2　钢在冷却时的转变 …… 123
8.3　钢的退火与正火 …… 130
8.4　钢的淬火 …… 133
8.5　钢的回火 …… 138
8.6　钢的表面热处理和化学热处理 …… 141
8.7　钢的热处理新技术与表面处理新技术 …… 145

第 9 章　金属连接成形……149
9.1　焊　接……149
9.2　机械连接……160
9.3　胶　接……162
第 10 章　先进成型技术……164
10.1　快速成型技术……164
10.2　陶瓷成型技术……173
10.3　复合材料成型技术……176

第 3 篇　常用的工程材料

第 11 章　工业用钢……183
11.1　钢的分类及牌号……183
11.2　结构钢……184
11.3　工具钢……192
11.4　特殊性能钢……198
第 12 章　铸　铁……202
12.1　铸铁的分类……202
12.2　铸铁的石墨化……203
12.3　常用铸铁……206
第 13 章　有色金属及其合金……212
13.1　铝及铝合金……212
13.2　铜及铜合金……218
13.3　钛及钛合金……222
13.4　滑动轴承合金……223

第 4 篇　工程材料的应用

第 14 章　非金属材料与新材料……231
14.1　高分子材料……231
14.2　陶瓷材料……236
14.3　新型工程材料简介……240
14.4　新材料简介……243
第 15 章　机械零件的失效分析与选材……246
15.1　零件的失效……246
15.2　失效分析的特点……248
15.3　失效分析案例……248
15.4　材料的选择……249
第 16 章　典型零件选材及工艺路线分析……252
16.1　齿　轮……252
16.2　轴类零件……254
16.3　弹　簧……256
16.4　刀具类零件……258
16.5　工程材料应用示例……259
参考文献……263

第1篇 材料的结构与性能

第1章 材料科学与工程引论

在人类社会的发展过程中，材料的发展水平始终是时代进步和社会文明的标志。材料在人类文明的发展中起着至关重要的作用，没有材料的发展就没有人类文明的进步，而人类文明的进步又反过来促进材料的发展。在当代，材料、能源、信息是构成社会文明和国民经济的三大支柱，其中材料更是科学技术发展的物质基础和技术先导。

人类社会的发展历程，是以材料为主要标志的。100 万年以前，原始人以石头作为工具，处于旧石器时代。1 万年以前，人类对石器进行加工，使之成为器皿和精致的工具，从而进入新石器时代。新石器时代后期，出现了利用黏土烧制的陶器。人类在寻找石器过程中认识了矿石，并在烧陶生产中发展了冶铜术，开创了冶金技术。公元前 5000 年，人类进入青铜器时代。公元前 1200 年，人类开始使用铸铁，从而进入了铁器时代。随着技术的进步，又发展了钢的制造技术。18 世纪，钢铁工业的发展，成为产业革命的重要内容和物质基础。19 世纪中叶，现代平炉和转炉炼钢技术的出现，使人类真正进入了钢铁时代。

与此同时，铜、铅、锌等也大量得到应用，铝、镁、钛等金属相继问世并得到应用。直到 20 世纪中叶，金属材料在材料工业中一直占有主导地位。20 世纪中叶以后，科学技术迅猛发展，新材料又出现了划时代的变化。首先是人工合成高分子材料问世，先后出现了尼龙、聚乙烯、聚丙烯、聚四氟乙烯等塑料，以及维尼纶、合成橡胶、新型工程塑料、高分子合金和功能高分子材料等，并得到广泛应用。仅半个世纪，高分子材料已与有上千年历史的金属材料并驾齐驱，并在年产量上已超过了钢，成为国民经济、国防尖端科学和高科技领域不可缺少的材料。其次是陶瓷材料的发展。近几十年来，陶瓷材料的应用及发展是非常迅速的。作为继金属材料、高分子材料后最有潜力的发展材料之一，陶瓷材料在各方面的综合性能明显优于目前使用的金属材料和高分子材料。陶瓷材料的应用前景相当广阔,尤其是能源、信息、空间和计算机技术的快速发展,更加拉动了陶瓷等具有特殊性能材料的应用。

现代材料科学技术的发展,促进了金属、非金属无机材料和高分子材料之间的密切联系,从而出现了一个新的材料领域——复合材料。复合材料以一种材料为基体,以另一种或几种材料为增强体,可获得比单一材料更优越的性能。复合材料作为高性能的结构材料和功能材料,不仅应用于航空航天领域,而且在现代民用工业、能源技术和信息技术方面不断扩大应用。

1.1 材料与工程

材料是人民生活水平提高不可或缺的物质基础,是开发能源和治理环境污染的重要保障。在人类历史中,材料的更新换代推动了人类社会的变革,促进了人类文明的发展。在一轮又一轮的技术革命中,材料作为主导力量一次又一次推动着科技与文明的发展。18 世纪中叶发生于英国的第一次科技革命,为人类社会的发展掀开了新的篇章。这次遍及欧洲和北美洲国家和地区的技术革命以钢铁和铜等新材料的开发为基础,以纺织机械革新为起点,以蒸汽机的广泛使用为标志,实现了工业生产从手工工具到机械化的转变,使以机器为主体的工厂制度代替了以手工技术为基础的手工工坊,从而把人类带进了蒸汽时代。随后,兴起于 19 世纪末到 20 世纪中叶的第二次技术革命,以石油开发和新能源广泛使用为突破口,以电的发明和广泛应用为标志,大力发展飞机、汽车和其他工业。支持这个时期产业革命的仍然是新材料开发,如合金钢、铝合金以及各种非金属材料的发展。而兴起于 20 世纪中叶的第三次技术革命更是以原子能应用为标志,实现了合成材料、半导体材料等大规模工业化、民用化。以民航机的发展历程为例,油耗逐年下降的可喜变化一方面是设计与机型的扩大所致,另一方面则在于材料的不断改进,而 PWA 客机每减重 1 千克,就多赢利 104 美元。到如今,在航空航天领域,飞机、导弹、卫星与飞船的发展,材料依然是关键。战斗机性能的提高,三分之二靠材料;发动机性能的提高,材料的作用占二分之一。对空间飞行器来说,随着材料的改进,收益更为显著。步入 21 世纪,以半导体材料和光电子材料为代表的信息功能材料堪称信息时代最活跃的科技领域之一。以硅为基础的微电子技术仍将占据十分重要的位置。尤其是不同档次的硅芯片在 21 世纪大量存在,并有所发展。如在绝缘体衬底上的硅,凭借着低功耗、低漏电、高集成度、高速度、工艺简单的优势广泛应用于便携式通信系统,发挥其既耐高温又抗辐射的作用。

有人说"21 世纪是生命科学时代",换言之,生物材料与智能材料将受到高度重视。因为在医学上,除神经系统以外的各种器官大都可以制造。目前在生物学家、工程师和材料科学家的通力合作下,人们正在尝试利用照相机、光导系统与视网膜细胞协同为盲人复明。除此之外,人造丝、陶瓷等仿生材料的研究和应用更是给人们的生活带来了翻天覆地的变化。由此可见，无论是工业生产、科技发明，还是人们的日常生活，材料对于人类社会的发展发挥了不可估量的作用。

1.2 材料科学与工程

材料科学与工程包括材料科学与材料工程两大部分。材料科学研究材料的组织、结构与性能之间的关系，探索自然规律，以便更好地指导材料的成功应用。它考虑的是成分与结构对材料性质、使用效能的影响。材料工程是研究材料在制备过程中的工艺和工程技术问题。它考虑的是合成与加工对材料性质、使用效能的影响。

材料科学的形成是科学技术发展的结果。为了说明这一论点，我们从以下几个方面加以论述：首先，固体物理、无机化学、有机化学、物理化学等学科的发展及对物质结构和物性的深入研究，推动了对材料本质的研究和了解；同时，冶金学、金属学、陶瓷学等对材料本身的研究也大大加强，从而对材料的制备、结构和性能，以及它们之间的相互关系的研究也越来越深入，这为材料科学的形成打下了坚实的基础。其次，在材料科学这个名词出现以前，金属材料、高分子材料与陶瓷材料科学都已自成体系，它们之间存在着颇多相似之处，可以相互借鉴，促进本学科的发展。如马氏体相变本来是金属学家提出来的，而且被广泛地用来作为钢热处理的理论基础。但在氧化锆陶瓷材料中也发现了马氏体相变现象，并被作为陶瓷增韧的一种有效手段。另外，各类材料的研究设备与生产手段也有很多相似之处。虽然不同类型的材料各有专用测试设备与生产装置，但更多的是相同或相近的，如光学显微镜、电子显微镜、表面测试及物理性能和力学性能测试设备等。在材料生产中，许多加工装置也是通用的。研究设备与生产装备的通用不但节约了资金，更重要的是相互得到启发和借鉴，加速了材料的发展。总之，科学技术的发展，要求不同类型的材料之间能相互代替，充分发挥各类材料的优越性，以达到物尽其用的目的。长期以来，金属、高分子及无机非金属材料学科相互分割，自成体系。互不了解限制了材料的选择范围，也限制了各种材料之间的相互融合和发展，由此产生了复合材料。复合材料在多数情况下是不同类型材料的组合，通过材料科学的研究，可以对各种类型材料有一个更深入的了解，为复合材料的发展提供必要的基础。

研究与发展材料的目的在于应用，而且材料必须通过合理的工艺流程才能制备出具有实用价值的材料，通过批量生产才能成为工程材料。在将实验室的研究成果变成实用工程材料的过程中，材料的制备工艺、检测技术、计算机技术等起着重要的作用，这也是材料工程的主要研究领域。

材料制备工艺是发展材料的基础。传统材料可以通过改进工艺提高产品质量和生产率以及降低成本。新材料的发展与工艺技术的关系更为密切。例如，外延技术的出现，使得人们可以精确地控制材料到几个原子的厚度，从而为实现原子、分子设计提供了有效的手段。快冷技术的采用,为金属材料的发展开辟了一条新路:首先是随着非晶态的形成,出现了许多性能优异的材料;其次,利用快冷技术得到超细晶粒金属,提高了材料的性能;此外,利用快冷技术发现了准晶态的存在,改变了晶体学中的某些传统观念。许多性能优异、有发展前途的材料,如工程陶瓷、高温超导材料等,由于脆性和稳定性问题及成本太高而不能大量推广应用,这些问题都需要工艺革新来解决。因此,发展新材料必须把工艺技术的研究与开发放在十分重要的位置。现代化的材料制备工艺和技术往往与某些条件密切相联系,如利用空间失重条件进行晶体生长等;此外,强磁场、强冲击波、超高压、超高真空及强制冷却等都可能成为材料制备工艺的有效手段。

材料科学的发展在很大程度上依赖于检测技术的提高。每一种新仪器和测试手段的发明创造,都对当时新材料的出现和发展起到了促进作用。1863 年,光学显微镜用于金属材料的研究。随后又出现了电子显微镜、扫描电镜、高分辨率电镜,其点分辨率在 0.2 nm 左右,足以观察到原子,为研究材料的内部组织结构提供了先决条件。而后又出现扫描透射电镜、扫描隧道显微镜,不但可以观察到原子,分析出微小区域的化学成分和结构,还可用来进行原子加工,为在微观结构上设计新材料打下了基础。

检测技术又是控制材料工艺流程和产品质量的主要手段,其中无损检测不但可以检测材料的宏观缺陷,还可监控裂纹的萌生和发展,为材料的失效分析提供依据。各种检测用传感器,利用物理、化学或生物原理来传递材料在使用和生产过程中所产生的信息,从而达到控制产品质量的目的。随着科学技术的发展,各种检测技术和检测装置不断更新,适应在线、动态及各种恶劣环境测试的检测装置将用于材料的研究和生产中。

随着现代高新技术的发展,对材料的性能要求越来越高,由此对材料科学本身也提出了更高的要求,对材料微观结构与宏观性能关系的了解日益深刻,人们将可以从理论上预测具有特殊结构与功能的材料体系,设计出符合要求的新型材料,并通过先进工艺和技术将其制造出来。在计算机技术迅猛发展的今天,计算机模拟已经成为解决材料科学中实际问题的重要手段。

材料科学与工程的形成与发展有着内在的、更深刻的原因。材料的研究涉及多种学科,材料科学与材料工程必须相互结合才能转化为生产力,从而为人类社会的进步做出应有的贡献。

思考题

1-1 材料科学与材料工程研究的对象有什么不同?

1-2 为什么说材料是科学进步的先导?

1-3 说明材料科学与工程之间的关系。

第2章

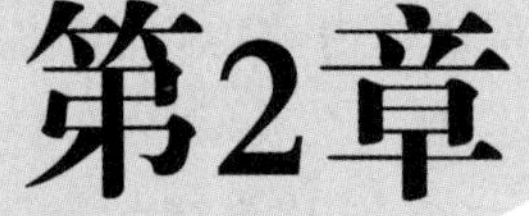

带你走进晶体结构

金属材料的晶体结构

2.1 纯金属的晶体结构

金属材料的性能与其内部的原子排列(晶体结构)密切相关，金属在加工过程中的许多变化也与晶体结构有关,因此必须首先了解金属的晶体结构。

2.1.1 晶体结构的概念

1.晶体与非晶体

固态物质按其内部原子(离子或分子)聚集状态的不同,可以分为晶体和非晶体两大类。晶体内部的原子(离子或分子)在三维空间内做有规律的周期性重复排列,如图 2-1 所示,而非晶体的原子(离子或分子)则是无规则地杂乱堆积在一起的。自然界中绝大多数固体都是晶体,如常用的金属材料、半导体材料等;少数固体(如普通玻璃、松香、沥青等)是非晶体。

图 2-1　晶体中的原子排列模型

晶体和非晶体原子排列方式的不同，导致在性能上出现较大的差异，主要包括：

(1)晶体具有固定的熔点(如铁的熔点为 1 538 ℃，铜的熔点为 1 083 ℃)；而非晶体没有固定的熔点，随着温度的升高，固态非晶体将逐渐变软，最终成为有流动性的液体。冷却时，液体逐渐稠化，最终变为固体。

(2)晶体在不同方向上具有不同的性能，即表现出各向异性；而非晶体在各个方向上的原子聚集密度大致相同，表现出各向同性。

2. 晶格

为便于分析和描述晶体内部原子的排列规律，我们把晶体内部的原子近似地看作刚性球体，并用假想的直线将这些球体的中心连接起来，就得到一个表示晶体内部原子排列规律的空间格架，称为晶格，如图 2-2(a)所示。晶格中的每个点，称为结点。

3. 晶胞

由于晶体中原子排列具有周期性的特点，为了便于分析，通常从晶格中选取一个能完全反映晶格特征的最小几何单元来研究晶体中原子排列的规律，这个最小的几何单元称为晶胞，如图 2-2(b)所示。晶胞在三维空间中重复排列便可构成晶格和晶体。

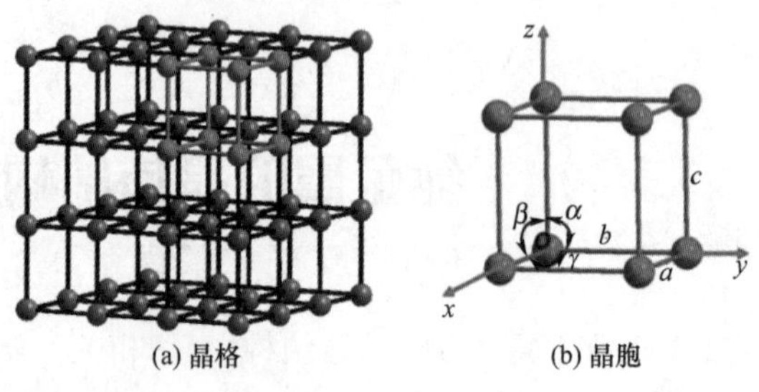

图 2-2 晶格和晶胞

4. 晶格常数

晶胞的大小和形状用晶胞的棱边长度 a,b,c 和棱边夹角 α,β,γ 来表示，如图 2-2(b)所示。晶胞中的各棱边的长度称为晶格常数。当晶格常数 $a=b=c$，棱边夹角 $\alpha=\beta=\gamma=90°$时，这种晶格称为立方晶格。

2.1.2 金属键和金属材料的特性

1. 金属键

金属原子的结构特点是其外层电子(价电子)的数目少，而且它们与原子核的结合力较弱，故价电子极易挣脱原子核的束缚而成为自由电子。当大量的金属原子聚合在一起构成金属晶体时，绝大部分金属原子将失去价电子而变成正离子，脱离了原子核束缚的价电子以自由电子的形式在正离子之间自由运动，为整个金属所共有，形成“电子云”。金属晶体就是依靠各正离子和自由电子间的相互引力而结合起来的，而电子与电子之间及正离子与正离子之间的斥力与这种引力相平衡，从而使金属呈现稳定的晶体状态。这种由金属正离子和自由电子相互吸引而结合的方式称为金属键，如图 2-3 所示。在金属晶体中，自由电子弥漫在整个体积内，所有的正离子都处于同样的环境中，全部正离子均可看成具有一定体积的圆球，所以金属键无方向性和饱和性。

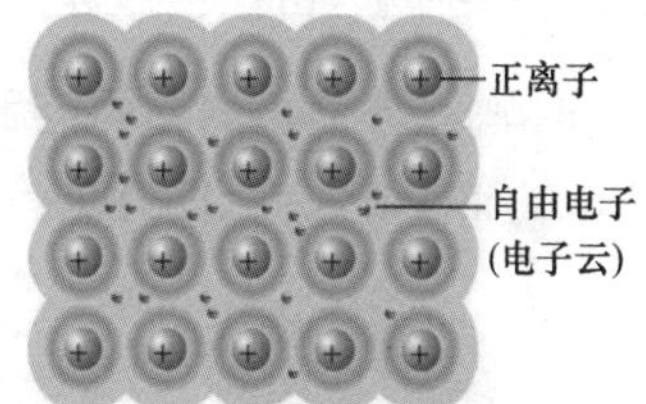

图 2-3 金属键

2. 金属材料的特性

由于绝大多数金属均以金属键方式结合，因此根据金属键的本质，可以解释固态金属的一些基本特性。

(1)金属导电性好

在外电场作用下，金属中的自由电子会沿着电场方向做定向运动而形成电流，故金属具有良好的导电性。

(2)金属导热性好

金属中的正离子在固定位置做高频热振动，对自由电子的流动造成阻碍作用，且随着温度的升高，正离子的振幅加大，对自由电子通过的阻碍作用加大，故金属具有正的电阻温度系数；由于正离子的热振动和自由电子的热运动可以传递热能，因此金属具有良好的导热性。

(3)金属塑性好

金属中发生原子面的相对位移时，金属晶体仍旧保持金属键结合，故金属具有良好的塑性。

(4)金属不透明

金属中的自由电子可吸收可见光的能量，故金属不透明。

(5)金属具有特殊光泽

金属中吸收了能量的自由电子被激发、跃迁到较高能级，当它跳回到原来能级时，将所吸收的能量以电磁波的形式辐射出来，使金属具有特殊光泽。

2.1.3 金属中常见的晶格类型

金属中，除少数具有复杂的晶格结构外，大多数具有以下三种晶格类型：

1. 体心立方晶格

体心立方晶格的晶胞是一个立方体，如图 2-4 所示，通常只用一个晶格常数 a 表示即可。在体心立方晶胞的每个顶角上和晶胞中心处都排列一个原子，如图 2-4(a)、图 2-4(b)所示。由图 2-4(c)可见，体心立方晶胞每个角上的原子为相邻的八个晶胞所共有，每个晶胞实际上只占有 1/8 个原子，而中心的原子为该晶胞所独占。所以，体心立方晶胞中原子数为 $8\times\frac{1}{8}+1=2$ 个。体心立方晶胞沿着体对角线方向上的原子是彼此紧密排列的，如

图 2-4(d)所示，由此可计算出原子半径 r 与晶格常数 a 的关系为 $r=\frac{\sqrt{3}}{4}a$。

体心立方晶格的不同金属，由于其原子直径不同，晶格常数也不同。属于这种晶格类型的金属有铬(Cr)、钨(W)、钼(Mo)、钒(V)及 α-铁(α-Fe)等。

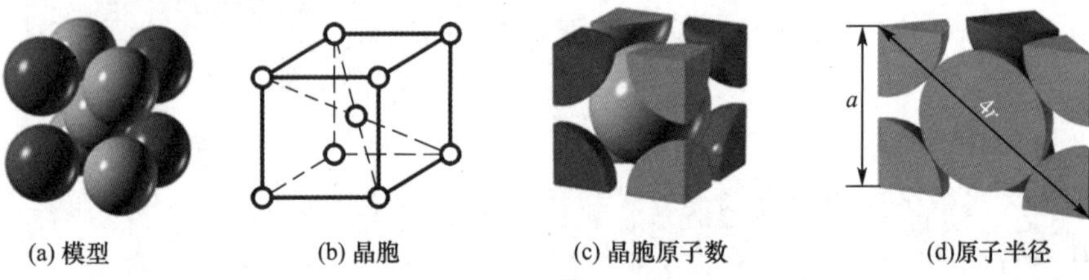

图 2-4 体心立方晶胞

2. 面心立方晶格

面心立方晶格的晶胞也是一个立方体，如图 2-5 所示，也只用一个晶格常数 a 表示即可。在面心立方晶胞的每个角上和六个面的中心都排列一个原子，如图 2-5(a)、图 2-5(b)所示。由图 2-5(c)可见，面心立方晶胞每个角的原子为相邻的八个晶胞所共有，而每个面的中心处的原子为两个晶胞所共有。所以，面心立方晶胞的原子数为 $8\times\frac{1}{8}+6\times\frac{1}{2}=4$ 个。面心立方晶胞每个面上沿对角线方向的原子是紧密排列的，如图 2-5(d)所示，故原子半径 $r=\frac{\sqrt{2}}{4}a$。不同金属的面心立方晶格的晶格常数不同。属于这种晶格类型的金属有铝(Al)、铜(Cu)、金(Au)、银(Ag)、铅(Pb)、镍(Ni)及 γ-铁(γ-Fe)等。

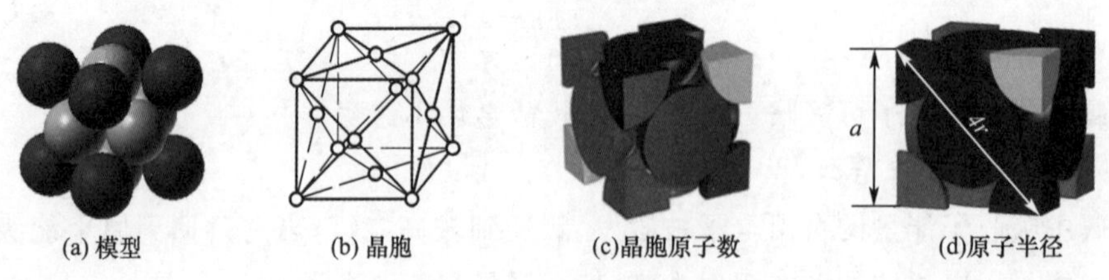

图 2-5 面心立方晶胞

3. 密排六方晶格

密排六方晶格的晶胞是一个六方柱体，它是由六个呈长方形的侧面和两个呈六边形的上、下底面组成，其晶格常数为柱体的高度 c 和六边形底面的边长 a。在密排六方晶胞的各个棱角上和上、下两个底面的中心处都排列一个原子，此外在棱柱体的中间还排列三个原子，如图 2-6(a)、图 2-6(b)所示。由图 2-6(c)可见，密排六方晶胞各个棱角上的原子为相邻的六个晶胞所共有，上、下底面中心的原子为两个晶胞所共有，晶胞中间的三个原子为该晶胞独有。所以，密排六方晶胞的原子数为 $12\times\frac{1}{6}+2\times\frac{1}{2}+3=6$ 个。密排六方晶胞的晶格常数比值 $c/a\approx1.633$，如图 2-6(d)所示，其晶胞的原子半径 $r=\frac{1}{2}a$。

属于这种晶格类型的金属有镁(Mg)、铍(Be)、镉(Cd)、锌(Zn)等。

(a) 模型

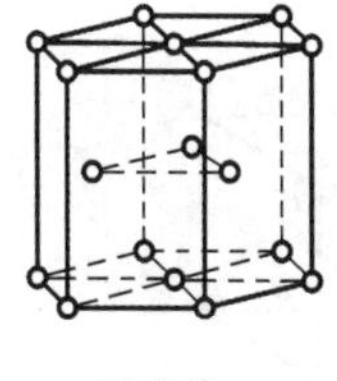
(b) 晶胞

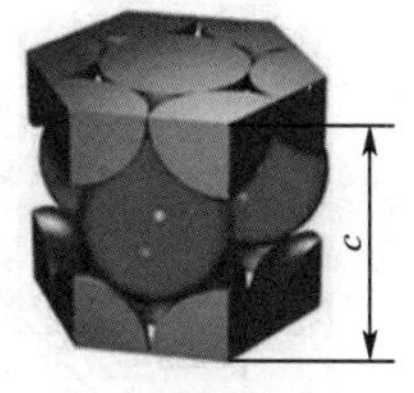

(c) 晶胞原子数

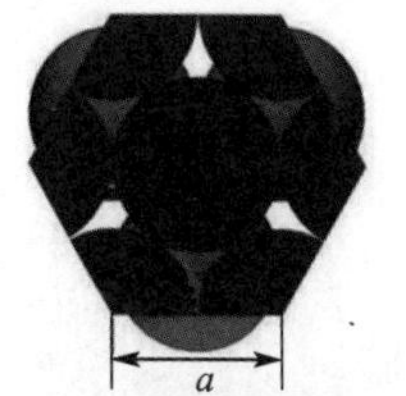

(d)晶胞原子数模型俯视

图 2-6 密排六方晶胞

2.1.4 晶格的致密度

晶格中原子排列的紧密程度常用晶格的致密度表示。致密度是指晶胞中原子所占体积与该晶胞体积之比。根据晶胞中的原子数目、原子的大小和晶格常数可算出:晶体的致密度=(晶胞中的原子数目×原子体积)/晶胞体积

三种典型金属晶格的参数见表 2-1。从表中可见,体心立方晶格中有 68%的体积被原子所占据,面心立方晶格及密排六方晶格的致密度均为 74%。金属晶体内其余部分为空隙。显然,晶格的致密度越大,其原子排列越紧密。此外,还常用"配位数"来描述晶体中原子排列的紧密程度。所谓配位数,是指晶格中任一原子周围所紧邻的最近且等距离的原子数。配位数越大,原子排列也越紧密。

表 2-1 三种典型金属晶格的参数

晶格类型	晶胞中的原子数	原子半径	致密度	配位数
体心立方晶格	2	$\frac{\sqrt{3}}{4}a$	0.68	8
面心立方晶格	4	$\frac{\sqrt{2}}{4}a$	0.74	12
密排六方晶格	6	$\frac{1}{2}a$	0.74	12

2.1.5 晶面和晶向

在金属晶体中,通过一系列原子中心所构成的平面,称为晶面。通过两个以上原子中心的直线,可代表晶体内原子排列的方向,称为晶向。为了便于研究,晶格中任何一个晶面和晶向都用一定的符号来表示。表示晶面的符号称为晶面指数。表示晶向的符号称为晶向指数。

1. 晶面指数

现以图 2-7 中的晶面 $ABB'A'$为例,说明确定晶面指数的方法。

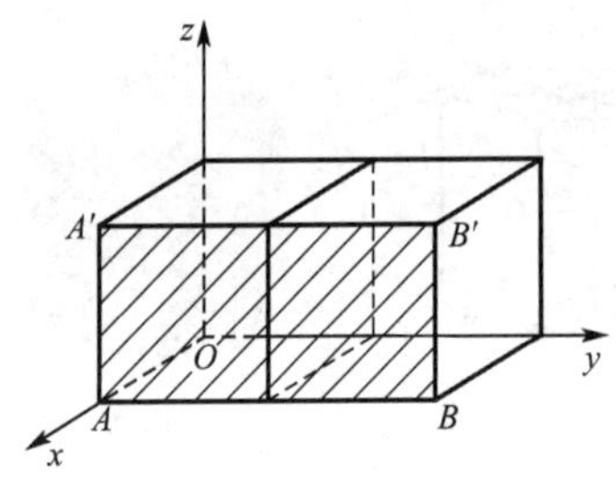

图 2-7 晶面指数的确定方法

(1)设坐标:在晶格中,沿晶胞的互相垂直的三条棱边为 x,y,z 坐标轴,坐标轴的原点应位于欲定晶面的外面,以免出现零截距。

(2)求截距:以晶格常数作为长度单位,求出欲定晶面在三条坐标轴上的截距。图 2-7 中晶面 $ABB'A'$ 在 x,y,z 轴上的截距分别为 $1,\infty,\infty$。

(3)取倒数:将各截距值取倒数。上例所得的截距的倒数为 1,0,0(取倒数的目的是避免晶面指数中出现无穷大)。

(4)化整数:将上述三个倒数按比例化为最小的简单整数。上述倒数化整数为 1,0,0。

(5)列括号:将上述各整数依次列入圆括号内,即得晶面指数。晶面指数的一般格式为(hkl),则图 2-7 中晶面 $ABB'A'$ 的晶面指数为(100)。

图 2-8 所示为立方晶格中某些常用的晶面及晶面指数,即(100),(110),(111)。

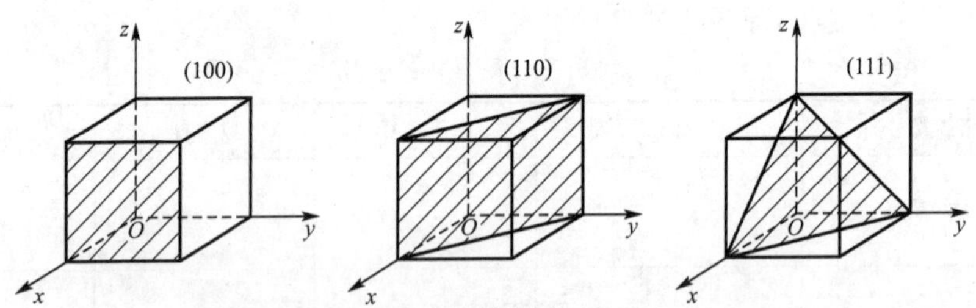

图 2-8 立方晶格中某些常用的晶面及晶面指数

若晶面的截距为负数,则在指数上加负号,如($\bar{1}11$)面。若某个晶面(hkl)的指数都乘以-1,则得到($\overline{hkl}$)晶面,那么晶面(hkl)与($\overline{hkl}$)属于一组平行晶面,如晶面 (111)与晶面 ($\overline{111}$),这两个晶面一般用一个晶面指数(111)来表示。还需指出:晶面指数并非仅指晶格中的某一晶面,而是泛指该晶格中所有与其平行的位向相同的晶面。另外,在立方晶格中,由于原子排列具有高度的对称性,往往存在有许多原子排列完全相同但在空间位向不同(不平行)的晶面,这些晶面总称为晶面族,用大括号表示,即$\{hkl\}$。换言之,(hkl)指某一确定位向的晶面指数,而$\{hkl\}$则指所有位向不同而原子排列相同的晶面指数。如(100),(010),(001)同属{100}晶面族,可表示为{100}=(100)+(010)+(001)。

2. 晶向指数

现以图 2-9 中晶向 OA 为例,说明确定晶向指数的方法。

(1)设坐标:在晶格中设坐标轴 x,y,z,原点应在欲定晶向的直线上。图 2-9 中沿晶胞的互相垂直的三条棱边为 x,y,z 坐标轴,坐标轴的原点为欲定晶向的一个结点上。

(2)求坐标值:以晶格常数为长度单位,该晶向直线上任选一点,求出该点三个坐标值。图 2-10 中选取欲定晶向上另一结点，其坐标值为 1,0,0。

(3)化整数：将上述三个坐标值按比例转化为最小整数：1,0,0。

(4)列括号：将转化好的整数依次记在方括号内[100]，即得所求晶向 OA 晶向指数为[100]。

图 2-10 所示为立方晶格中典型的晶向及晶向指数，即[111]，[110]，[100]。

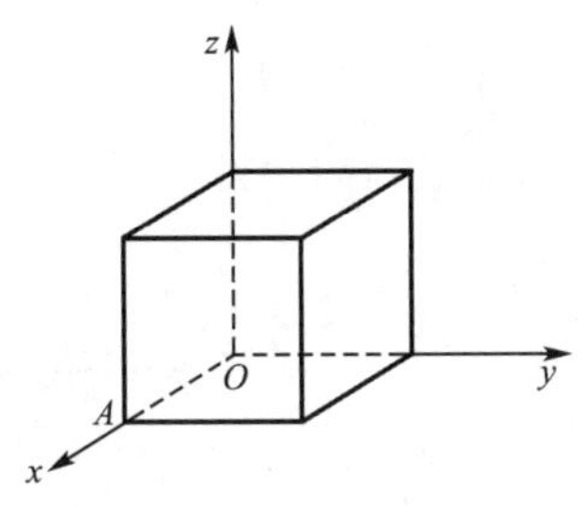

图 2-9 晶向指数的确定方法

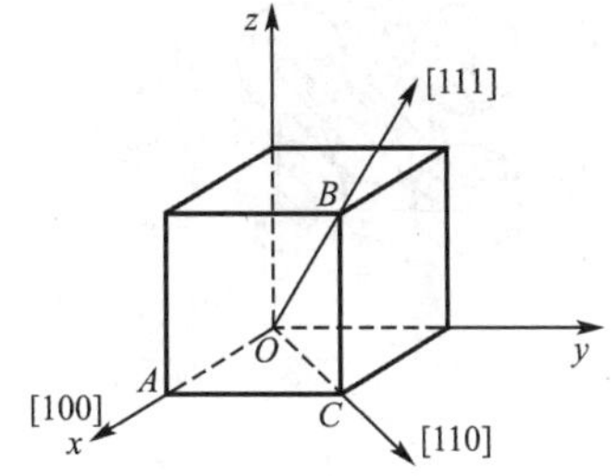

图 2-10 立方晶格中典型的晶向及晶向指数

晶向指数标记的一般格式为[uvw]。[uvw]实际表示一组原子排列相同的平行晶向。晶向指数也可能出现负数。若两组晶向的全部指数数值相同而符号相反，如[110]与[$\bar{1}\bar{1}0$]，则它们相互平行或为同一原子列，但方向相反。若只研究该原子列的原子排列情况，则晶向[110]与[$\bar{1}\bar{1}0$]可用[110]表示。

原子排列情况相同而在空间位向不同(不平行)的晶向统称为晶向族，用尖括号表示，即<uvw>。如<100>=[100]+[010]+[001]。

在立方晶系中，若一个晶面指数与一个晶向指数的数值和符号都相同，则该晶面与该晶向互相垂直，如(111)⊥[111]。

3. 密排面和密排方向

不同晶体结构中的不同晶面、不同晶向上原子的排列方式和排列密度不一样。在体心立方晶格中，原子密度最大的晶面为{110}，称为密排面；原子密度最大的晶向为<111>，称为密排方向。面心立方晶格中，密排面为{111}，密排方向为<110>。体心立方、面心立方晶格的主要晶面和主要晶向的原子排列和密度见表 2-2、表 2-3。

表 2-2 体心立方、面心立方晶格主要晶面的原子排列和密度

晶面指数	体心立方晶格		面心立方晶格	
	晶面原子排列图示	晶面原子密度(原子数/面积)	晶面原子排列图示	晶面原子密度(原子数/面积)
{100}	a a	$\frac{4\times\frac{1}{4}}{a^2}=\frac{1}{a^2}$	a a	$\frac{4\times\frac{1}{4}+1}{a^2}=\frac{2}{a^2}$

（续表）

晶面指数	体心立方晶格		面心立方晶格	
	晶面原子排列图示	晶面原子密度（原子数/面积）	晶面原子排列图示	晶面原子密度（原子数/面积）
{110}	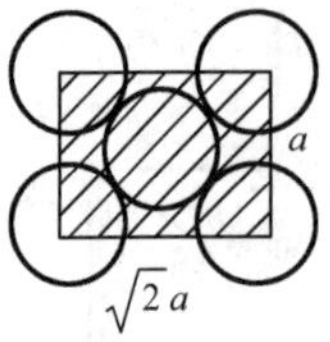	$\dfrac{4\times\frac{1}{4}+1}{\sqrt{2}a^2}=\dfrac{1.4}{a^2}$	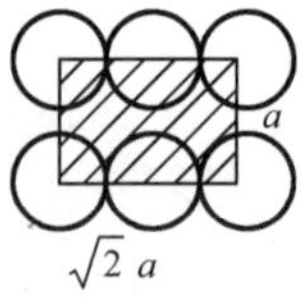	$\dfrac{4\times\frac{1}{4}+2\times\frac{1}{2}}{\sqrt{2}a^2}=\dfrac{1.4}{a^2}$
{111}	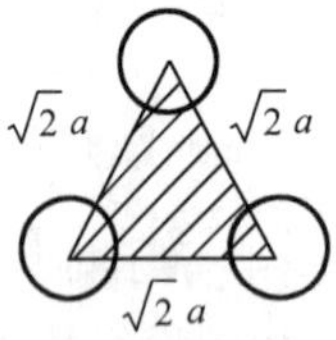	$\dfrac{3\times\frac{1}{6}}{\frac{\sqrt{3}}{2}a^2}=\dfrac{0.6}{a^2}$	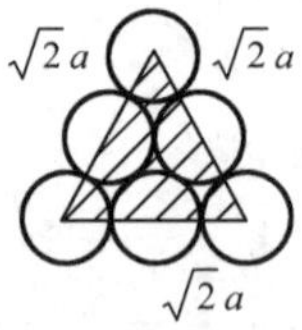	$\dfrac{3\times\frac{1}{6}+3\times\frac{1}{2}}{\frac{\sqrt{3}}{2}a^2}=\dfrac{2.3}{a^2}$

表 2-3　体心立方、面心立方晶格主要晶向的原子排列和密度

晶向指数	体心立方晶格		面心立方晶格	
	晶向原子排列图示	晶向原子密度（原子数/长度）	晶向原子排列图示	晶向原子密度（原子数/长度）
<100>	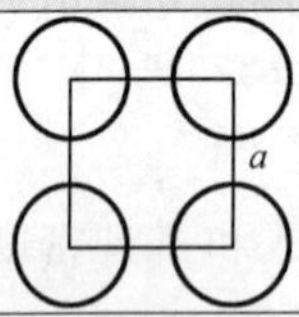	$\dfrac{2\times\frac{1}{2}}{a}=\dfrac{1}{a}$	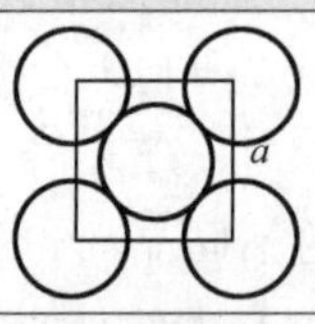	$\dfrac{2\times\frac{1}{2}}{a}=\dfrac{1}{a}$
<110>	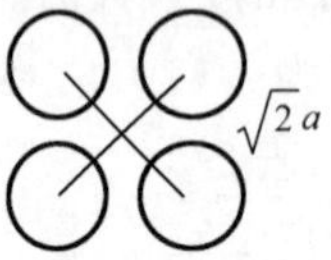	$\dfrac{2\times\frac{1}{2}}{\sqrt{2}a}=\dfrac{0.7}{a}$	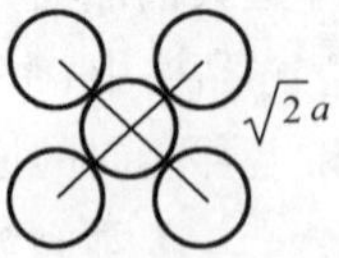	$\dfrac{2\times\frac{1}{2}+1}{\sqrt{2}a}=\dfrac{1.4}{a}$
<111>	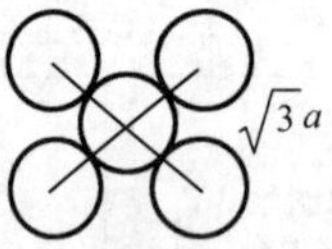	$\dfrac{2\times\frac{1}{2}+1}{\sqrt{3}a}=\dfrac{1.2}{a}$	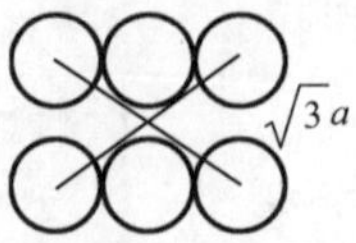	$\dfrac{2\times\frac{1}{2}}{\sqrt{3}a}=\dfrac{0.6}{a}$

2.1.6 晶体的各向异性

在晶体中，由于在同一晶格的不同晶面和不同晶向上，原子排列的疏密程度不同，因此原子结合力不同，因而金属晶体在不同晶面和晶向上就显示出不同的性能，这种性质叫作晶体的各向异性。例如单晶体铁（只含一个晶粒）的弹性模量，在<111>方向上为 2.90×10^5 MPa，而在<100>方向上只有 1.35×10^5 MPa。体心立方晶格的金属最易拉

断或劈裂的晶面(称解理面)就是{100}面。金属晶体的各向异性在其力学性能、物理性能和化学性能等方面都同样会表现出来。

需要指出的是,在金属材料中,通常见不到它们具有这种各向异性的特征。例如,上述铁的弹性模量,不论从何种位向取样,测得其弹性模量均是 2.10×10^{5} MPa 左右,一般没有体现出各向异性的特征。这是因为上面所讨论的晶体结构都是理想状态的晶体结构,而实际的金属晶体结构与理想晶体相差很远。为此,必须要进一步讨论实际金属的晶体结构。

2.2 实际金属的晶体结构与晶体缺陷

以上讨论的晶体结构,可看成晶胞的重复堆砌,这种晶体被称为单晶体,即晶体内部晶格位向完全一致。但自然界中单晶体几乎不存在,只有经过特殊制作才能获得某些金属的单晶体结构。工业生产中实际使用的金属大多是多晶体,并且其内部还存在晶体缺陷。

2.2.1 金属的晶体结构——多晶体

实际使用的金属材料,即使体积很小,其内部也包含了许多颗粒状的小晶体,每个小晶体内部的晶格位向基本上是一致的,而各个小晶体彼此间的晶格位向是不同的,如图 2-11 所示,这些外形不规则的小晶体称为晶粒。晶粒与晶粒间的交界称为晶界。这种由许多晶粒组成的晶体称为多晶体。

晶粒尺寸是很小的,如钢铁材料的晶粒一般在 $1\times10^{-3}\sim1\times10^{-1}$ mm,只有在金相显微镜下才能观察到。在金相显微镜下所观察到的金属中的各种晶粒大小、数量、形状和分布形态称为显微组织。图 2-12 所示为在金相显微镜下所观察到的纯铁的显微组织。

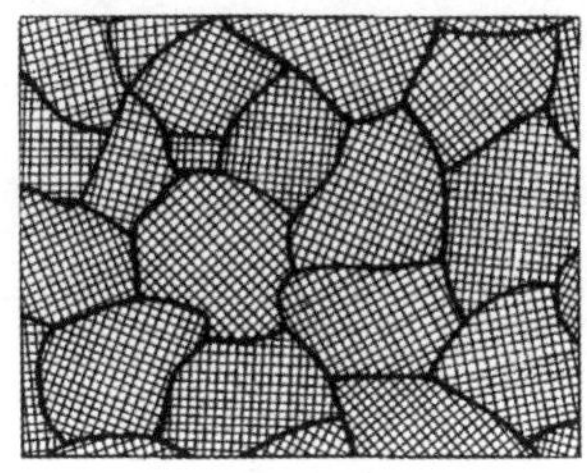

图 2-11 多晶体

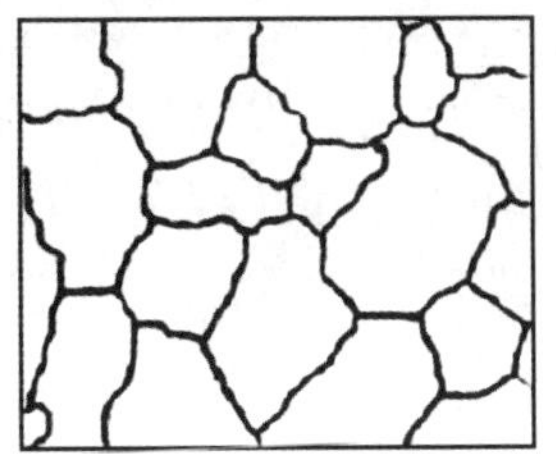

图 2-12 纯铁的显微组织(400×)

工程上使用的实际金属大多为多晶体结构,其性能并不呈现各向异性,试验证明其在各个方向上的力学性能和物理性能基本上是一致的,即实际金属表现出各向同性。这是因为在多晶体中虽然每个晶粒呈各向异性,但各个晶粒的位向是不同的,使得晶体的性能在各个方向能相互补充或抵消,再加上晶界的作用,掩盖了单个晶粒的各向异性,故实际金属呈现各向同性。

2.2.2 实际金属的晶体缺陷

实际金属不仅是多晶体,而且晶粒内部存在亚晶粒。同时,晶体结构不像理想晶体那样完整、规则。事实上，金属晶体中的某些局部区域由于受到结晶条件或加工条件等方面的影响，原子的排列受到干扰而被破坏，因而存在各种各样的缺陷。缺陷对金属的性能有很大影响。

根据晶体缺陷的几何形态特征，可将其分为以下三类：

1. 点缺陷

点缺陷是指空间的三维尺寸都很小的缺陷。常见的有空位、间隙原子、置换原子，如图 2-13 所示。

空位是指晶格中没有原子的结点，空位的产生是由某些能量高的原子通过热振动离开平衡位置引起的。间隙原子是指晶格空隙处出现的多余的原子；置换原子是指占据在金属晶体原子位置上的杂质原子。

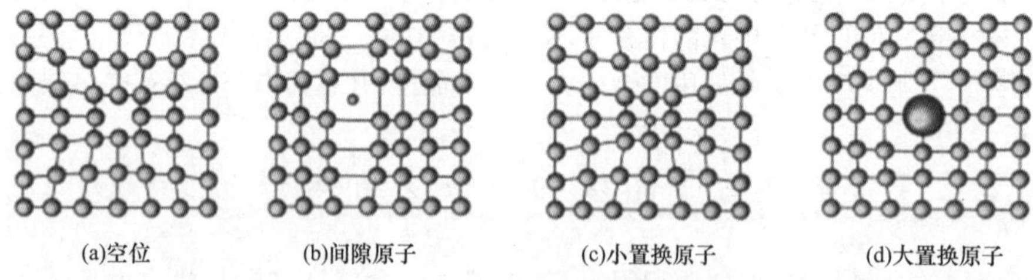

图 2-13 点缺陷

在点缺陷处由于原子间作用力的平衡被破坏，因此其周围的原子离开了原来的平衡位置，这种现象称为晶格畸变。晶格畸变使金属的性能发生变化。例如，使金属的强度、硬度提高，塑性降低。晶体中的各类点缺陷皆处于不断运动和变化中，这种运动是金属原子扩散的主要方式之一，对金属的热处理极为重要。

2. 线缺陷

线缺陷是指在两个纬度尺寸很小而在另一个纬度尺寸相对很大的晶体缺陷，其主要形式是各种类型的位错。位错是指晶体中某处有一列或若干列原子发生有规律的错排的现象。实际金属中存在着大量的位错，晶体中位错的基本类型有刃型位错和螺型位错，分别如图 2-14 和图 2-15 所示。

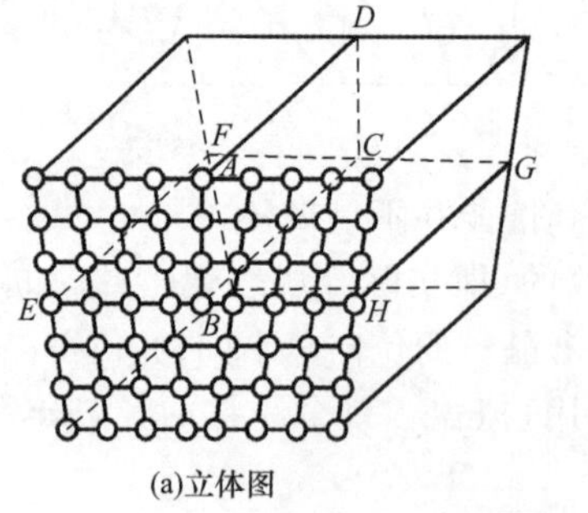

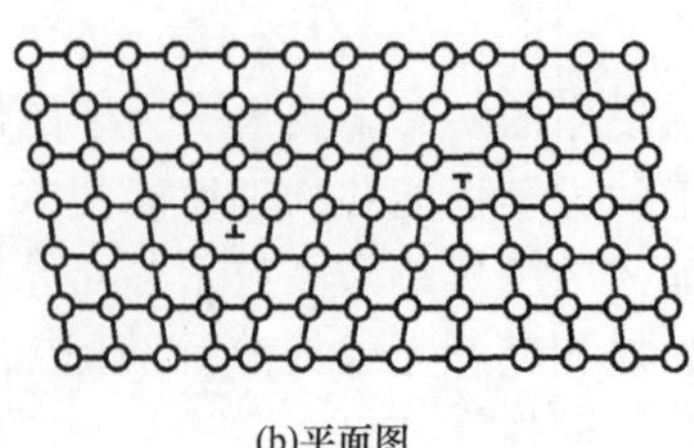

图 2-14 刃型位错

晶体中位错的数量通常用位错密度来表示。位错密度是指单位体积内所包含的位错线的总长度，即

$$\rho=\frac{\sum L}{V} \tag{2-1}$$

式中 ρ——位错密度，m^{-2}；

$\sum L$——位错线总长度，m；

V——体积，m^3。

位错能够在金属的结晶、塑性变形和相变等过程中形成。晶体中的位错密度变化，以及位错在晶体内的运动，都极大地影响金属的机械性能。如图 2-16 所示，退火态金属（位错密度一般为 $1\times10^6\sim1\times10^8\ m^{-2}$）的强度最低，随着位错密度的增大或减小，都能提高金属的强度。当金属为理想晶体或仅含极少量位错时，金属的屈服强度很高。当进行形变加工时，位错密度增大，也提高了金属的强度。

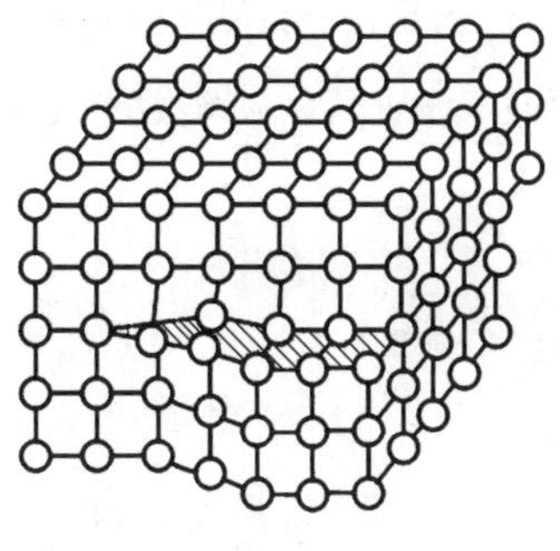

图 2-15　螺型位错

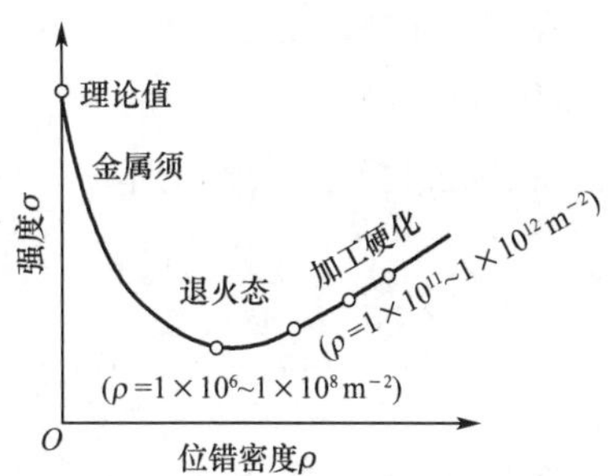

图 2-16　金属的强度与位错密度的关系

3. 面缺陷

面缺陷是指在两个纬度尺寸很大而在另一个纬度上尺寸很小的缺陷。这类缺陷主要指晶界和亚晶界。

（1）晶界

前已述及，工业中所用金属材料一般是由细小晶粒构成的多晶体。晶粒与晶粒之间的交界面称为晶界。晶界两侧晶粒的位向差一般为 20°～40°，而晶界处原子通常由一种位向过渡到另一种位向，使晶界成为不同位向晶粒间原子排列无规则的过渡层，即晶界处于畸变状态，如图 2-17 所示。晶界处一般累积有较多的位错或者一些杂质原子，处于较高的能量状态，因而它与晶粒内部存在一系列不同的特性。如晶界在常温下的强度、硬度较高，在高温下则较低；晶界容易被腐蚀；晶界处原子扩散速度较快；晶界的熔点较低等。

（2）亚晶界

晶粒本身不是完整的理想晶体，它由许多尺寸很小、位向差也很小（小于 2°）的小晶块镶嵌而成，这些小晶块称为亚晶粒，亚晶粒之间的交界称亚晶界。亚晶界实际上是一系列刃型位错组成的小角度晶界，如图 2-18 所示。由于亚晶界处原子排列同样产生晶格畸变，因而亚晶界对金属性能的影响与晶界对金属性能的影响相似。如晶粒、亚晶粒越细小，它们的界面越多，常温下对塑性变形的阻碍作用越大，金属的强度、硬度越高。

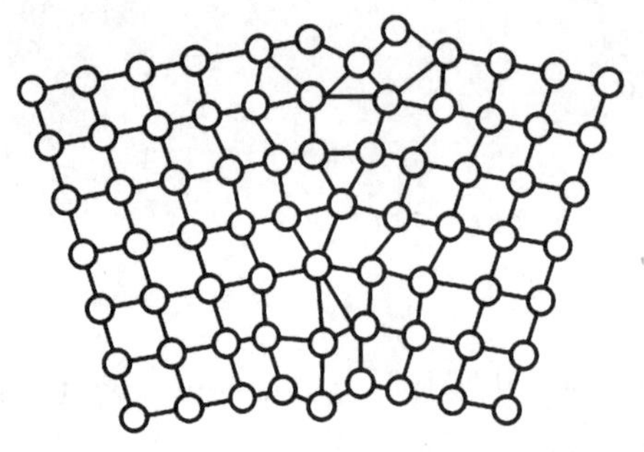

图 2-17　晶界

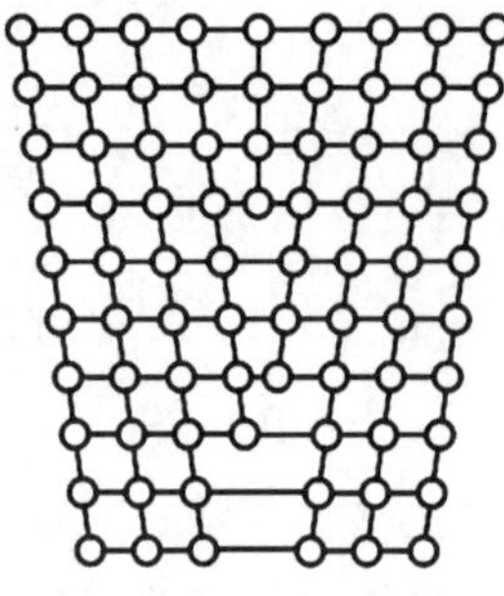

图 2-18　亚晶界

综上所述，实际金属材料是多晶体。总体上看，晶体内部原子排列是有规则的，但是由于种种原因，其内部某些局部区域原子的规则排列受到干扰或破坏，从而出现了各种晶体缺陷。所有晶体缺陷都会导致晶格畸变，引起晶体内部产生内应力，材料塑性变形抗力增大，从而使金属材料在常温下的强度、硬度提高。可见，增加晶体缺陷数量是强化金属的重要途径，这也是研究金属晶体缺陷的实际意义之一。

2.3 合金的相结构

纯金属大都具有优良的导电性、导热性，但其力学性能较低，如强度、硬度较低，不能满足使用性能的要求，且种类有限，冶炼困难，价格昂贵，故其应用受到很大限制。工业中广泛使用的金属材料不是纯金属，而是合金。

2.3.1 合金的基本概念

1. 合金

由两种或两种以上的金属元素或金属元素与非金属元素组成的具有金属特性的物质称为合金。例如黄铜是由铜和锌两种元素组成的合金；碳钢和铸铁是由铁和碳两种元素组成的合金。

2. 组元

组成合金的最基本、独立的物质称为组元。组元通常是纯元素，也可是稳定的化合物。根据合金中组元数目的多少，合金可以分为二元合金、三元合金和多元合金。

3. 合金系

由若干个给定组元，根据不同比例可以配制出一系列成分不同的合金，这一系列合金就构成一个合金系。合金系也可以分为二元合金系、三元合金系和多元合金系。

4. 相

合金中具有相同化学成分、相同晶体结构，且与其他部分由界面分开的均匀组成部分称为相。合金在液态时,通常为单相液体;合金在固态时,可能由一个固相或两个及两个以上的固相组成。

合金的性能一般是由组成合金的各相的成分、结构、形态、性能和各相的组合情况即组织决定的。组合不同,材料的性能也不相同。因此,在研究合金的组织与性能之前,必须先了解组成合金组织的相结构及性能。

2.3.2 合金的相结构

合金组元在液态时相互溶解,但合金溶液经冷却结晶后,由于各组元之间相互作用不同,固态合金中将形成不同的相结构,合金中的相一般可分为两大类:固溶体和金属化合物。

1. 固溶体

(1)固溶体及其分类

合金在固态下组成元素之间能够相互溶解形成固相,若晶体结构与组成合金的某一组元相同,则这类固相称为固溶体。固溶体是单相,是合金中的一种基本相结构。

固溶体的晶格类型与其中某一组元的晶格类型相同。合金中与固溶体晶格类型相同的组元称为溶剂,在合金中含量较多;另一组元为溶质,含量较少。溶质以原子状态分布在溶剂的晶格中。

按溶质原子在溶剂晶格中所处位置的不同,固溶体分为置换固溶体和间隙固溶体。

①置换固溶体

溶质原子代替一部分溶剂原子占据溶剂晶格中一些结点位置时,所形成的固溶体称为置换固溶体,如图 2-19 所示。

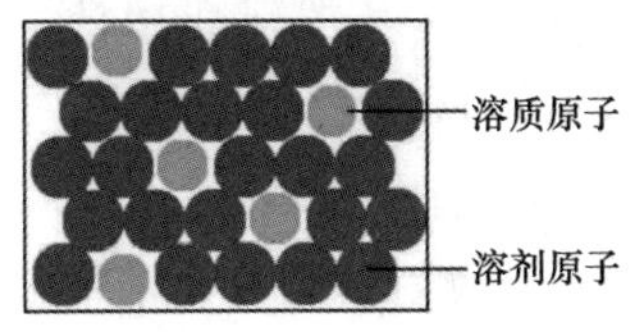

图 2-19 置换固溶体的结构

在置换固溶体中,溶质在溶剂中的溶解度主要取决于两者原子半径的差别、它们在元素周期表中的相互位置及晶格类型。一般而言,溶质原子和溶剂原子的直径差别越小,溶解度越大;两者在元素周期表中的位置越靠近,溶解度也越大;若同时其晶格类型也相同,则其溶解度更大,甚至能形成无限固溶体。如铁和铬、铜和镍便能形成无限固溶体;铜和锡、铜和锌则形成有限固溶体。有限固溶体的溶解度还与温度有关,通常温度越高,溶解度越大。

②间隙固溶体

溶质原子在溶剂晶格中嵌入各结点之间的空隙内形成的固溶体称为间隙固溶体，如图 2-20 所示。因溶剂晶格的空隙有限，故能形成间隙固溶体的溶质原子的尺寸都比较小。一般情况下，当溶质原子与溶剂原子直径的比值$\frac{d_{质}}{d_{剂}}<0.59$时，才能形成间隙固溶体。因此在间隙固溶体中，溶质原子的尺寸都比较小，且通常都是尺寸较小的非金属元素，如碳、氮、硼等；而溶剂元素一般都是过渡族金属元素，如碳钢中，碳溶入 α-Fe 中形成间隙固溶体(称之为铁素体)。间隙固溶体都是有限固溶体。

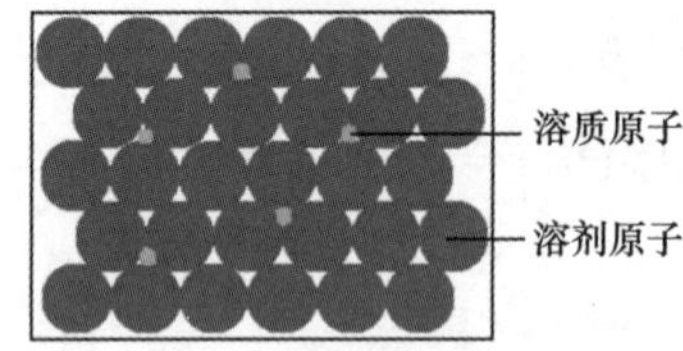

图 2-20 间隙固溶体的结构

无论是置换固溶体还是间隙固溶体，随着溶质原子的溶入，都会造成固溶体的晶格(溶剂的晶格)发生畸变，溶入的溶质原子越多，所引起的晶格畸变就越大，固溶体晶格结构的稳定性就越差。

(2)固溶体的性能

当溶质元素的含量极少时，固溶体的性能与溶剂金属基本相同；随着溶质含量的升高，固溶体的性能将发生明显的改变。这是由于固溶体的晶格畸变，塑性变形抗力增大，而使金属材料强度、硬度增高。这种通过溶入溶质元素形成固溶体，使金属材料的强度、硬度升高的现象，称为固溶强化。

固溶强化是金属材料强化的一种重要途径。当固溶体中的溶质含量适当时，可显著提高材料的强度、硬度，而不会明显降低其塑性和韧性。例如，纯铜的抗拉强度 R_m 为 220 MPa，硬度为 40HBS，断面收缩率 A 为 70%。当加入 1%镍形成单相固溶体后，抗拉强度升高到 390 MPa，硬度升高到 70HBS，而断面收缩率仍有 50%。可见，固溶体的强度、硬度和塑性之间能有较好的配合，具有较好的综合性能。但是，通过单纯的固溶强化所达到的最高指标仍然有限，若通过固溶强化所达到的强度指标不能满足结构材料的使用要求，则可在固溶强化的基础上再补充进行其他强化处理。

固溶体与纯金属相比，物理性能有较大的变化，如电阻率上升，导电率下降，磁矫顽力增大等。

2. 金属化合物

合金中，当组成元素的原子结构和性质相差较大以及溶质元素的量超过固溶体的溶解度时，合金组成元素之间会形成晶体结构和特性完全不同于任一组元的新相，即金属化合物。例如，钢中的渗碳体(Fe_3C)为由铁原子和碳原子组成的金属化合物，如图 2-21 所示，具有复杂晶格结构。碳原子构成斜方晶格($a \neq b \neq c$，$\alpha=\beta=\gamma=90°$)，在每个碳原子周围都有六个铁原子构成八面体，每个八面体内都有一个碳原子，每个铁原子为两个八面体所共有。在 Fe_3C 中，Fe 原子与 C 原子的比例为

$$\frac{w_{Fe}}{w_C}=\frac{\frac{1}{2}\times 6}{1}=\frac{3}{1}$$

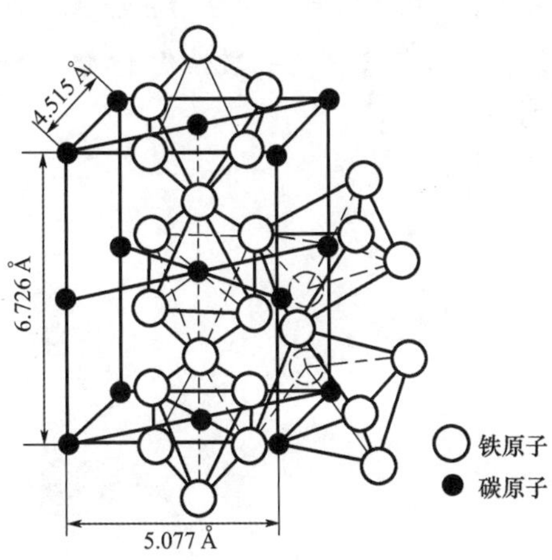

图 2-21 Fe_3C 的晶格类型

金属化合物由金属键结合并具有明显的金属特性，其一般都具有复杂的晶体结构，熔点较高，硬度高，脆性大，并可用分子式表示其组成。在合金中，金属化合物也是合金的重要组成相。当合金中出现金属化合物时，若其均匀而细密地分布在固溶体的基体上，将使合金的强度、硬度及耐磨性得到提高，但会使合金的塑性、韧性显著下降。

金属化合物的种类很多，常见的有正常价化合物、电子化合物和间隙化合物三种类型。

此外，在合金中常会遇到机械混合物，即合金中的一种多相混合组织。其可以是纯金属、固溶体、金属化合物各自的混合物，也可以是它们之间的混合物。机械混合物的各组成相仍保持各自的晶格和性能，在显微镜下一般可以分辨出来。而机械混合物的性能介于各组成相的性能之间，并取决于各组成相的大小、形状、数量和分布情况。

工业用合金的组织多数是固溶体与少量金属化合物组成的混合组织，如钢、生铁等。

思考题

2-1 晶体与非晶体在原子结构上有何区别？

2-2 常见的金属晶格类型有几种？它们的晶格常数和原子排列有什么特点？

2-3 为什么单晶体呈各向异性？而实际金属呈各向同性？

2-4 什么是晶粒、晶界？晶界对金属的性能有什么影响？

2-5 试计算密排六方晶格的致密度。

2-6 在立方晶胞中画出下列晶面和晶向：(011),(231),[111],[231]。

2-7 实际金属晶体中存在哪些晶体缺陷？它们对金属的力学性能有什么影响？

2-8 什么是固溶强化？造成固溶强化的原因是什么？

2-9 什么是合金的相？合金的相与合金的组织有什么关系？

2-10 试比较间隙固溶体、间隙相和间隙化合物在晶体结构、性能上的区别。

2-11 从材料的晶体结构与性能之间的关联性角度，体会内因与外因的辩证关系，并列举生活中的实例加以说明。

第3章 金属材料的性能

金属材料具有良好的使用性能和工艺性能，被广泛用来制造机械零件和工程结构。使用性能是指金属材料在使用过程中表现出来的性能，包括力学性能、物理性能和化学性能。工艺性能是指金属材料在各种加工过程中所表现出来的性能，包括铸造性能、可锻性能、焊接性能、切削加工性能和热处理性能等。

3.1 金属材料的力学性能

金属材料的力学性能是指金属材料在外力(载荷)作用时表现出来的性能，包括强度、塑性、硬度、疲劳强度及韧性等。材料在外力的作用下将发生形状和尺寸的变化，称为变形。外力去除后能够恢复的变形称为弹性变形，外力去除后不能恢复的变形称为塑性变形。

1. 强度

强度是指材料在外力作用下抵抗变形或断裂的能力。材料受到外力作用时，其内部产生了大小相等、方向相反的内力，单位横截面积上的内力称为应力，用 R 表示。评价材料力学性能最简单的方法就是测定材料的拉伸曲线。金属材料的强度是用应力值来表示的。从低碳钢的拉伸曲线(图 3-1)可以得出三个主要的强度指标：弹性极限 R_e、屈服强度 R_s 和抗拉强度 R_m。

(1)弹性极限

材料在外力作用下发生纯弹性变形的最大应力值称为弹性极限，即 e 点对应的应力值，表征材料抵抗微量塑性变形的能力。

(2)屈服强度

钢材在拉伸过程中，当拉应力达到某一数值而不再增大时，其变形却继续增大，这个拉应力值称为屈服强度，即屈服点 s 的应力值，以 R_s 表示，表征材料开始发生明显的塑性变形。R_s 值越高，材料的强度越高。

没有发生明显的屈服现象的材料，用试样标距长度产生 0.2%塑性变形时的应力值作为该材料的屈服强度，用 $R_{r0.2}$(通常写成 $R_{0.2}$)表示，称为条件屈服强度。

(3)抗拉强度

金属材料在破坏前所承受的最大拉应力称为抗拉强度或强度极限，以 R_m 表示，单位为 MPa。R_m 值越大，金属材料抵抗断裂的能力越大，强度越高。它反映了材料抵抗断裂破坏的能力，也是零件设计和材料评价的重要指标之一。

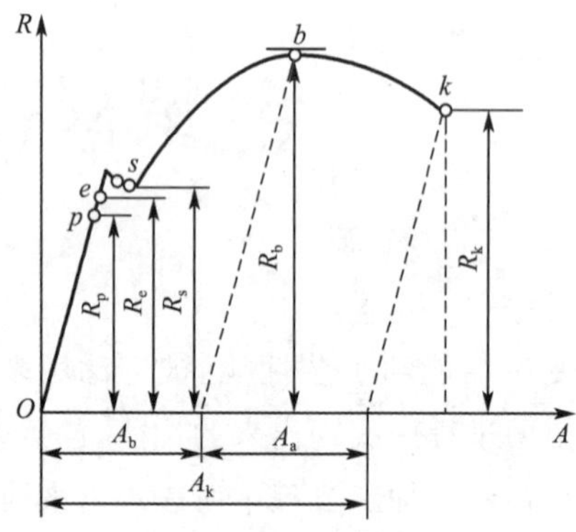

图 3-1 低碳钢的拉伸曲线

2. 塑性

塑性是指金属材料在外力作用下产生塑性变形的能力。表示金属材料塑性性能的指标有延伸率 A 和断面收缩率 Z。材料的 A 和 Z 值越大，材料的塑性越好。

从图 3-1 中的拉伸曲线我们还可以得到有关材料韧性的信息。所谓材料的韧性，是指材料从变形到断裂整个过程所吸收的能量，具体地说就是拉伸曲线与横坐标所包围的面积。

3. 硬度

硬度是指材料表面抵抗局部塑性变形的能力。通常材料的强度越高，硬度也越高。硬度测试常用的方法是压入法，即在一定载荷作用下，用比工件更硬的压头缓慢压入被测工件表面，使材料局部塑性变形而形成压痕，然后根据压痕面积或压痕深度来确定硬度值。根据测量方法不同，工程上常用的硬度指标有布氏硬度、洛氏硬度和维氏硬度等。

(1)布氏硬度(HB)

布氏硬度是指施加一定载荷 P，将直径为 D 的球体(淬火钢球或硬质合金球)压入被测材料的表面，保持一定时间后卸去载荷，则所施加的载荷与压痕表面积的比值。通过测量压痕的平均直径 d，再由 d 值查表即可得布氏硬度值。

当测试压头为淬火钢球时，布氏硬度用符号 HBS 表示，只能测试布氏硬度值小于 450 的材料。当测试压头为硬质合金时，用符号 HBW 表示，可测试布氏硬度值小于 650 的材料。布氏硬度的优点是测量误差小，数据稳定，缺点是压痕大，不能用于厚度太薄或不希望损坏表面的成品件材料。

(2)洛氏硬度(HR)

洛氏硬度是指将标准压头用规定压力压入被测材料表面，根据压痕深度来确定的硬度值。根据压头的材料及压头所加的载荷不同，洛氏硬度可分为 HRA，HRB，HRC 三种。

HRA：使用锥顶角为 120°的金刚石圆锥压头，适用于测量碳化物、硬质合金、表面淬火层或渗碳层等。

HRB：使用 ϕ1.588 mm 淬火钢球压头，适用于测量有色金属和退火钢、正火钢等。

HRC：使用锥顶角为 120°的金刚石圆锥压头，适用于测量调质钢、淬火钢等。

洛氏硬度操作简便，压痕小，硬度值可直接从表盘上读出，所以得到更为广泛的应用。此方法的不足之处是测量结果分散度大。

(3)维氏硬度(HV)

维氏硬度的测量原理与布氏硬度相同，不同点是压头为金刚石四方角锥体，所加载荷较小(49～1 180 N)。此种硬度测量方法保留了布氏和洛氏硬度的优点，既可测量由极软到极硬的材料硬度，又能互相比较；既可测量大块材料、表面处理零件的表面层的硬度，又可测量金相组织中的不同相的硬度，但此方法的测定过程比较麻烦。

4. 疲劳强度

以上几项金属材料的力学性能指标，都是材料在静载荷作用下的性能指标。而许多零件常常受到大小及方向变化的交变载荷的作用，在这种载荷反复作用下，材料常在远低于其屈服强度的应力作用下即发生断裂，这种现象称为“疲劳”。疲劳强度是指金属材料在无限次交变载荷作用下而不破坏的最大应力，又称为疲劳极限。实际上，金属材料并不可能做无限次交变载荷试验。一般试验时规定，钢在经受 1×10^7 次、非铁(有色)金属材料经受 1×10^8 次交变载荷作用时不产生断裂时的最大应力称为疲劳强度。当施加的交变应力是对称循环应力时，所得的疲劳强度用 σ_{-1} 表示。

疲劳断裂的原因一般认为是由于材料表面与内部的缺陷(夹杂、划痕、尖角等)，造成局部应力集中，形成微裂纹。这种微裂纹随应力循环次数的增加而逐渐扩展，使零件的有效承载面积逐渐减小，以至于最后承受不起所加载荷而突然断裂。

疲劳破坏是机械零件失效的主要原因之一。据统计，在机械零件失效中有 80%以上属于疲劳破坏，而且疲劳破坏前没有明显的变形，所以疲劳破坏经常造成重大事故，因此对于轴、齿轮、轴承、叶片、弹簧等这类承受交变载荷的零件，要选择疲劳强度较好的材料来制造。一般情况下，合理选材、改善材料的结构形状、避免应力集中、减少材料和零件的缺陷、提高零件的表面光洁度、对表面进行强化等都能够提高材料的疲劳抗力。

5. 韧性

材料的韧性是断裂时所需能量的度量。描述材料韧性的指标通常有两种：

(1)冲击韧性 a_K

冲击韧性是衡量金属材料抵抗动载荷或冲击力的能力，冲击试验可以测定材料在突加载荷时对缺口的敏感性。冲击韧性指标用 a_K 表示。a_K 是试件在一次冲击试验时，单位横截面积(m^2)上所消耗的冲击功(J)，其单位为 J/m^2。a_K 值越大，表示材料的冲击韧性越好。实际工作中承受冲击载荷的机械零件，很少因一次大能量冲击而遭破坏的，绝大多数是因小能量多次冲击造成损伤积累，最终导致裂纹产生和扩展的结果。所以需采用小能量多冲击作为衡量零件承受冲击抗力的指标。实践证明，在小能量多次冲击下，冲击抗力主要取决于材料的强度和塑性。

(2)断裂韧性 K_{1C}

在实际生产中，有的大型传动零件、高压容器、船舶、桥梁等，常在其工作应力远小于 R_s 的情况下，突然发生低应力脆断。研究表明，这种破坏与制件本身存在裂纹和裂纹扩展有关。实际使用的构件或零件内部存在着或多或少、或大或小的裂纹和类似裂纹的缺陷，裂纹在应力的作用下可失稳或扩展，导致构件破断。

材料中存在的微裂纹，在外加应力的作用下，裂纹尖端处存在有较大的应力集中和应力场。断裂力学分析指出，这一应力场的强弱程度可用应力强度因子 K_1 来描述，即

$$K_1 = YR\sqrt{a} \tag{3-1}$$

式中 Y——与裂纹形状、加载方式及试样几何尺寸有关的量纲为一的系数；

R——外加应力，MN/m^2；

a——裂纹的半长度，m。

由式(3-1)可见，K_1 随应力的增大而增大，当 K_1 增大到一定值时，就可使裂纹前端某一区域内的内应力大到足以使裂纹失稳而迅速扩展，发生脆断。这个 K_1 的临界值称为临界应力强度因子或断裂韧性，用 K_{1c} 表示，它反映了材料抵抗裂纹扩展和抗脆断的能力。

传统的设计认为材料的强度越高，则安全系数越大。但断裂力学认为材料的脆断与断裂韧性和裂纹尺寸有关，以采用强韧性好的材料为宜，所以材料的强化目前正向着强韧化方向发展。

材料的断裂韧性与热处理的关系极大，正确的热处理可以通过改变材料的组织形态而显著提高其断裂韧性。

3.2 金属材料的物理、化学性能

1. 物理性能

材料的主要物理性能有密度、熔点、导电性、导热性和热膨胀性等。不同用途的机械

零件，对其物理性能的要求也各不相同。

(1)密度

物质单位体积所具有的质量称为密度。

(2)熔点

晶体物质熔化时的温度称为熔点。

(3)导电性

金属传导电流的能力称为导电性。各种金属的导电性各不相同，通常银的导电性最好，其次是铜和铝。

(4)导热性

金属传导热量的性能称为导热性。一般情况下，导电性好的材料，其导热性也好。若某些零件在使用中需要大量吸热或散热，则要用导热性好的材料。如凝汽器中的冷却液管常用导热性好的铜合金制造，以提高冷却效果。

(5)热膨胀性

金属受热时体积发生胀大的现象称为金属的热膨胀。衡量热膨胀性的指标称为热膨胀系数。

2. 化学性能

材料的化学性能主要是指材料在室温或高温时抵抗各种介质的化学侵蚀能力。抗氧化性和耐腐蚀性统称为材料的化学稳定性。

(1)抗氧化性

金属材料在高温时抵抗氧化性气氛腐蚀作用的能力称为抗氧化性。高温下的化学稳定性称为热化学稳定性。在高温下工作的设备或零部件，如锅炉的过热器和水冷壁管、汽轮机的汽缸和叶片等易产生氧化腐蚀，应选择热化学稳定性高的材料。

(2)耐腐蚀性

金属材料抵抗各种介质(大气、酸、碱、盐等)侵蚀破坏的能力称为耐腐蚀性。一般来说，非金属材料的耐腐蚀性要高于金属材料。在金属材料中，碳钢和铸铁的耐腐蚀性较差，而不锈钢、铝合金、铜合金、钛及其合金的耐腐蚀性相对较好。

材料的物理、化学性能虽然不是结构设计的主要参数，但在某些特定情况下却是必须加以考虑的因素。

3.3 金属材料的工艺性能

选择材料时，不仅要考虑其使用性能，还要考虑其工艺性能。如果所选用的材料制备工艺复杂或难加工，必然带来生产成本提高或材料无法使用的后果。根据材料种类的不同，材料的加工工艺也大不相同。金属材料是机械工业中使用最多的材料，其工艺性能主要包括铸造性能、可锻性能、焊接性能、切削加工性能和热处理性能等。

1. 铸造性能

铸造性能主要是指液态金属的流动性和凝固过程中的收缩和偏析程度。流动性好的金属或合金易充满型腔，宜浇铸薄而复杂的铸件，溶渣和气体容易上浮，不易形成夹渣和气孔。收缩小，则铸件中缩孔、缩松、变形、裂纹等缺陷较少。偏析少，则各部分成分较均匀，从而使铸件各部分的机械性能趋于一致。

2. 可锻性能

可锻性能是指材料易于锻压成形的能力。锻造不仅可使材料组织更加均匀致密，也可初步形成与最终形状基本接近的毛坯。塑性变形温度范围宽，变形抗力小，则可锻性能好。低碳钢的可锻性能比中、高碳钢好，而碳钢又比合金钢好，铸铁是脆性材料，不能进行锻造。

3. 焊接性能

很多工程构件需要焊接成形。焊接性能是指材料易于焊接到一起并获得优质焊缝的能力。焊接性能受材料、焊接方法、构件类型及使用要求四个因素的影响。含碳量越低，焊接性能越好。低碳钢焊接性能好，而高碳钢和铸铁则较差。

4. 切削加工性能

切削加工性能是指材料是否易于切削的性能。切削性能好的材料切削时消耗的动力小，切屑易于排除，刀具寿命长，切削后表面光洁度好。需切削加工的材料，硬度要适中，太高则难以切削，且刀具寿命短；太软则切屑不易断，表面光洁度差。故通常要求材料的硬度为 180～250HBS。材料太硬或太软时，可通过热处理来进行调整。

5. 热处理性能

热处理是改变材料性能的主要手段。在热处理过程中，材料的组织结构等将发生变化，从而引起了材料机械性能变化，在后续的章节将重点对此进行讨论。

思考题

3-1 对脆性材料用什么方法评价其力学性能更好？

3-2 韧脆转变在工程上有什么意义？

3-3 如何用材料的应力-应变曲线判断材料的韧性？

3-4 材料的力学性能有哪些，跟机械零件设计最相关的力学性能有哪些？

第2篇　材料的成形理论与工艺

第4章 金属的凝固

金属的结晶与二元相图

浅谈铁碳合金

绝大多数金属固体材料的获得要经过对矿产原料的熔化、冶炼和浇铸成形及冷却，然后再通过冷加工或热加工获得型材或制件，达到工程应用的目的。在这些加工过程中，液态金属的冷却凝固是一个重要环节。由于金属材料通常是多晶体，因此金属由液态冷凝成固态的过程也是一个结晶的过程，它是决定材料最终性能的基础。因此，掌握结晶规律可以帮助我们有效地控制金属的凝固条件，从而获得性能优良的金属材料。

4.1 金属的结晶与同素异构转变

4.1.1 纯金属的结晶

物质由液态转变为固态的过程统称为凝固，如果凝固形成晶体，则称为结晶。由于金属固态下为晶体，所以由液态的金属转变为固态金属晶体的过程即结晶过程。凡是纯元素（金属或非金属）的结晶都具有一个严格的平衡结晶温度，低于该温度才能进行结晶，高于该温度便发生熔化。处于平衡结晶温度时，液体与晶体共存，达到可逆平衡。

热力学定律指出：在等压条件下，一切自发过程都朝着系统自由能降低的方向进行。同一物质的液体和晶体的自由能都随温度的升高而降低，但液态金属的自由能降低得更快，如图 4-1 所示。

金属在极其缓慢的冷却条件下（平衡条件下）所测得的结晶温度称为理论结晶温度（T_0）。在图 4-1 中，当两条曲线相交于 T_0 对应的位置时，液态金属和金属晶体的自由能相等；当温度高于 T_0 时，液态金属的自由能低，金属晶体将熔化为液态金属；当温度低于 T_0 时，金属晶体的自由能低于液态金属的自由能，液态金属将结晶成金属晶体。

图 4-2 是通过试验测定的液态金属冷却时温度和时间的关系曲线，称为冷却曲线。

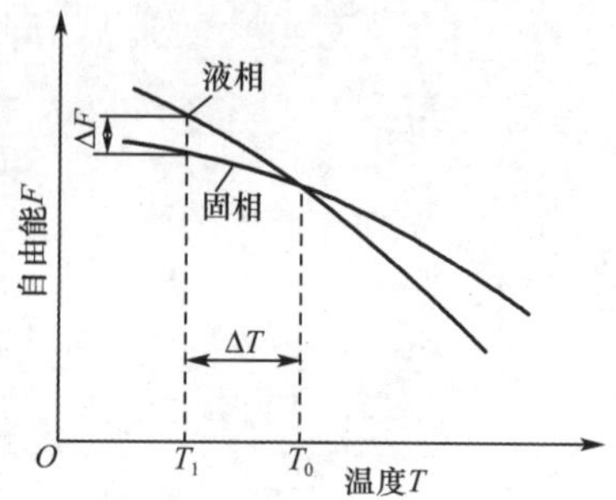

图 4-1　液体与晶体在不同温度下的自由能变化

冷却曲线一般用热分析法来绘制。从曲线看出，液态金属随冷却时间延长，温度不断降低，但冷却到某一温度时，温度不再随时间的延长而变化，于是在曲线上出现了一个温度水平线段，该线段所对应的温度就是该金属的结晶温度。结晶时出现恒温的主要原因是结晶时放出的结晶潜热与液态金属向周围散失的热量相等。结晶完成后，由于金属散热的继续，温度又重新下降直至室温。

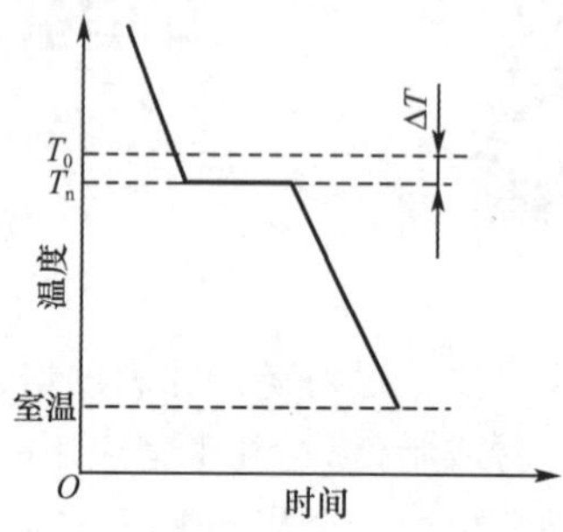

图 4-2　液态金属的冷却曲线

在实际生产中，液态金属结晶时，冷却速度都较大，金属总是在理论结晶温度以下某一温度开始进行结晶，这一温度称为实际结晶温度(T_n)。金属实际结晶温度低于理论结晶温度的现象称为过冷现象。理论结晶温度与实际结晶温度之差称为过冷度，用 ΔT 表示，即 $\Delta T = T_0 - T_n$。

金属结晶时的过冷度与冷却速度有关。冷却速度越大，过冷度就越大，金属的实际结晶温度就越低。实际上金属总是在过冷的情况下结晶。

4.1.2　金属的结晶过程

纯金属结晶时，当液态金属的温度低于理论结晶温度时，液态金属中近程有序的小集团的一部分就成为稳定的结晶核心，称为晶核，它不断吸附周围液体原子而长大。同时在液态金属中又会产生新的晶核，直到全部液态金属结晶完毕，最后形成许许多多外形不规则、大小不等的小晶体。因此，液态金属的结晶过程包括晶核的形成与长大两个基本过程，如图 4-3 所示 。

1. 晶核的形成

晶核的形成方式有两种，即自发形核和非自发形核。试验证明，在结晶过程中，当液态金属非常纯净时，其内部的晶核完全由液体中瞬时短程有序的原子团形成，则为自发形核，又称为均匀形核。当液态金属中有杂质(固体杂质或容器壁)时，这些杂质在冷却时就会变成结晶核心并在其表面发生非自发形核。

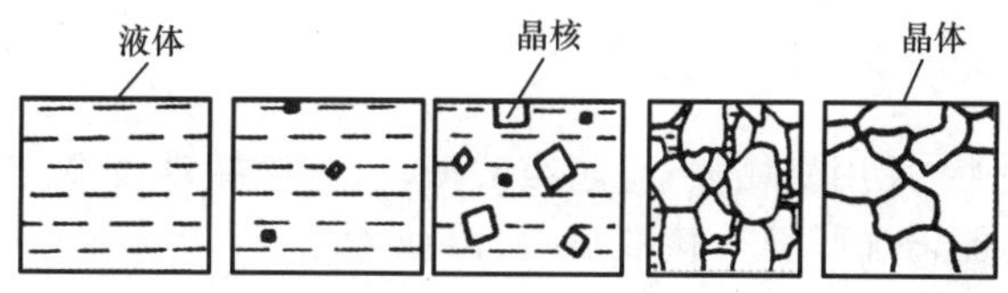

图 4-3 金属结晶过程

2. 晶核的长大

晶核的长大方式有两种，即均匀长大和树枝状长大。当过冷度很小时，结晶以均匀长大方式进行。而实际金属结晶时冷却速度较大，因而主要为树枝状长大方式，如图 4-4 所示。这是由于晶核棱角处的散热条件好，生长快，先长出枝干，而枝干间最后被填充。

在枝晶生长过程中，液体的流动、枝干本身的重力作用和彼此间的碰撞，以及杂质元素的影响等，会使某些枝干发生偏斜或折断，造成晶粒中的嵌镶块、亚晶界及位错等各种缺陷。冷却速度越大，树枝状生长的特点越明显。

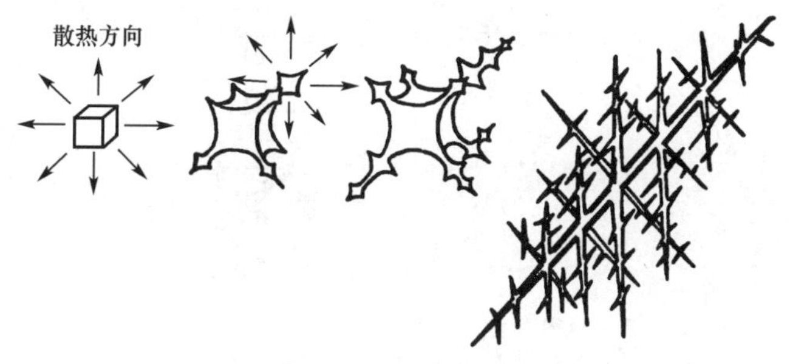

图 4-4 晶核树枝状长大

3. 金属结晶后的晶粒大小

(1)晶粒度

表示晶粒大小的尺度叫晶粒度。晶粒度可用晶粒的平均面积或平均直径表示。工业生产上采用晶粒度等级来表示晶粒大小。标准晶粒度共分 8 级：1～4 级为粗晶粒，5～8 级为细晶粒。通过在放大 100 倍的显微镜下的晶粒大小与标准图对照来评级。

晶粒大小对金属的机械性能有很大影响，在常温下，金属的晶粒越细小，强度和硬度越高，同时塑性、韧性也越好，称为细晶强化。除了钢铁外，其他大多数金属不能通过热处理来改变其晶粒大小。因此，通过控制铸造和焊接时的结晶条件来控制晶粒度，便成为改善机械性能的重要手段。

(2)晶粒大小的控制

金属结晶时，每一个晶核长大后便形成一个晶粒，因而晶粒大小取决于结晶时的形核率 N[晶核形核数目/(s·mm^3)]与长大速率 G(mm/s)。长大速率是单位时间内晶核生长的长度。可见，形核率与长大速率的比值越大，晶粒数目就越多，即晶粒越细。

因此，要控制金属结晶后的晶粒大小，必须控制晶核形核率 N 与长大速率 G 这两个因素。其主要途径有：

①控制过冷度

随过冷度增大，N/G 值增大，晶粒变细。

②变质处理

在液态金属中加入变质剂，在金属液中形成大量的固体质点，起非自发形核的作用，促进形核，抑制长大，从而达到细化晶粒、改善性能的目的。如在铝或铝合金中加入微量钛，在铸铁溶液中加入硅-铁、硅-钙，向钢中加入微量钛、锆、硼、铝等，就是变质处理的典型例子。

③振动、搅拌

在金属结晶过程中，采用机械振动、超声波振动、电磁振动及搅拌等方法，使正在长大的晶体折断、破碎，也能增加晶核形核数目，从而细化晶粒。

4.1.3 同素异构转变

大多数金属在结晶完成后，其晶格类型不再发生变化。但也有少数金属，如铁、钴、钛等，在结晶之后继续冷却时，还会发生晶体结构的变化，即从一种晶格类型转变为另一种晶格类型，这种转变称为金属的同素异构转变。现以纯铁为例来说明金属的同素异构转变过程，纯铁的同素异构转变如图 4-5 所示。

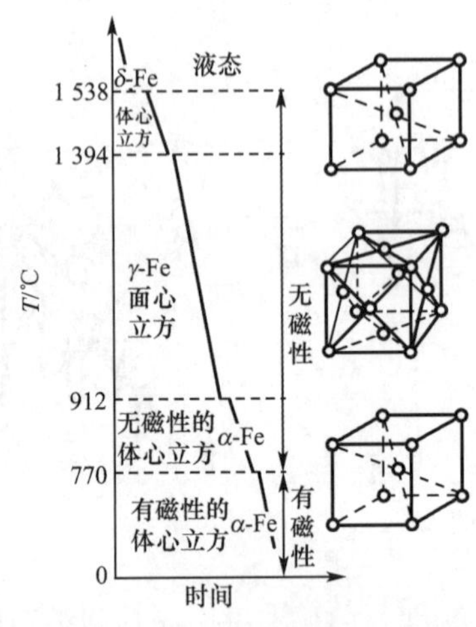

图 4-5 纯铁的同素异构转变

在金属晶体中，铁的同素异构转变最为典型，也最为重要。铁在固态冷却过程中有两次晶体结构的变化，即

$$\delta\text{-Fe} \xrightleftharpoons{1\ 394\ ℃} \gamma\text{-Fe} \xrightleftharpoons{912\ ℃} \alpha\text{-Fe}$$

体心立方晶体　　面心立方晶体　　体心立方晶体

固态转变又称为二次结晶或重结晶，它有着与结晶不同的特点：

(1)形核一般在某些特定部位发生，例如晶界、晶内缺陷、特定晶面等。

(2)由于固态下扩散困难，因此过冷倾向大。

(3)固态转变伴随着体积变化，易产生很大内应力，使材料变形或开裂。

4.2 合金的结晶

合金的结晶过程比纯金属复杂。为了研究方便，通常用以温度和成分作为独立变量的相图来分析合金的结晶过程。相图是表示在平衡条件下，合金系中各合金在极其缓慢的冷却条件下结晶过程的简明图解，也称为状态图或平衡组织图。利用相图可以一目了然地了解到不同成分的合金在不同温度下的平衡状态，存在哪些相，相的成分及相对含量，以及在加热或冷却过程中可能发生的相变等。相图是研究金属材料的一个十分重要的工具，也是制定熔炼、铸造、热加工及热处理工艺的重要依据。

4.2.1 二元合金相图的建立

在介绍二元相图的建立前，先引出两个概念。

1. 组元

通常把组成合金的最简单、最基本、能够独立存在的物质称为组元。组元大多数情况下是元素，但既不分解也不发生任何化学反应的稳定化合物也可称为组元，如 Fe_3C 可视为组元。

2. 合金系

由两个或两个以上组元按不同比例配制成的一系列不同成分的合金，称为合金系，简称系，如 Pb-Sn 系、Fe-Fe_3C 系等。

二元合金相图是最常用的相图，绝大多数二元相图是以温度为纵坐标，以材料成分为横坐标，以试验数据为依据，根据各种成分材料的临界点绘制而成的。临界点是表示物质结构状态发生本质变化的相变点。测定材料临界点有动态法和静态法两种方法。前者有热分析法、膨胀法、电阻法等，后者有金相法、X 射线结构分析法等。相图的精确测定必须由多种方法配合使用。下面以 Cu-Ni 二元合金为例，简要介绍二元相图的建立过程。

首先配制出不同成分的 Cu-Ni 合金，如 100%Ni，30%Cu+70%Ni，50%Cu+50%Ni，70%Cu+30%Ni，100%Cu 等，测定各金属合金的热分析冷却曲线[图 4-6(a)]，然后将冷却曲线中的结晶开始温度(上临界点)和结晶终了温度(下临界点)，在温度-成分曲线中，对应各合金成分线取点，分别连接各上临界点和下临界点，得到两条曲线，共同组成 Cu-Ni 合金相图，如图 4-6(b)所示。由图 4-6(a)可见，纯组元 Cu 和 Ni 的冷却曲线相似，都有一个水平台，表示其凝固在恒温下进行，凝固温度分别为 1 083 ℃和 1 452 ℃。其他三条二元合金曲线不出现水平台，而为二次转折，温度较高的转折点(临界点)表示凝固的开始温度，而温度较低的转折点对应凝固的终了温度。这说明三种合金的凝固与纯金属不同，是在一定温度范围内进行的。由凝固开始温度连接起来的相界线称为液相线，由凝固终了温度连接起来的相界线称为固相线。

4.2.2 二元相图的基本类型与分析

大多数二元相图都比 Cu-Ni 合金相图复杂，但不论多复杂，都可以看成由几类最基本的相图组合而成。下面就分别讨论几种基本类型的二元相图。

1. 二元匀晶相图

两组元在液态、固态下都能无限互溶的二元相图称为匀晶相图。具有这类相图的二元合金系有 Cu-Ni，Cu-Au，Au-Ag，Fe-Ni，W-Mo，Cr-Mo 等，有些硅酸盐材料如镁橄榄石

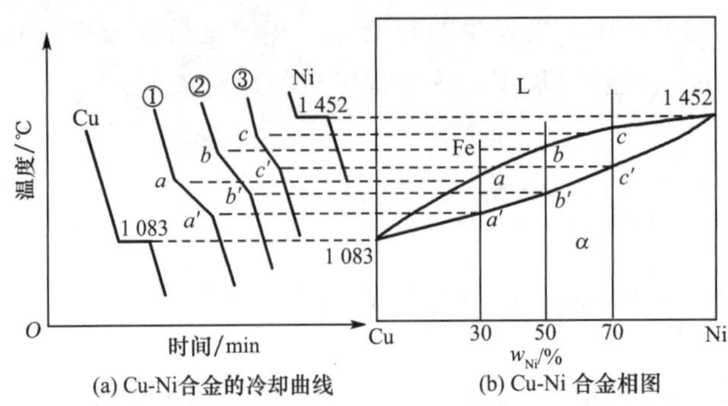

图 4-6 Cu-Ni 合金二元相图

(Mg_2SiO_4)、铁橄榄石(Fe_2SiO_4)等也具有此类特征。下面以 Cu-Ni 合金为例进行分析。

(1)相图分析

图 4-7(a)、图 4-7(c)为 Cu-Ni 合金相图,各由两条曲线组成。上面的曲线为液相线,代表各种成分的 Cu-Ni 合金在加热时熔化终了的温度点的连线,或在冷却时开始结晶的温度点的连线,液相线以上的合金全部为液体 L,称为液相区。下面的曲线为固相线,代表各种成分的合金冷却过程中结晶终温度点的连线或在加热过程中开始熔化的温度点的连线。固相线以下合金全部为 α 固溶体,称为固相区。液相线和固相线之间为液、固共存的两相区(L+α)。T_A=1 083 ℃为纯铜的熔点,T_B=1 455 ℃为纯镍的熔点。

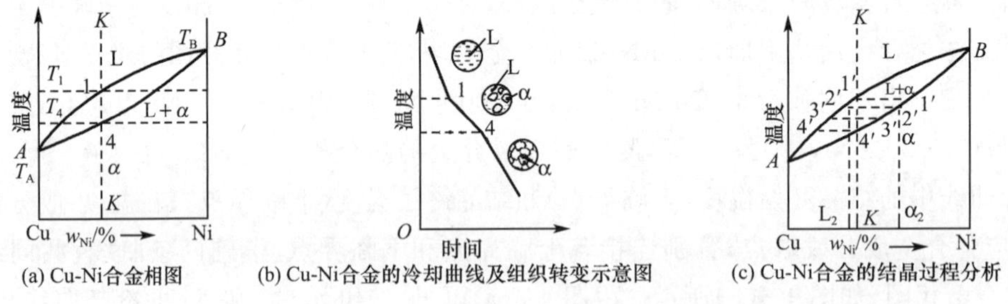

图 4-7 Cu-Ni 合金相图、冷却曲线及结晶过程分析

(2)合金的结晶过程

除纯 Cu、纯 Ni 外,其他成分的 Cu-Ni 合金的结晶过程相似,现以 K 合金为例,分析合金的结晶过程。

图 4-7(a)所示 K 合金的合金线与相图上液相线、固相线分别交于 1,4 两点,这就是说,该合金在 T_1 温度时开始结晶,T_4 温度时结束结晶。

因此,当合金自高温液态缓慢冷却到 T_1 温度时,开始从液相中结晶出 α 固溶体,随着温度的下降,α 相不断增多,液相不断减少。同时,液相成分沿液相线变化,固相成分沿固相线变化。直到温度降到 T_4 时,合金结晶终了,获得了 Cu 与 Ni 组成的 α 固溶体。这种从液相中结晶出单一固相的转变称为匀晶转变或匀晶反应。

必须指出,在合金结晶过程中,结晶出的 α 固溶体成分和剩余的液相成分都与原来合金成分不同。若要知道上述合金在结晶过程中某一温度时两相的成分,可通过该合金线上相当于该温度的点作水平线,此水平线与液相线及固相线的交点在成分坐标上的投影,即相应地表示该温度下液相和固相的成分。例如,当温度降到 T_2 时,如图 4-7(c)所示,

液相成分变化到 L_2，固相的成分变化到 α_2。成分变化是通过原子扩散来完成的。

由上述情况很容易理解液、固两相线具有的另一个重要意义：液、固两相线表示在无限缓慢的冷却条件下，液、固两相平衡共存时，液、固两相化学成分随温度的变化情况。也就是说，液、固相线不仅是相区分界线，也是结晶时两相的成分变化线。同样还可以看出，匀晶转变是变温转变，在结晶过程中，液、固两相的成分随温度而变化。

(3)杠杆定律的应用

如上所述，在合金相图中液、固两相并存在两相区内，若已给定某一温度，就能确定在该温度下液、固两相的成分。至于在该温度下液、固两相的相对重量，则可借助于杠杆定律来确定，其原理如图 4-8 所示。在图 4-8 中，含 x%Ni 的 Cu-Ni 合金，在 T 温度时，可用前述方法分别求得液相成分为 x_1%Ni，固相成分为 x_2%Ni。在此温度下，已结晶出的固相 α 和剩余液相 L 的相对质量可按下述方法计算：

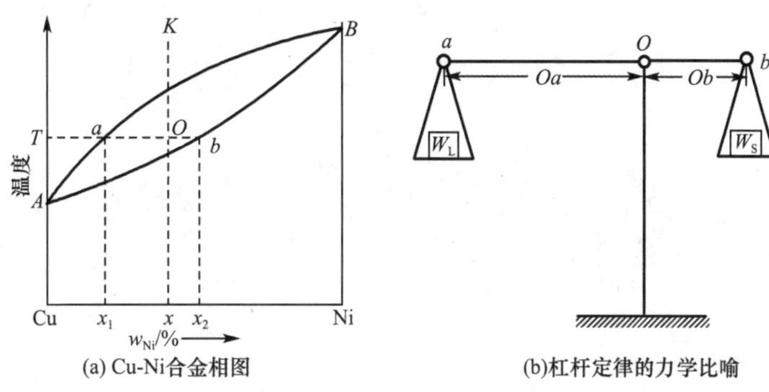

图 4-8 杠杆定律

假设：合金的总质量为 W_0，液相的质量为 W_L，固相的质量为 W_S。若已知液相中 Ni 质量分数为 x_1，固相中 Ni 质量分数为 x_2，合金的 Ni 质量分数为 x，则有

$$\begin{cases} W_L + W_S = W_0 \\ W_L x_1 + W_S x_2 = Wx \end{cases} \tag{4-1}$$

由式(4-1)得

$$\frac{W_L}{W_S} = \frac{x_2 - x}{x - x_1} = \frac{Ob}{Oa} \tag{4-2}$$

式(4-2)类似力学中的杠杆定律，故称之为杠杆定律。式(4-2)也可写成

$$\frac{W_L}{W_0} = \frac{Ob}{ab} \tag{4-3}$$

$$\frac{W_S}{W_0} = \frac{Oa}{ab} \tag{4-4}$$

需要注意的是，杠杆定律只适用于两相区。单相区中相的成分和质量，即合金的成分和质量，并不适用杠杆定律。

(4)固溶体合金中的偏析

固溶体合金在结晶过程中，只有在极其缓慢的冷却条件下，原子才能够充分地扩散，固相的成分才能沿着固相线均匀地变化。在实际生产中，由于冷却速度较快，合金在结晶过程中固相和液相中的原子来不及充分扩散，使得先结晶的枝晶含有较多的高熔点元素(如 Cu-Ni 合金中的 Ni)，而后结晶的枝晶含有较多的低熔点元素(如 Cu-Ni 合金中的

Cu)。对于某一个晶粒来说,则表现为先形成的心部含镍量较高,后形成的外层含镍量较低。这种在一个晶粒内部化学成分不均匀的现象称为晶内偏析。因为固溶体的结晶一般是按树枝状方式长大的,因此先结晶的枝干成分与后结晶的分枝成分不同,由于这种偏析呈树枝状分布,故又称为枝晶偏析。

图 4-9(a)所示为 Cu-Ni 合金的枝晶偏析现象,可以看出 α 固溶体是呈树枝状的,先结晶的枝干富镍,不易腐蚀,故呈白色;而后结晶的枝间富铜,易侵蚀,因而呈暗黑色。图 4-9(b)所示为 Cu-Ni 合金的平衡组织。

枝晶偏析的大小除了与冷却速度有关外,还与给定成分合金的液、固相线间距有关。冷却速度越大,液、固相线间距越大,枝晶偏析越严重,而枝晶偏析的存在,会严重降低合金的机械性能、耐腐蚀性能和加工工艺性能等。因此在生产上常把有枝晶偏析的合金加热到固相线以下 100～200 ℃,并经长时间保温,使原子进行充分扩散,以达到成分均匀化的目的,这种热处理方法称为扩散退火或均匀化退火,用以消除枝晶偏析。

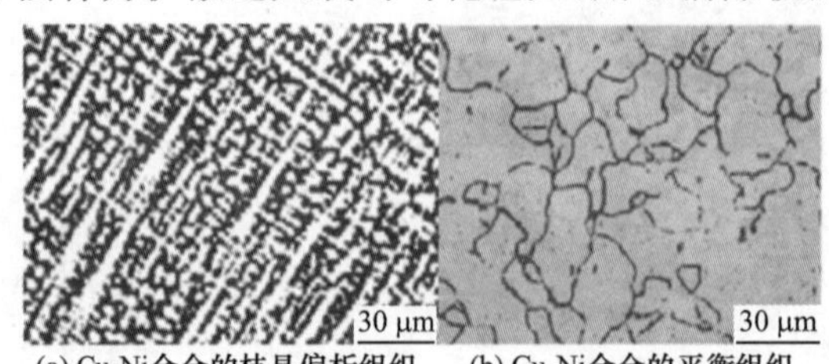

图 4-9　Cu-Ni 合金的枝晶偏析组织和平衡组织

2. 二元共晶相图

凡二元合金系中两组元在液态下完全互溶,在固态下有限互溶,形成两种不同固相,并发生共晶时所构成的相图均属于二元共晶相图。

具有这类相图的合金系主要有:Pb-Sn,Pb-Sb,Cu-Ag,Pb-Bi,Cd-Zn,Sn-Cd,Zn-Sn等。某些金属元素与金属化合物之间如 $Cu-Cu_2Mg$,$Al-CuAl_2$ 等也构成这类相图。

(1)相图分析

图 4-10 为一般共晶型的 Pb-Sn 二元合金相图。下面就以此合金相图为例进行分析。

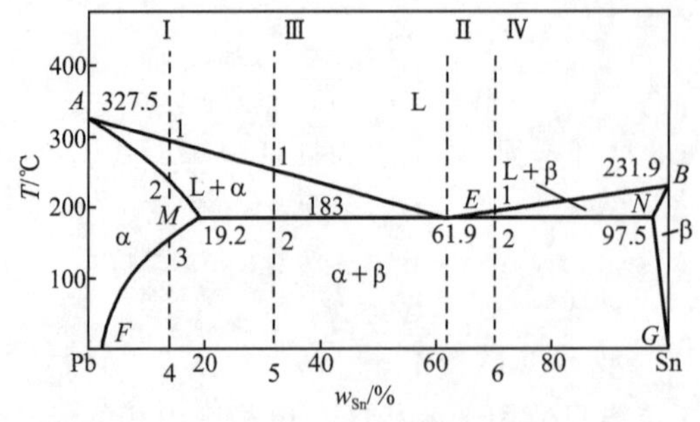

图 4-10　Pb-Sn 二元合金相图

在图 4-10 所示相图中,按照液相和固相的存在区域很容易识别 *AEB* 为液相线,*AMENB* 为固相线,*A* 为 Pb 的熔点(327.5 ℃),*B* 为 Sn 的熔点(231.9 ℃)。相图中有 L,α,β 三个相,形成三个单相区:L 代表液相,处于液相线以上;α 代表以 Pb 为溶剂,以 Sn 为溶质的固溶体其溶解度曲线为 *MF*,位于靠近纯组元 Pb 的封闭区域内;β 代表以 Sn 为溶剂,以 Pb 为溶质的 β 固溶体,其溶解度曲线为 *NG*,位于靠近纯组元 Sn 的封闭区域内。

在每两个单相区之间，共形成了三个两相区，即 L+α，L+β，α+β。

相图中的水平线 MEN 称为共晶线，在水平线对应的温度（183 ℃）下，E 点成分的液相将同时结晶出 M 点成分的 α 固溶体和 N 点成分的 β 固溶体：$L_E \xrightleftharpoons{恒温} (\alpha_M+\beta_N)$。这种在一定温度下，由一定成分的液相同时结晶出两个成分和结构都不相同的固相的转变过程称为共晶反应。共晶反应的产物，即两相的机械混合物，称为共晶体或共晶组织。发生共晶反应的温度称为共晶温度，代表共晶温度和共晶成分的点（E 点）称为共晶点。具有共晶成分的合金称为共晶合金。成分位于共晶点以左、M 点以右的合金称为亚共晶合金；成分位于共晶点以右、N 点以左的合金称为过共晶合金；成分位于 M 点以左或 N 点以右的合金称为端部固溶体合金。

（2）共晶系合金的平衡结晶过程

①含 Sn 量小于 M 点的合金的结晶过程

合金Ⅰ含 Sn 量小于 M 点，其冷却曲线及结晶过程如图 4-11 所示。这类合金在 3 点以上的结晶过程与匀晶相图中合金的结晶过程一样。当合金由液相缓冷到 1 点时，从液相中开始结晶出以 Sn 为溶质、以 Pb 为溶剂的 α 固溶体，随着温度的下降，α 固溶体量不断增多，而液相量不断减少，同时液相成分沿液相线 AE 变化，固相 α 的成分沿固相线 AM 变化。当合金冷却到 2 点时，液相全部结晶成 α 固溶体，其成分为原合金成分。继续冷却时，在 2 至 3 点温度范围内，α 固溶体不发生变化。当合金冷却到 3 点时，Sn 在 Pb 中溶解度已达到饱和。温度再下降到 3 点以下，Sn 在 Pb 中溶解度已过饱和，过剩的 Sn 以 β 固溶体的形式从 α 固溶体中析出。随着温度的下降，α 和 β 固溶体的溶解度分别沿 MF 和 NG 两条固溶线变化，因此从 α 固溶体中不断析出 β 固溶体。

为了区别从液相中结晶出的固溶体，现把从固相中析出的固溶体叫作二次相或次生相，形成二次相的过程称为二次析出。二次 β 呈细颗粒状，记为 β_{II}。随着温度下降，α 相的成分沿 MF 变化，β_{II} 的成分沿 NG 线变化，β_{II} 的相对质量增加。根据杠杆定律，室温下 β_{II} 的相对质量百分比为

$$Q_{\beta_{\mathrm{II}}}=\frac{F4}{FG}\times 100\%$$

所有成分在 M 点与 F 点间的合金，其结晶过程与合金Ⅰ相似，其室温下显微组织都是由 $\alpha+\beta_{\mathrm{II}}$ 组成的，只是两相的相对量不同。合金成分越靠近 M 点，室温 β_{II} 量越多。

②共晶合金的结晶过程（以合金Ⅱ为例）

当合金Ⅱ液体冷却到 E 点（共晶点）时，同时结晶出 α_M 和 β_N 两种饱和的固溶体，并发生共晶反应。其反应式为：$L_E \xrightleftharpoons{恒温} \alpha_M+\beta_N$。其冷却曲线及组织转变如图 4-12 所示。

从成分均匀的液相同时结晶出两个成分差异很大的固相，必然要有元素的扩散。在合金溶液中含 Pb 比较多的地方生成 α 相的小晶体，而在含 Sn 比较多的地方生成 β 相的小晶体。与此同时，随着 α 相小晶体的形成，其周围合金溶液中含 Pb 量必然大为减少（因为 α 相小晶体的形成需要吸收较多的 Pb 原子），这样就为 β 相小晶体的形成创造了极为有利的条件，在其两侧迅速生成 β 相的小晶体。同样道理，β 相小晶体的生成又会促使 α 相小晶体在其一侧生成。如此发展下去就会迅速形成一个 α 相和 β 相彼此相间排列的组织区域。

当然，首先形成 β 相的小晶体也能导致同样的结果。在结晶过程全部结束时能使合

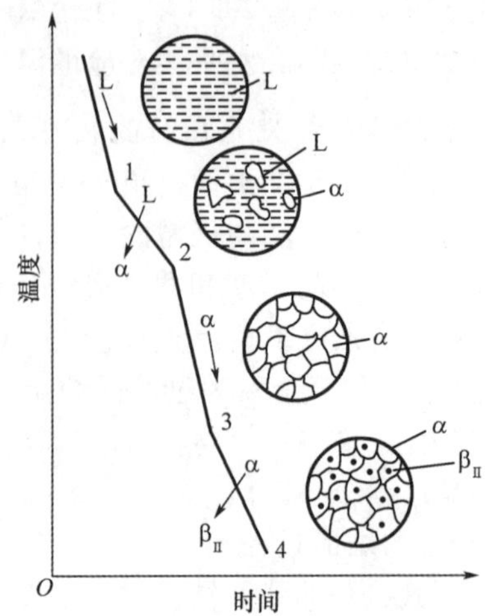

图 4-11　合金Ⅰ的冷却曲线及组织转变

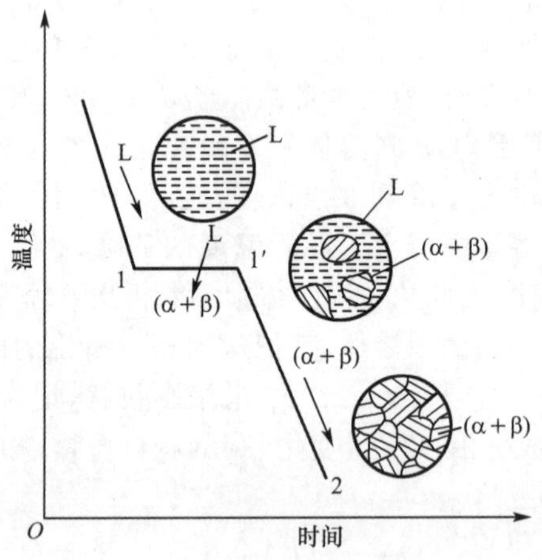

图 4-12　合金Ⅱ的冷却曲线及结晶过程

金获得非常细密的两相机械混合物。由于它是共晶反应的产物，所以这种机械混合物称为共晶体，或共晶混合物。Pb-Sn 的共晶体显微组织如图 4-13 所示，共晶组织较细，呈片、针、棒或点球等形状。根据杠杆定律，可以求出共晶反应刚结束时两相的相对质量百分比为

$$Q_\alpha=\frac{EN}{MN}\times100\%=\frac{97.5-61.9}{97.5-19.2}\times100\%=45.5\%$$

$$Q_\beta=100\%-Q_\alpha=54.5\%$$

在共晶反应完成之后，液相消失，合金进入共晶线以下(α+β)两相区。这时，随着温度的缓慢下降，α 和 β 的含量都要沿着它们各自的溶解度曲线逐渐变化，并自 α 相中析出一些 β 相的小晶体和自 β 相析出一些 α 相的小晶体，分别用 $\alpha_{Ⅱ}$ 和 $\beta_{Ⅱ}$ 表示。由于共晶体是非常细密的机械混合物，次生相的析出难以分辨，且共晶体中次生相的析出量又较少，故一般不予考虑。因此，合金Ⅱ的室温组织可以认为是$(\alpha+\beta)_E$ 共晶体。

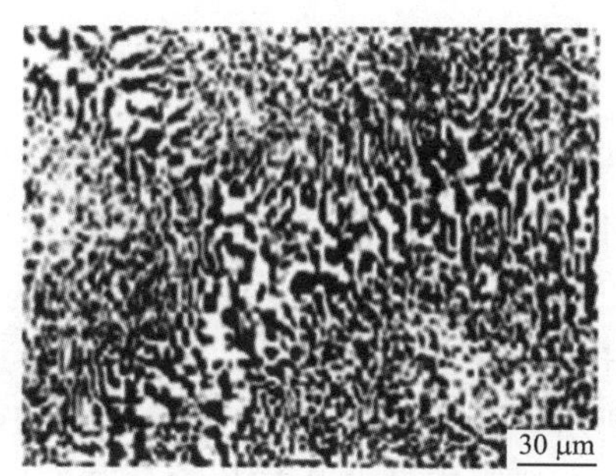

图 4-13 Pb-Sn 共晶合金组织

③亚共晶合金的结晶过程

成分在共晶线上的 E 点和 M 点之间的合金称为亚共晶合金。现以合金Ⅲ为例，先介绍一下亚共晶合金的结晶过程。

图 4-14 所示为合金Ⅲ的冷却曲线及结晶过程。由图 4-10、图 4-14 可知，当液相的温度降低至 1 点时开始结晶，首先析出 α 固溶体。随着温度缓慢下降，α 相的数量不断增多，剩余液相的数量不断减少，与此同时，固相和液相成分分别沿固相线和液相线变化。当温度降低至 2 点时，剩余的液相恰好具有 E 点的成分即共晶成分，这时剩余的液相就具备了进行共晶反应的温度和浓度条件，因而应当在此温度进行共晶反应。显然，冷却曲线上也必定出现一个代表共晶反应的水平台阶，直到剩余的合金溶液完全变成共晶体时为止，这时合金的固态组织应当是先共晶 α 固溶体和 $(\alpha+\beta)_E$ 共晶体。液相消失之后合金继续冷却。很明显，在 2 点温度以下由于 α 和 β 溶解度分别沿着 MF 和 NG 变化，必然要分别从 α 和 β 中析出 $\beta_{\rm II}$ 和 $\alpha_{\rm II}$ 两种次生相，但是由于前述原因共晶体中的次生相可以不予考虑，因而只需考虑从先共晶 α 固溶体中析出的 $\beta_{\rm II}$ 的数量，根据杠杆定律可计算出其相对量。合金Ⅱ的最终组织应为 $\alpha+(\alpha+\beta)_E+\beta_{\rm II}$。

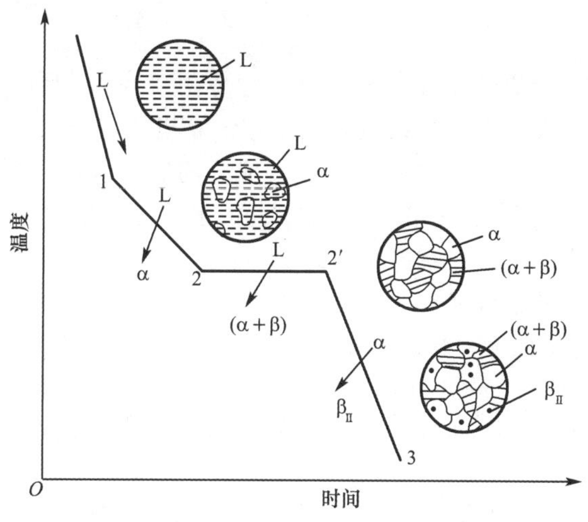

图 4-14 合金Ⅲ的冷却曲线及结晶过程

过共晶合金的冷却曲线及结晶过程，其分析方法和步骤与上述亚共晶合金基本相同。如图 4-10 中的合金Ⅳ，不同的是过共晶合金的一次相为 β 固溶体，二次相为 $\alpha_{\rm II}$ 固溶体。

所以合金Ⅳ的最终室温组织应为 $\beta+(\alpha+\beta)_E+\alpha_{\text{Ⅱ}}$。

3. 二元包晶相图

当两组元在液态时无限互溶，在固态下有限互溶，而且发生包晶反应所构成的相图称为二元包晶相图。具有这种相图的合金主要有：Pt-Ag，Ag-Sn，Al-Pt，Cd-Hg，Sn-Sb 等。应用最多的 Cu-Zn，Cu-Sn，Fe-C，Fe-Mn 等合金系中也包含这种类型的相图。因此，二元包晶相图也是二元合金相图的一种基本形式。

Pt-Ag 相图如图 4-15 所示。图中 *ACB* 为液相线，*APDB* 为固相线；*PE* 线为 Ag 在 α 固溶体中的溶解度曲线，*DB* 线是 Pt 在 β 固溶体中的溶解度曲线；*PDC* 线是包晶线，*D* 点是包晶点。成分在 *P* 点和 *C* 点之间的合金冷却到 *PDC* 线所对应的温度(包晶温度)时，会发生以下反应：$\alpha_P+L_C \xrightarrow{\text{恒温}} \beta_D$。这种由一种液相与一种固相在恒温下相互作用而形成另一种固相的反应称为包晶转变。发生包晶转变时三相共存，它们的成分确定，而且转变在恒温下进行。

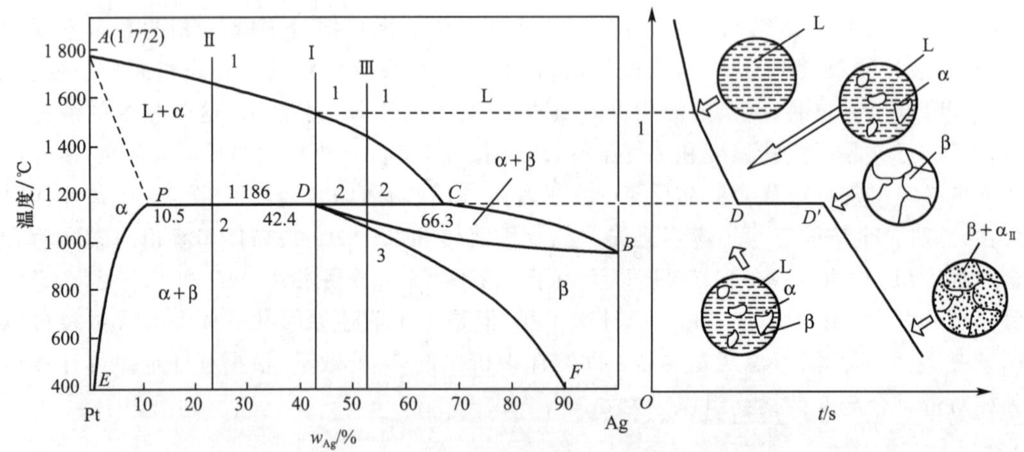

图 4-15 Pt-Ag 相图，合金Ⅰ的冷却曲线及结晶过程

现以合金Ⅰ为例，分析其结晶过程。合金液体由 1 点冷却到 2 点时，结晶出 α 固溶体。到达 2 点，α 相的成分沿 *AP* 线变化至 *P* 点，液相的成分沿 *AC* 线变化至 *C* 点。此时，匀晶转变停止，并发生包晶反应，即由 *C* 点成分的液相包着先析出的 *P* 点成分的 α 固相发生反应，生成 *D* 点成分的 β 相。反应结束后，正好把液相和 α 相全部消耗完，温度继续下降，从 β 相中析出 $\alpha_{\text{Ⅱ}}$，最终室温组织为 $\beta+\alpha_{\text{Ⅱ}}$。

P，*D* 点之间成分的合金Ⅱ在 2 点以前结晶出 α 相，冷却到 2 点发生包晶转变，反应结束后，液相耗尽，而 α 相还有剩余。继续冷却，α 相和 β 相都发生二次析出，最终室温组织为 $\alpha+\beta+\alpha_{\text{Ⅱ}}+\beta_{\text{Ⅱ}}$。*D*，*C* 点之间成分的合金Ⅲ在 2 点发生包晶反应结束后，α 相耗尽，而液相还有剩余。继续冷却，液相向 β 相转变。到 3 点以下，从 β 相中析出 $\alpha_{\text{Ⅱ}}$ 相，最终室温组织为 $\beta+\alpha_{\text{Ⅱ}}$。

结晶过程中，如果冷却速度较快，包晶反应时原子扩散不能够充分进行，所生成的 β 固溶体会由于成分不均匀而产生较大的偏析。

4. 形成稳定化合物的二元合金相图

化合物有稳定化合物和不稳定化合物两大类。稳定化合物是指在熔化前，既不分解也不产生任何化学反应的化合物。如 Mg 和 Si 形成稳定化合物 Mg_2Si，Mg-Si 相图就是形成稳定化合物的二元合金相图，如图 4-16 所示。

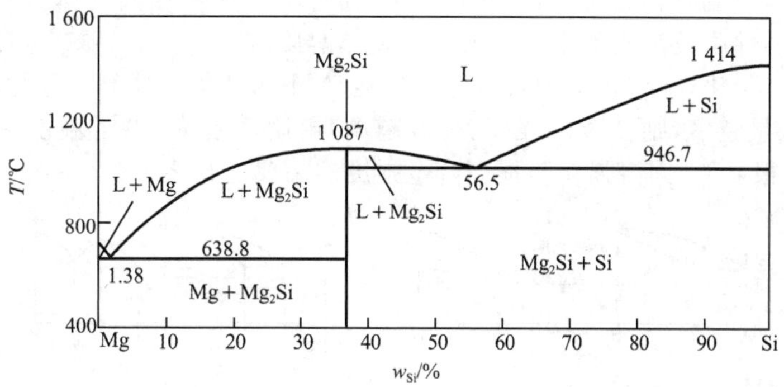

图 4-16　Mg-Si 合金相图

稳定化合物成分固定，其结晶过程与纯金属一样，在相图中是一条垂线。这条垂线是代表这个稳定化合物的单相区，以垂直线的垂足代表稳定化合物的成分，垂直线的顶点代表它的熔点。分析这类相图时，可把稳定化合物当作纯组元看待，将相图分成几个部分独立进行分析，使问题简化。如图 4-16，Mg_2Si 视为一个组元，即可认为这个相图是由左、右两个简单共晶相图 Mg-Mg_2Si 和 Mg_2Si-Si 所组成的，因此可以分别对它们进行研究。

5. 具有共析反应的二元合金相图

图 4-17 是一个具有共析反应的二元合金相图。从某种均匀一致的固相中同时析出两种化学成分和晶格结构完全不同的新固相的转变过程称为共析反应。同共晶反应相似，共析反应也是一个恒温转变过程，也有与共晶线及共晶点相似的共析线和共析点。共析反应的产物称为共析体。由于共析反应是在固态合金中进行的，转变温度较低，原子扩散困难，因而易于达到较大的过冷度，所以共析体的显微组织比共晶体要细。

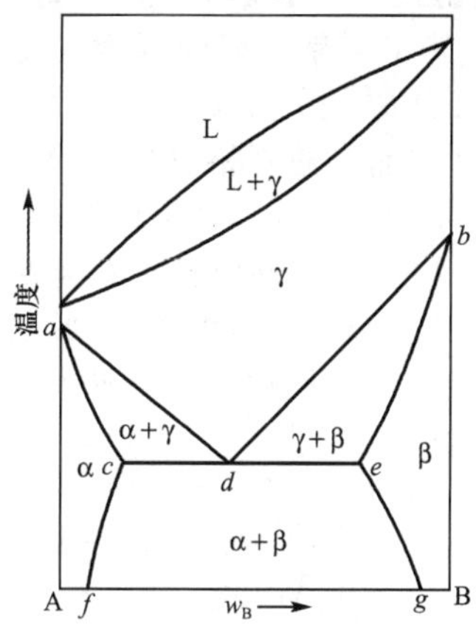

图 4-17　具有共析反应的二元合金相图

6. 合金的性能与相图间的关系

合金的性能一般都取决于合金的化学成分和组织，但某些工艺性能（如铸造性能）还与合金的结晶特点有关。而合金的化学成分与组织间的关系体现在合金相图上，因此合金相图与合金的性能之间必然存在着一定的联系。

(1)单相固溶体合金

匀晶相图是形成单相固溶体合金的相图。当合金形成单相固溶体时,合金的性能显然与组成元素的性质及溶质元素的溶入量有关。溶质溶入溶剂后,要产生晶格畸变,从而引起合金的固溶强化,并使合金中自由电子的运动阻力增大。对于一定的溶剂和溶质来说,溶质的溶入量越多,则合金的强度、硬度越高,电阻率越大,电阻温度系数愈小,如图4-18(a)所示。很显然,固溶强化是提高合金强度的主要途径之一。

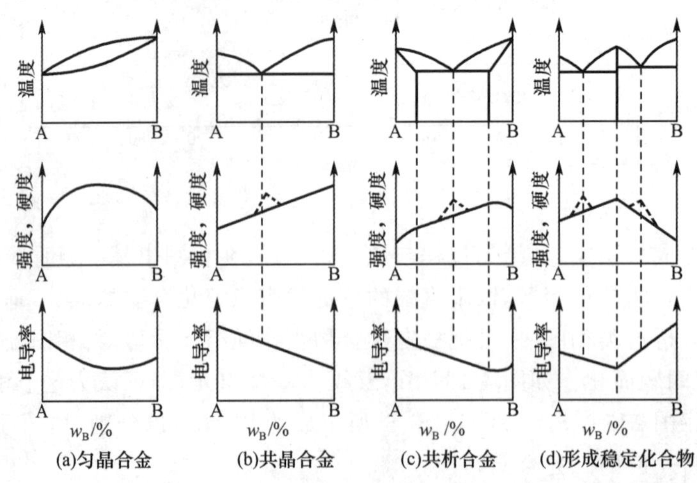

图 4-18 合金的使用性能与相图的关系

总体来说,形成单相固溶体的合金具有较好的综合机械性能。但是,在一般的情况下合金所达到的强度、硬度有限,往往不能满足工程结构对材料性能的要求。单相固溶体的电阻率较高,电阻温度系数较小,因而它很适合作为电阻合金材料。

由于这种合金塑性较好,所以它具有良好的压力加工性能,但在切削加工时,由于不易断屑和排屑,使工件表面粗糙度增大,故切削性能不好。

固溶体合金的铸造性能与其在结晶过程的温度变化范围及成分变化范围的大小有关,合金相图中的液相线与固相线之间的垂直距离与水平距离越大,合金的铸造性能越差。这是因为水平距离越大,则结晶出的固相与余下的液相成分相差越大,产生的成分偏析也越大;垂直距离越大,则结晶时液固两相共存的时间越长,形成树枝晶的倾向也越大。树枝晶将使液体在铸型内的流动性变差,同时树枝晶形成的许多封闭的微区得不到外界液体的补充,故容易产生分散缩孔,使铸件组织疏松,如图 4-19(a)所示。

由以上分析可知:单相固溶体合金不宜制作铸件而适于承受压力加工。在材料选用中应当注意固溶体合金的这一特点。

(2)合金形成两相混合物时的情况

共晶相图中成分在两相区内的合金结晶后,形成两相混合物。由图 4-18(b)、图 4-18(c)可见,形成两相混合物时合金的物理性能和机械性能将随合金成分的改变在两相性能之间,并与合金成分呈直线关系变化。而且合金的性能还与两相的细密程度有关,尤其是对组织敏感的合金性能如强度、硬度、电阻率等,其影响更为明显。

当合金形成两相混合物时,通常合金的压力加工性能较差,但切削加工性能较好。合金的铸造性能与合金中的共晶体的数量有关。共晶体的数量较多时合金的铸造性能较好,完全由共晶体组成的合金铸造性能最好。因为它在恒温下进行结晶,同时熔点又最低，具有较好的流动性，在结晶时易形成集中缩孔，铸件的致密度好。故在其他条件许可的情况下，铸造用的材料尽可能选用共晶合金，如图 4-19(b)所示。

形成两相混合物的合金的压力加工性能与合金组织中硬脆的化合物相含量、大小、形状及分布有关。当硬脆相呈连续或断续网状分布在塑性相的晶界上时，合金的塑性、韧性及综合机械性能明显下降，合金的压力加工性能变坏；当其呈颗粒状均匀分布时，其危害性就减小；当硬脆相以极细小粒子均匀分布在塑性相时，合金的强度、硬度明显提高，这一现象称为合金的弥散强化。

(3)合金形成化合物时的情况

当合金形成化合物时，合金具有较高的强度、硬度和某些特殊的物理、化学性能，但塑性、韧性及各种加工性能极差，因而不宜用作结构材料。但它们可以作为烧结合金的原料用来生产硬质合金，或用以制造其他要求某种特殊物理、化学性能的制品或零件。

当组元间形成某种化合物时，在合金系统的性能-成分曲线上会出现极大点或极小点(或称奇异点)，如图 4-18(d)所示。

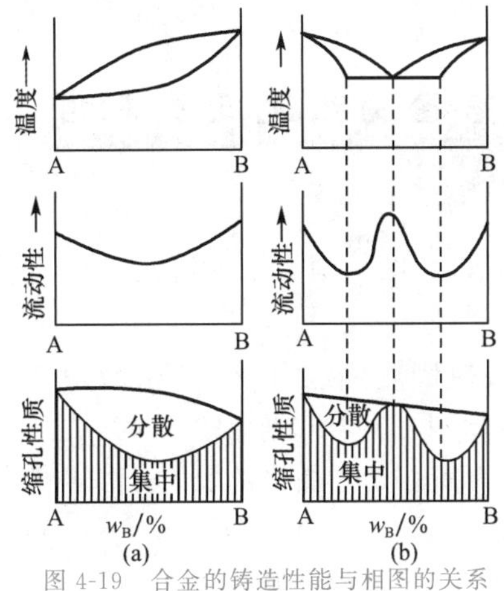

图 4-19 合金的铸造性能与相图的关系

4.3 铁-碳合金相图

铁-碳合金是以铁为主，加入少量碳而形成的合金，也是碳钢和铸铁的统称。它是现代机械制造工业中应用最为广泛的合金，其最基本的组元是铁和碳两种元素。铁-碳合金相图是研究铁-碳合金最基本的工具，通过铁-碳合金相图的学习，能系统地了解铁-碳合金成分、组织与性能三者之间的关系，从而能够合理地选用钢铁材料和制定各种热加工工艺。

铁与碳两个组元可以形成一系列化合物，如 Fe_3C，Fe_2C，FeC 等。稳定的化合物可以视为一个独立的组元。由于铁-碳合金中当碳质量分数大于 Fe_3C 的碳质量分数(6.69%)时，合金的脆性极大，无实用价值，因此有实用意义并被深入研究的只是 Fe-Fe_3C 部分，故在研究铁-碳合金相图时，仅研究 Fe-Fe_3C(w_C=6.69%)部分。所以，铁-碳合金相图亦可称为 Fe-Fe_3C 相图，如图 4-20 所示。此时相图的组元为 Fe 和 Fe_3C。

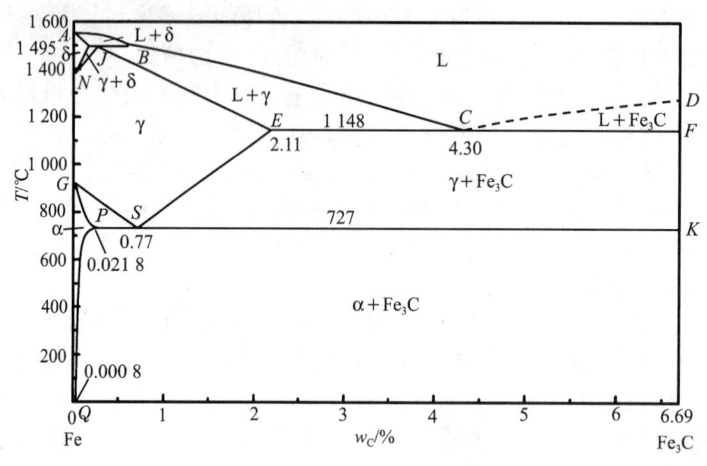

图 4-20 Fe-Fe_3C 相图

4.3.1 铁-碳合金的组元及基本相

1. 铁-碳合金的组元

Fe 和 Fe_3C 是组成 Fe-Fe_3C 相图的两个基本组元。

(1)铁(Fe)

铁是过渡族元素，熔点(或凝固点)为 1 538 ℃，密度是 7.86 g/cm^3。前已述及，纯铁从液态结晶为固态后，继续冷却到 1 394 ℃及 912 ℃时，先后发生两次同素异构转变，即由体心立方晶格的 δ-Fe 转变为面心立方晶格的 γ-Fe，再转变为体心立方晶格的 α-Fe。

工业纯铁的机械性能特点是具有良好的塑性、强度低、硬度低，并且机械性能会因纯度和晶粒大小的不同而有差别，其机械性能指标见表 4-1。

表 4-1　纯铁的机械性能

抗拉强度 R_m/MPa	屈服极限 R_{eL}/MPa	断后伸长率 A/%	断面收缩率 Z/%	冲击韧性 a_K/(J·cm^{-2})	硬度 (HBW)
180～230	100～170	30～50	70～80	160～200	50～80

(2)渗碳体(Fe_3C)

渗碳体(Fe_3C)是 Fe 与 C 形成的一种具有复杂结构的间隙化合物。其机械性能特点是硬而脆，各性能指标见表 4-2。

表 4-2　渗碳体的机械性能

抗拉强度 R_m/MPa	断后伸长率 A/%	断面收缩率 Z/%	冲击韧性 a_K/(J·cm^{-2})	硬度 (HBW)
30	0	0	0	800

2. 铁-碳合金中的相

由于铁和碳相互作用方式不同，所以固态下铁-碳合金中的相结构有两种：一种是碳溶于铁的晶格中形成的固溶体，主要是铁素体和奥氏体；另一种是铁和碳形成的金属化合物，主要是渗碳体。

(1)铁素体

碳溶于α-Fe中形成的间隙固溶体称为铁素体，为体心立方晶格，用符号F或α-Fe表示。由于α-Fe是体心立方晶格，其晶格原子间的空隙很小，所以碳在α-Fe中的溶解度极小。在室温时溶碳质量分数约为0.000 8%，在600 ℃时约为0.005 7%，在727 ℃时约为0.021 8%。因此，铁素体的性能与纯铁相似，即具有良好的塑性（A为30%～50%，Z为70%～80%）和韧性（a_K为128～160 J/cm^2），低的强度（R_m为180～280 MPa，R_{eL}为100～170 MPa）和硬度（50～80H）。

铁素体的显微组织与纯铁相同，为均匀明亮的多边形晶粒组织，如图4-21所示。

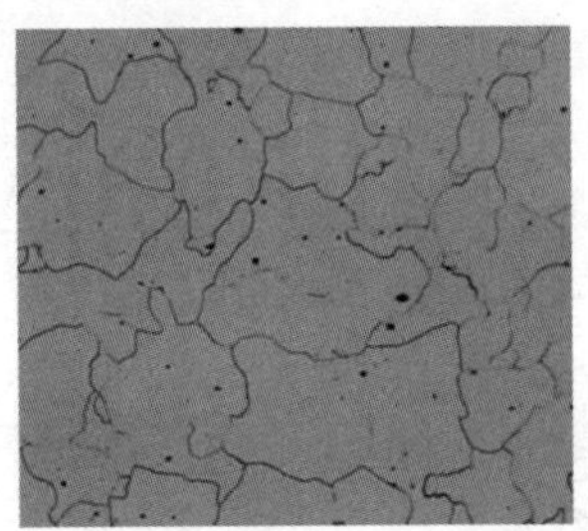

图4-21 铁素体的显微组织（400×）

(2)奥氏体

碳溶于γ-Fe中形成的间隙固溶体称为奥氏体，为面心立方晶格，用符号A或γ表示。由于γ-Fe是面心立方晶格，其晶格原子间的空隙比α-Fe大，所以碳在γ-Fe中的溶解度较大。在1 148 ℃时溶碳质量分数最大达2.11%，在727 ℃时约为0.77%。奥氏体一般存在于727 ℃以上的高温区，具有较低的硬度（170～220HBW）和良好的塑性（A为40%～50%），易于锻压成形，因此钢材的热加工都在奥氏体相区进行。

一般钢中的奥氏体具有顺磁性，即奥氏体钢为无磁性钢，可应用于要求不受磁场影响的零件或部件。

奥氏体的显微组织为多边形晶粒，晶界较铁素体平直，如图4-22所示。

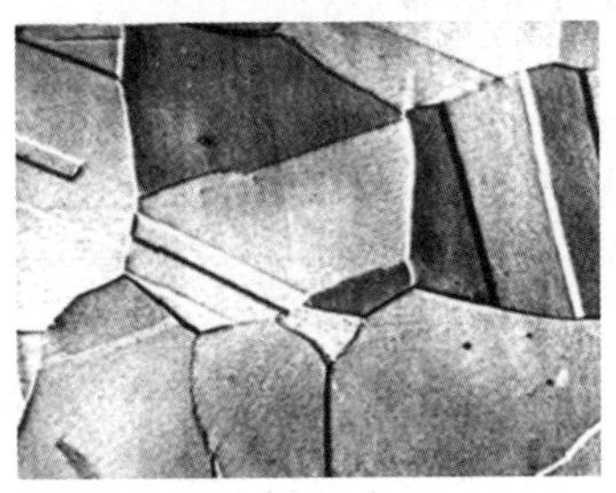

图4-22 奥氏体的显微组织（400×）

(3)渗碳体（Fe_3C）

渗碳体是一个化合物相，是铁和碳形成的一种间隙化合物，其晶胞内铁原子数与碳原子数之比为3∶1，故通常以Fe_3C或C_m表示。

渗碳体的碳质量分数为6.69%，是一个高碳相，熔点为1 227 ℃，硬度很高（950～1 050HV），而塑性和韧性几乎为零，脆性极大。因此，渗碳体不能单独使用，在钢中总是和铁素体混在一起，是钢中的主要强化相。渗碳体在钢和铸铁中由于生成条件不同，存在的形态主要有条状、片状、网状或粒(球)状等。其数量、形态、大小和分布对钢的力学性能有很大影响。

渗碳体在一定条件下可以分解为铁和石墨状态的自由碳，即

$$Fe_3C \rightarrow 3Fe + C(\text{石墨})$$

这个分解反应对铸铁具有重要意义。

由于碳在 α-Fe 中的溶解度很低，因此常温下在铁-碳合金中，其主要是以渗碳体和石墨的形式存在。

4.3.2 铁-渗碳体相图分析

由于 $Fe\text{-}Fe_3C$ 相图中左上角(δ-Fe 转变)部分实用意义不大，为了便于分析研究，故将其省略。图 4-20 简化后的 $Fe\text{-}Fe_3C$ 相图如图 4-23 所示。

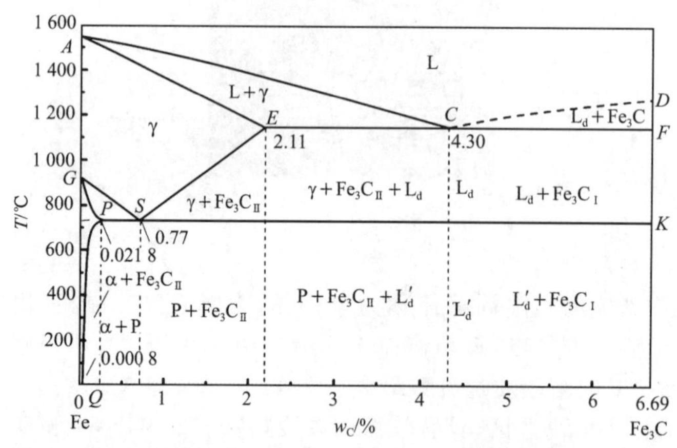

图 4-23 简化后的 $Fe\text{-}Fe_3C$ 相图

1. 相图中的点、线、区

(1)图中特性点的分析

铁-碳合金相图中的特性点分析见表 4-3。

表 4-3 铁-碳合金相图中的特性点的温度、成分及其含义

点的符号	温度/℃	碳质量分数/%	含义
A	1 538	0	纯铁的熔点
C	1 148	4.30	共晶点，$L_C \rightleftharpoons \gamma_E + Fe_3C$
D	1 227	6.69	渗碳体的熔点
E	1 148	2.11	碳在 γ-Fe 中的最大溶解度
F	1 148	6.69	渗碳体的成分
G	912	0	γ-Fe⇌α-Fe 同素异构转变点
K	727	6.69	渗碳体的成分
P	727	0.021 8	碳在 α-Fe 中的最大溶解度
S	727	0.77	共析点，$\gamma_S \rightleftharpoons \alpha_P + Fe_3C$
Q	室温	0.000 8	碳在 α-Fe 中的溶解度

(2)图中特性线的分析

铁-碳合金相图中的各条线表示了铁-碳合金内部组织发生转变时的临界线,所以这些线是组织转变线。各主要特性线的含义如下:

ACD 线:液相线。液态合金冷却到该线时开始结晶,冷却到 *AC* 线温度时,开始结晶出奥氏体;冷却到 *CD* 线温度时,开始结晶出渗碳体,并称之为一次渗碳体($Fe_3C_Ⅰ$)。加热时,温度升到此线后合金全部熔化,在此线以上全部为成分均匀的液态合金。

AECF 线:固相线。液态合金冷却到该线时结晶完毕,该线以下合金为固态。加热时,温度升到此线合金开始熔化。

AE 线:奥氏体结晶终了线。液态合金冷却到该线时全部结晶为奥氏体;反之,加热到此线时,合金即开始熔化。

ECF 线:共晶线。液态合金冷却到该线温度(1 148 ℃)时,将同时结晶出奥氏体和渗碳体,即发生共晶转变:$L_{4.3} \rightarrow (A_{2.11} + Fe_3C)$。共晶转变所获得的共晶体($A + Fe_3C_Ⅰ$)称为莱氏体,用符号 L_d 表示。莱氏体的组织特征为蜂窝状,以 Fe_3C 为基,性能硬而脆。

ES 线:碳在奥氏体(或 γ-Fe)中的固溶线。可见碳在奥氏体中的最大溶解度在 *E* 点即 1 148 ℃时为 2.11%,随着温度的下降,溶解度减小,到 727 ℃时仅为 0.77%。因此,凡碳质量分数大于 0.77%的合金,自 1 148 ℃冷至 727 ℃的过程中,过剩的碳将以渗碳体的形式从奥氏体中析出,通常将此渗碳体称为二次渗碳体($Fe_3C_Ⅱ$),以区别于液相中结晶出来的一次渗碳体。

GS 线:奥氏体和铁素体(γ-Fe⇌α-Fe)的相互转变线。即碳质量分数小于 0.77%的奥氏体在冷却时转变为铁素体的开始线,或在加热时铁素体转变为奥氏体的终了线。

GP 线:冷却时奥氏体转变为铁素体的终了线,或在加热时铁素体转变为奥氏体的开始线。

PSK 线:共析线。奥氏体冷却到 *PSK* 线(727 ℃)析出铁素体和渗碳体的混合物,即发生共析转变:$A_{0.77} \rightarrow (F_{0.0218} + Fe_3C)$。共析转变所获得的共析体($F + Fe_3C$)称为珠光体,用符号 P 表示。珠光体的组织特点是两相呈片层相间分布,性能介于两相之间。

PQ 线:碳在铁素体中的固溶线。可见碳在铁素体中的最大溶解度在 *P* 点即 727 ℃时为 0.021 8%,随着温度的下降,溶解度减小,到室温时溶解度仅为 0.000 8%。因此,铁-碳合金自 727 ℃冷至室温的过程中,过剩的碳将以渗碳体的形式从铁素体中析出,通常将此渗碳体称为三次渗碳体($Fe_3C_Ⅲ$)。因其量极少,一般可忽略不计。

(3)图中各区域组织

根据以上点、线的分析,容易得到各区域的组织,如图 4-23 所示。

2. Fe-Fe_3C 相图中铁-碳合金的分类

Fe-Fe_3C 相图中不同成分的铁-碳合金,其组织和性能不同。按其碳质量分数和组织的不同,可将铁-碳合金分为三类:

(1)工业纯铁

成分在 *P* 点以左,即碳质量分数小于 0.021 8%的铁-碳合金,其室温组织为铁素体,机械工业中应用较少。

(2)钢

成分在 *P* 点与 *E* 点之间,即碳质量分数为 0.021 8%~2.11%的铁-碳合金。其特点是高温固态组织为塑性很好的奥氏体，因而可以进行热压力加工。

根据其室温组织的特点，以 S 点为界，钢可分为三类：

①共析钢：成分在 S 点，即碳质量分数为 0.77%的铁-碳合金，其室温组织为珠光体。

②亚共析钢：成分在 S 点以左，即碳质量分数为 0.021 8%～0.77%的铁-碳合金，其室温组织为铁素体＋珠光体。

③过共析钢：成分在 S 点以右，即碳质量分数为 0.77%～2.11%的铁-碳合金，其室温组织为珠光体＋二次渗碳体。

按钢中碳质量分数不同，还可将钢分为低碳钢($w_C \leqslant 0.25\%$)、中碳钢($0.25\% < w_C < 0.60\%$)和高碳钢($w_C \geqslant 0.60\%$)。

(3)白口铸铁

成分在 E 点以右，即碳质量分数为 2.11%～6.69%的铁-碳合金。其特点是液态结晶时都有共晶转变，因而具有较好的铸造性能。但高温组织中硬脆的渗碳体很多，因此不能进行热压力加工。

根据白口铸铁的组织特点，也可以 C 点为界将其分为三类：

①共晶白口铸铁：成分在 C 点，即碳质量分数为 4.30%的铁-碳合金。

②亚共晶白口铸铁：成分在 C 点以左，即碳质量分数为 2.11%～4.30%的铁-碳合金。

③过共晶白口铸铁：成分在 C 点以右，即碳质量分数为 4.30%～6.69%的铁-碳合金。

4.3.3 典型铁-碳合金的结晶过程及其组织

现以几种典型铁-碳合金为例，分析其结晶过程的组织变化，以进一步认识 $Fe\text{-}Fe_3C$ 相图。图 4-24 所示为所选取的不同类型铁-碳合金，本节主要分析这些合金冷却过程中的组织转变。

1. 共析钢($w_C=0.77\%$)的结晶过程及其组织转变

共析钢(图 4-24 中合金Ⅰ)的平衡结晶过程为：此合金在 1 点、2 点之间按匀晶转变结晶出奥氏体。当液态合金冷却到与液相线相交的 1 点的温度时，从液相中开始结晶出奥氏体，随着温度的下降，奥氏体量不断增加，其成分沿固相线 AE 线变化，剩余的液相不断减少，其成分沿液相线 AC 线变化。到 2 点温度时，结晶过程结束，液相全部转变为与原始成分相同的奥氏体。在 2 点到 3 点温度范围内，合金的组织不发生变化，为单相奥氏体组织。而当温度降到 3 点温度(727 ℃)时，在恒温下奥氏体发生共析转变，$A_{0.77} \rightarrow F_{0.0218} + Fe_3C$，即从奥氏体中同时析出铁素体和渗碳体的机械混合物，这种机械混合物称为珠光体，转变结束时全部为珠光体。珠光体中的渗碳体称为共析渗碳体。当温度继续下降时，珠光体中铁素体相的溶碳量下降，其成分沿固溶线 PQ 线变化，析出三次渗碳体 $Fe_3C_{Ⅲ}$。由于三次渗碳体常和共析渗碳体连在一起，不易分辨，且数量极少，故可忽略。图 4-25 所示为共析钢结晶过程组织转变。

共析钢的室温组织全部为珠光体，其组成相为铁素体和渗碳体，呈细密层片状。其显

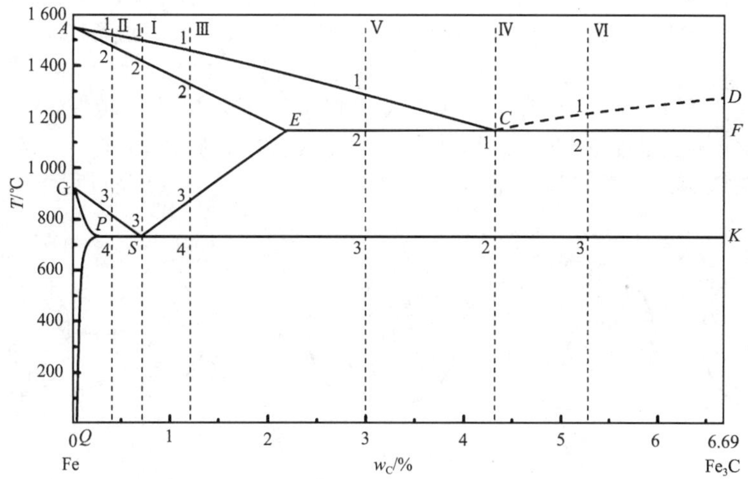

图 4-24 典型铁-碳合金冷却时的组织转变过程分析

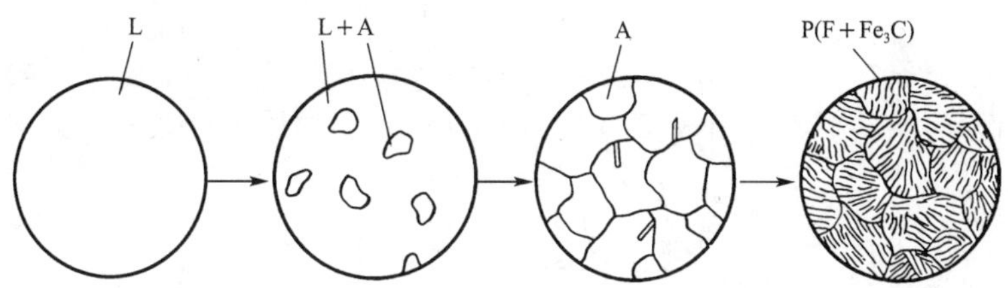

图 4-25 共析钢结晶过程组织转变

微组织如图 4-26 所示。珠光体中铁素体与渗碳体的质量分数可用杠杆定律求出，即

$$w_F=\frac{6.69-0.77}{6.69-0.0008}\times 100\%\approx 88\%$$

$$w_{Fe_3C}=1-88\%=12\%$$

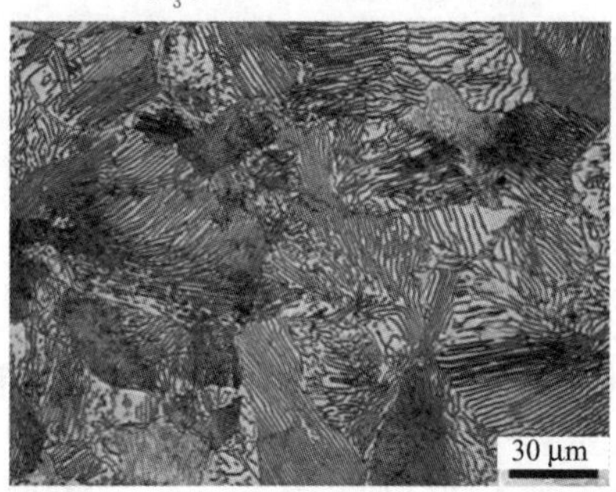

图 4-26 共析钢显微组织(500×)

珠光体中渗碳体数量较铁素体少，故层片状珠光体中渗碳体的层片较铁素体的层片薄。当显微镜的放大倍数足够大、分辨力较高时，可见珠光体由白色基底的铁素体和有黑色边缘围着的白色窄条的渗碳体组成。

2. 亚共析钢(w_C=0.021 8%～0.77%)的结晶过程及其组织转变

以图 4-24 中合金Ⅱ(w_C=0.4%)的亚共析钢为例的结晶过程：亚共析钢在 1 点到 3 点温度间的结晶过程与共析钢相似。当合金冷却到与 *GS* 线相交的 3 点温度时，从奥氏体中开始析出铁素体，随着温度的不断下降，从奥氏体中析出的铁素体量逐渐增加，其成分沿 *GP* 线变化，剩余奥氏体量逐渐减少，其成分沿 *GS* 线向共析成分变化。当温度降至与 *PSK* 线相交的 4 点温度(727 ℃)时，铁素体的碳质量分数为 0.021 8%，而剩余奥氏体的碳质量分数为 0.77%(共析成分)，则奥氏体在恒温下发生共析转变：$A_{0.77} \rightarrow F_{0.0218} + Fe_3C$，形成珠光体。温度继续下降时，铁素体中析出三次渗碳体，同样可忽略不计。则亚共析钢的室温组织为铁素体和珠光体，图 4-27 所示为亚共析钢结晶过程组织转变。

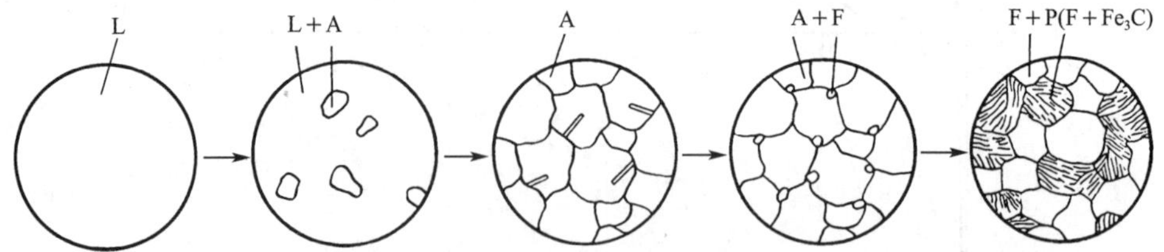

图 4-27 亚共析钢结晶过程组织转变

$w_C = 0.4\%$的亚共析钢的组织组成物为 F 和 P，它们的质量分数分别为

$$w_P = \frac{0.4-0.0218}{0.77-0.0218} \times 100\% \approx 51\%$$

$$w_F = 1 - w_P = 1 - 51\% = 49\%$$

$w_C = 0.4\%$的亚共析钢的组成相为 F 和 Fe_3C，它们的质量分数分别为

$$w_F = \frac{6.69-0.4}{6.69-0.0008} \times 100\% \approx 94\%$$

$$w_{Fe_3C} = 1 - w_F = 1 - 94\% = 6\%$$

所有亚共析钢在冷却过程中的组织转变均相似，它们在室温下的组织均由铁素体和珠光体组成，不同之处仅在于其中铁素体与珠光体的相对量不同。合金中碳质量分数越多，组织中的珠光体量越多，铁素体量越少；反之，铁素体量越多，珠光体量越少。图 4-28 所示为不同碳质量分数的亚共析钢的显微组织。图中黑色部分为珠光体(因放大倍数低，故无法分辨其层片)，白亮部分为铁素体。

亚共析钢的碳质量分数可由其室温平衡组织来估算。若将 F 中的碳质量分数忽略不计，则钢中的碳质量分数全部在 P 中，因此由显微组织中 P 所占的面积可求出钢的碳质量分数，即

$$w_C = w_P \times 0.77\%$$

式中 w_C——钢中的碳质量分数，%；

w_P——珠光体所占的面积百分比，%。

同理，根据亚共析钢中的碳质量分数，也可估算出亚共析钢平衡组织中珠光体所占的面积。

3. 过共析钢($w_C = 0.77\% \sim 2.11\%$)的结晶过程及其组织转变

图 4-24 中合金Ⅲ($w_C = 1.2\%$)为过共析钢，下面以其为例了解过共析钢的结晶过程：过共析钢在 1 点到 3 点温度间的结晶过程同样与共析钢相似。当合金冷却到与 *ES* 线相交的 3 点温度时，奥氏体的溶碳量达到饱和而开始析出二次渗碳体，二次渗碳体一般沿着奥氏体晶界析出而呈网状分布。随着温度的不断下降，从奥氏体中析出的渗碳体量逐渐增加，剩余奥氏体成分沿 *ES* 线变化。当温度降至与 *PSK* 线相交的 4 点温度时，剩余奥氏体的碳质量分数为 0.77%(共析成分)，则发生共析转变：$A_{0.77} \rightarrow F_{0.0218} + Fe_3C_{II}$，形成珠光体。4 点以下至室温，合金组织基本不再变化。所以过共析钢的室温组织为渗

(a) w_C=0.10%　(b) w_C=0.35%　(c) w_C=0.45%

图 4-28　亚共析钢显微组织(400×)

碳体和珠光体组成,图 4-29 所示为过共析钢结晶过程组织转变。在显微镜下,$Fe_3C_{Ⅱ}$ 呈网状分布在层片状 P 周围,如图 4-30 所示。

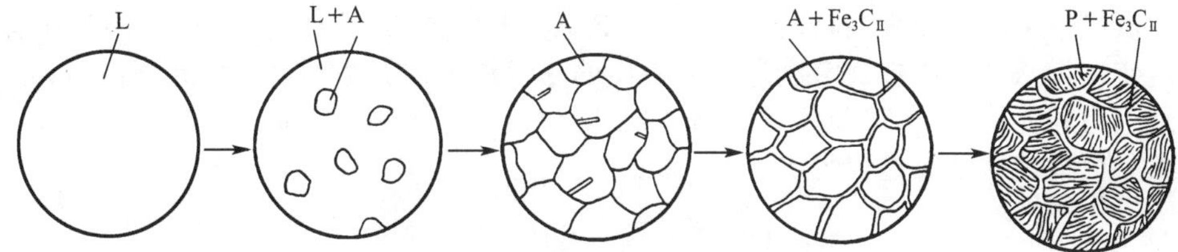

图 4-29　过共析钢结晶过程组织转变

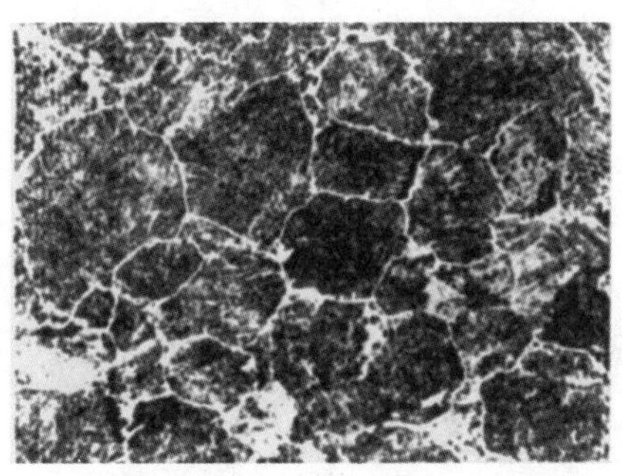

图 4-30　过共析钢的显微组织(400×)

$w_C=1.2\%$的过共析钢的组织组成物为 $Fe_3C_{Ⅱ}$ 和 P,它们的质量分数分别为

$$w_P=\frac{6.69-1.2}{6.69-0.77}\times 100\%\approx 93\%$$

$$w_{Fe_3C_{Ⅱ}}=1-w_P=1-93\%=7\%$$

$w_C=1.2\%$的过共析钢的组成相为 F 和 Fe_3C, 它们的质量分数分别为

$$w_F=\frac{6.69-1.2}{6.69-0.0008}\times 100\%\approx 82\%$$

$$w_{Fe_3C}=1-w_F=1-82\%=18\%$$

所有过共析钢在冷却过程中的组织转变均相似,它们在室温下的组织均由渗碳体和珠光体组成,不同之处为其中渗碳体与珠光体的相对量不同。合金中碳质量分数越大,组织中的渗碳体量越多,当合金的碳质量分数为 2.11%时,二次渗碳体量达到最多,其值可由杠杆定律算出,即

$$w_{Fe_3C_{II}}(\max)=\frac{2.11-0.77}{6.69-0.77}\times100\%\approx23\%$$

4. 共晶白口铸铁($w_C=4.30\%$)的结晶过程及其组织转变

共晶白口铸铁(图 4-24 中合金Ⅳ)的结晶过程:合金冷却到 1 点(1 148 ℃)时,在恒温下合金发生共晶转变:$L_{4.30}\rightarrow A_{2.11}+Fe_3C$,即从液态合金中同时结晶出奥氏体和渗碳体的混合物即莱氏体(L_d)。转变结束时,全部为莱氏体,称为高温莱氏体(L_d'),高温莱氏体是共晶奥氏体和共晶渗碳体的机械混合物,呈蜂窝状。此时

$$w_A=\frac{6.69-4.3}{6.69-2.11}\times100\%\approx52\%$$

$$w_{Fe_3C}=1-w_A=1-52\%=48\%$$

1 点到 2 点的温度间从共晶奥氏体中析出二次渗碳体,二次渗碳体通常依附在共晶渗碳体上,不能分辨。当温度降至 2 点(727 ℃)时,共晶奥氏体成分为 S 点(共析成分),此时在恒温下奥氏体发生共析转变:$A_{0.77}\rightarrow F_{0.0218}+Fe_3C$,形成珠光体,而共晶渗碳体则不发生变化。从 2 点冷却到室温过程中析出的三次渗碳体忽略不计。故共晶白口铸铁的室温组织为珠光体、二次渗碳体和共晶渗碳体组成的组织即低温莱氏体(L_d'),图 4-31 所示为共晶白口铸铁结晶过程组织转变。此时

$$w_P=\frac{6.69-4.3}{6.69-0.77}\times100\%\approx40\%$$

$$w_{Fe_3C}=1-w_P=1-40\%=60\%$$

共晶白口铸铁的显微组织如图 4-32 所示。图中黑色部分为珠光体,白亮部分为渗碳体。

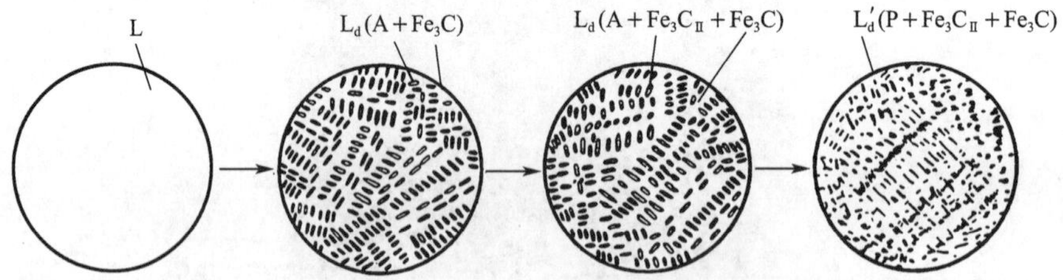

图 4-31 共晶白口铸铁结晶过程组织转变

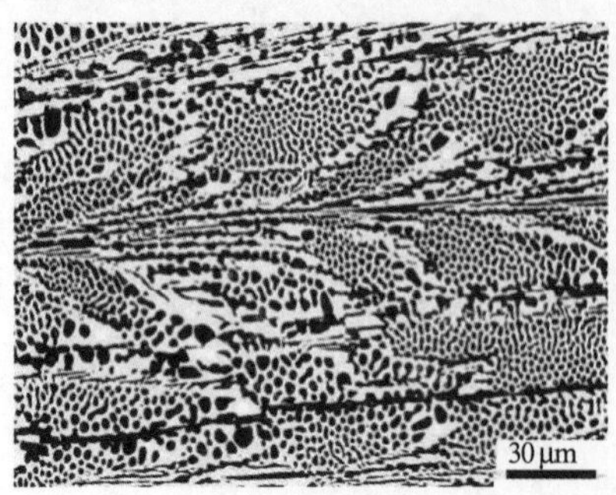

图 4-32 共晶白口铸铁室温组织(500×)

5. 亚共晶白口铸铁($w_C=2.11\%\sim4.30\%$)的结晶过程及其组织转变

以图 4-24 中合金Ⅴ为例,分析说明亚共晶白口铸铁($w_C=3.0\%$)的结晶过程:合金冷却到与液相线(AC 线)相交的 1 点温度时,开始从液相中结晶出奥氏体(称为初晶奥氏

体)。在 1 点到 2 点的温度之间,结晶的奥氏体量不断增加,其成分沿固相线 AE 线变化,剩余液相量不断减少,其成分沿液相线 AC 线变化。当温度达到与 ECF 线相交的 2 点温度时,初晶奥氏体的成分为 E 点,而液相成分为 C 点(共晶成分:碳质量分数 4.30%),则液相在恒温下(1 148 ℃)发生共晶转变:$L_{4.30} \rightarrow A_{2.11} + Fe_3C$,形成莱氏体,而此时初晶奥氏体不发生变化。共晶转变结束时的组织为初晶奥氏体和莱氏体。在 2 点到 3 点之间,初晶奥氏体和共晶奥氏体不断析出二次渗碳体,当温度降至与 PSK 线相交的 3 点温度(727 ℃)时,所有奥氏体的碳质量分数均为 0.77%(共析成分),则发生共析转变:$A_{0.77} \rightarrow F_{0.0218} + Fe_3C$,形成珠光体。因此,亚共晶白口铸铁的室温组织为珠光体、二次渗碳体和低温莱氏体,图 4-33 所示为亚共晶白口铸铁结晶过程组织转变。初晶奥氏体中析出的二次渗碳体与共晶渗碳体连在一起,不能分辨。此时,室温下,碳质量分数为 3.0%的白口铸铁中三种组织组成物的质量分数为

$$w_{L'_d} = \frac{3.0-2.11}{4.3-2.11} \times 100\% = 41\%$$

$$w_{Fe_3C_{II}} = \frac{4.3-3.0}{4.3-2.11} \times \frac{2.11-0.77}{6.69-0.77} \times 100\% = 13\%$$

$$w_P = 1 - w_{L'_d} - w_{Fe_3C_{II}} = 1 - 41\% - 13\% = 46\%$$

而该合金在结晶过程中所析出的所有二次渗碳体(包括一次奥氏体和共晶奥氏体中析出的二次渗碳体)的总质量分数为

$$w_{Fe_3C_{II}}(总) = \frac{6.69-3.0}{6.69-2.11} \times \frac{2.11-0.77}{6.69-0.77} \times 100\% \approx 18\%$$

所有亚共晶白口铸铁的结晶过程均相似,只是合金成分越接近共晶成分,其室温组织中低温莱氏体含量越多;反之,则由初晶奥氏体变成的珠光体的量越多。

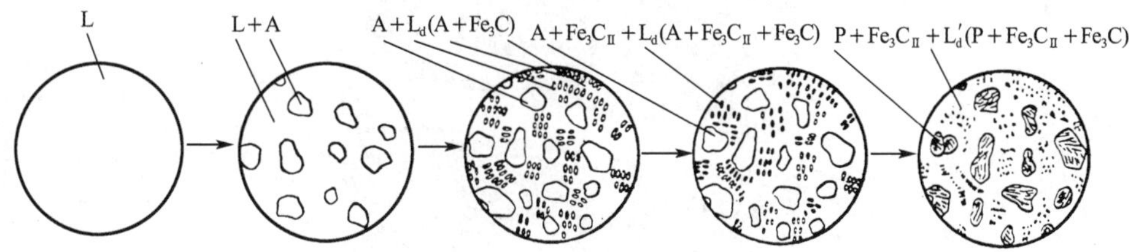

图 4-33 亚共晶白口铸铁结晶过程组织转变

亚共晶白口铸铁的显微组织如图 4-34 所示。图中黑色部分为初晶奥氏体转变而成的珠光体和二次渗碳体,其余部分为低温莱氏体。

6. 过共晶白口铸铁(w_C=4.30~6.69%)的结晶过程及其组织转变

过共晶白口铸铁(图 4-24 中合金Ⅵ)的结晶过程:合金冷却到与液相线(DC 线)相交的 1 点温度时,开始从液相中结晶出渗碳体(一次渗碳体,呈粗条片状),在 1 点到 2 点的温度间,结晶的一次渗碳体量不断增加,而剩余液相量不断减少,其成分沿液相线(DC 线)变化,当冷却到 2 点温度(1 148 ℃)时,液相的成分为 C 点(共晶成分:碳质量分数为 4.30%),在恒温下发生共晶转变:$L_{4.30} \rightarrow A_{2.11} + Fe_3C$,形成莱氏体。在 2 点和 3 点之间,从奥氏体中析出二次渗碳体,在 3 点温度时,奥氏体发生共析转变形成珠光体。因此,过共晶白口铸铁的室温组织为低温莱氏体和一次渗碳体组成,图 4-35 所示为过共晶白口铸铁结晶过程组织转变。

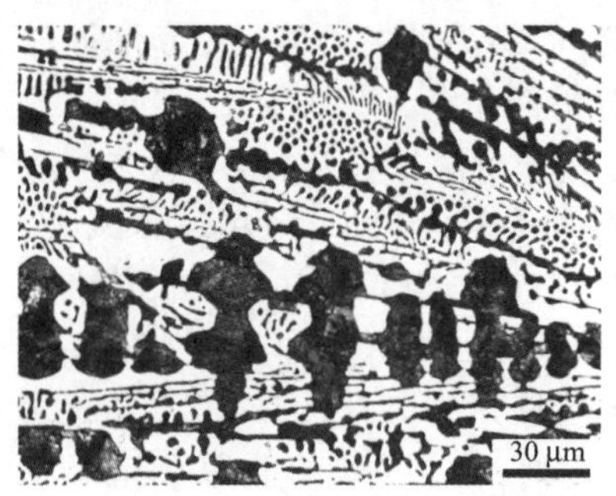

图 4-34　亚共晶白口铸铁室温组织(500×)

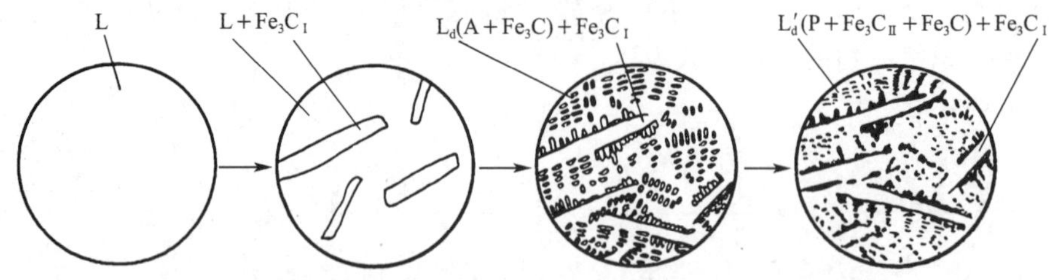

图 4-35　过共晶白口铸铁结晶过程组织转变

所有过共晶白口铸铁的结晶过程均相似，只是合金成分越接近共晶成分，室温组织中低温莱氏体量越多；反之，一次渗碳体量越多。

过共晶白口铸铁的显微组织如图 4-36 所示。图中白色板条状部分为一次渗碳体，其余为低温莱氏体。

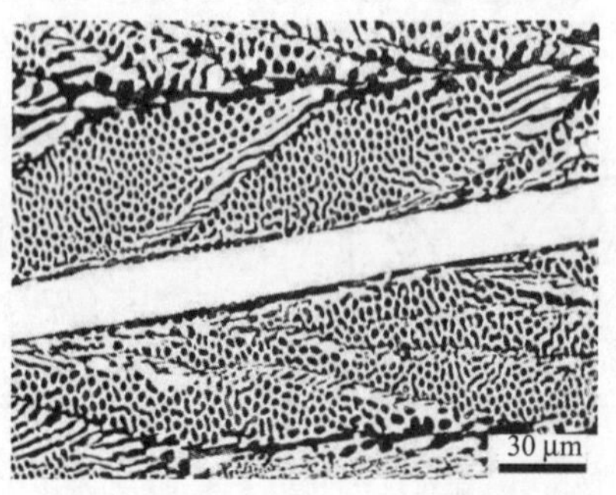

图 4-36　过共晶白口铸铁室温组织(500×)

4.3.4　铁-碳合金的成分、组织、性能的关系

1. 碳质量分数对铁-碳合金平衡组织的影响

从对铁-碳合金结晶过程的分析可知，铁-碳合金在室温下的组织均由铁素体(F)和渗碳体(Fe_3C)两相组成，两相的相对含量可由杠杆定律确定。随着碳质量分数的增大，铁素体的质量分数逐渐变大，由 100%按直线关系减小到 0($w_C=6.69\%$时)；Fe_3C 的质量分数则逐渐增大，由 0 按直线关系增大到 100%。

在室温下，碳质量分数不同时，不仅铁素体和 Fe_3C 的相对含量发生变化，而且由两相组合的合金组织也在变化。随着碳质量分数的增大，组织中渗碳体的大小、形态及分布都将发生变化。渗碳体由层片状分布在珠光体中的铁素体的基体内，变化为由网状分布在晶界上，最后又作为组织中的基体出现或以板条状分布在莱氏体的基体上。组织组成物的相对含量可由杠杆定律求得。随着碳质量分数的增大，铁-碳合金平衡组织的顺序变化为

$$F \rightarrow F+P \rightarrow P \rightarrow P+Fe_3C_{II} \rightarrow P+Fe_3C_{II}+L_d' \rightarrow L_d' \rightarrow L_d'+Fe_3C_I \rightarrow Fe_3C$$

碳质量分数对铁-碳合金组织组成物及相组成物的影响如图 4-37 所示。

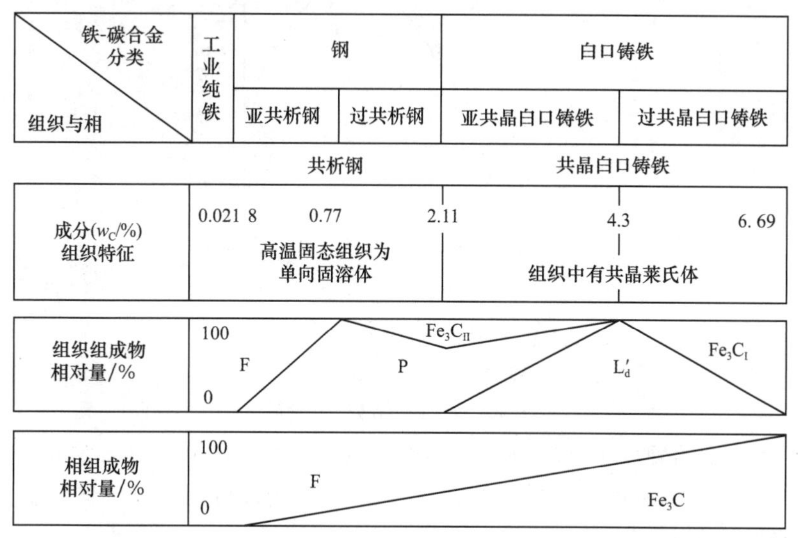

图 4-37　碳质量分数对铁-碳合金组织组成物及相组成物的影响

2. 碳质量分数对铁-碳合金性能的影响

(1)对力学性能的影响

铁-碳合金室温时的组织均由铁素体和渗碳体两个基本相组成，并且随着碳质量分数的增大，合金组织中铁素体的量逐渐减少，渗碳体的量逐渐增加。而铁素体具有良好的塑性、韧性，强度、硬度较低；渗碳体是硬而脆的金属化合物。同时，随着碳质量分数的增大，不仅组织中渗碳体的量逐渐增加，而且渗碳体的大小、形态及分布也发生变化，因此碳质量分数对铁-碳合金的性能有较大的影响。碳质量分数对碳钢力学性能的影响如图 4-38 所示。

在铁-碳合金中，渗碳体一般作为强化相。渗碳体与铁素体构成层片状珠光体时，合金的强度和硬度将提高，即合金中珠光体量越多，其强度、硬度越高，而塑性、韧性相应降低。

①强度　当碳质量分数低于 0.77%时，合金以铁素体为基体，随着碳质量分数的增大，组织中强度低的铁素体减少，强度高的渗碳体增多，所以，合金的强度提高。但当碳质量分数超过 0.77%之后，由于强度很低的 Fe_3C_{II} 成网状沿晶界分布，合金强度的增高变缓，到碳质量分数约为 0.9%时，其强度达到最大值，这是由于高脆性的 Fe_3C_{II} 沿晶界形成了连续的网状，使合金的强度开始降低，并且碳质量分数越高，渗碳体网越厚，强度越低。随着碳质量分数的进一步增大，强度不断下降，碳质量分数超过 2.11%后，合金中出现 L_d 时，其强度降到很低的值；再增大碳质量分数时，由于合金基体都为脆性很高的 Fe_3C，强度变化不大且值很低，趋于 Fe_3C 的强度(20～30 MPa)。

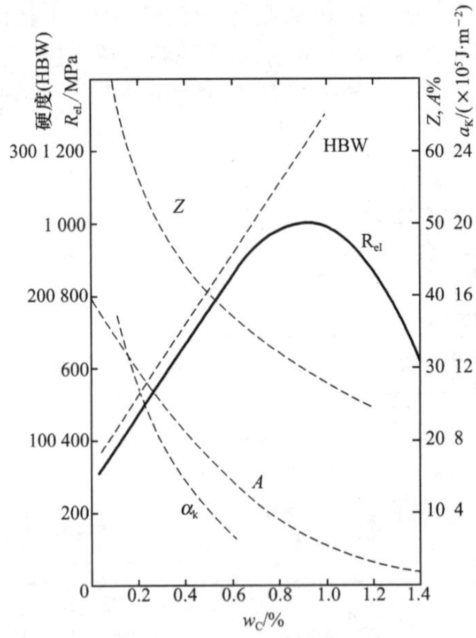

图 4-38 碳质量分数对碳钢力学性能的影响

②硬度 合金的硬度主要取决于组成相的硬度和相对含量。由图 4-38 可以看出，随着碳质量分数的增大，硬度低的铁素体含量直线下降，而硬度高的渗碳体质量分数则呈直线上升，因此合金的硬度直线上升。

③塑性和韧性 由于渗碳体的塑性很差，合金的塑性变形主要由铁素体提供。随着碳质量分数的增大，组织中硬而脆的渗碳体质量分数增大，同时，基体由铁素体逐渐变为渗碳体，因此，合金的塑性和韧性均降低。当合金的组织中 Fe_3C 为基体时，合金的塑性、韧性趋于零。

为了保证工业用钢具有足够的强度，并具有一定的塑性和韧性，钢中碳的质量分数一般不超过 1.3%。碳质量分数大于 2.11%的白口铸铁的组织中含有大量的渗碳体，其性能特别硬脆，难以进行切削加工，因此在一般机械制造业中应用较少。

(2)对工艺性能的影响

①对切削加工性能的影响

金属材料的切削加工性能是指经切削加工成工件的难易程度。一般可从允许的切削速度、切削力、工件的表面粗糙度、切削过程中的断屑和排屑、对刀具的磨损程度等几方面来评价。

钢中的碳质量分数不同，其切削加工性能也不同。低碳钢中的铁素体量多，塑性、韧性好，切削加工时产生的切削热较大，容易粘刀，断屑、排屑较难，影响工件的表面粗糙度，因此切削加工性能不好。高碳钢中的渗碳体量多，硬度高，刀具易磨损，切削加工性能也差。中碳钢中的铁素体与渗碳体的比例适当，硬度和塑性也比较适中，故其切削加工性能较好。通常认为，钢的硬度为 170～240HBS 时切削加工性能最好。

②对锻造性能的影响

金属的可锻性是指金属在压力加工时，能改变形状而不产生裂纹的性能。

钢加热到高温可获得塑性良好的单相奥氏体组织，因而具有良好的可锻性。白口铸铁无论在低温或高温，其组织都是以硬而脆的渗碳体为基体，所以不能锻造。

③对铸造性能的影响

金属的铸造性能包括流动性、收缩性和偏析倾向等，主要取决于相图中该金属的液相线和固相线的水平距离和垂直距离及液相线的温度。液相线和固相线的水平距离和垂直距离越大，枝晶偏析越严重，铸造性能越差。浇注温度相同时，液相线的温度越低，过热度越大，流动性越好，分散缩孔及偏析越少，铸造性能越好。

由 Fe-Fe_3C 相图可见，靠近共晶成分的铸铁，其液相线和固相线的水平距离和垂直距离小，并且其液相线的温度低，故其铸造性能好。越远离共晶成分的铸铁，其铸造性能越差。低碳钢的液相线和固相线的距离较小，但其液相线的温度高，故其铸造性能差。随着碳质量分数的增大，液相线的温度降低，但液相线和固相线的距离增大，故铸造性能变差。所以钢的铸造性能都较差。

④对焊接性的影响

金属的焊接性指金属材料在采用一定的焊接工艺条件下，获得优良焊接接头的难易程度。通常，把金属在焊接时产生裂纹的敏感性及焊接接头区力学性能的变化作为评价其焊接性的主要指标。钢的焊接性能主要取决于其含碳量，含碳量越高，淬硬倾向越大，塑性越差，容易产生焊接裂纹。所以，低碳钢具有良好的焊接性，随着含碳量的增加，焊接裂纹倾向大大增加，焊接性变差。铸铁的焊接性差，所以对于铸铁，焊接主要用于其修补。

4.3.5 Fe-Fe_3C 相图的应用

1. 正确选材

Fe-Fe_3C 相图揭示了铁-碳合金的平衡组织随碳质量分数变化的规律，而根据合金组织又可以判断其大致性能，这就便于我们根据零件的性能要求来合理选材。

如建筑结构和各种型材，要求塑性、韧性好，故常选组织中铁素体含量多的低碳钢；机器零件，要求强度、塑性和韧性都较好的材料，常选含碳量适中的中碳钢；各种工具要求硬度高、耐磨性好，则应选高碳钢为宜。

2. 制定热加工工艺

(1)铸造方面

依据 Fe-Fe_3C 相图可以确定浇铸的温度，浇注温度一般在液相线以上 50～100 ℃(图 4-39)。由图 4-39 还可以看出，接近共晶成分的铁-碳合金，其液相线和固相线的距离小且液相线的温度低，可见其易于熔炼，且流动性好，易获得优良的铸件，所以近共晶成分的铸铁在铸造生产中应用非常广泛。钢也可以铸造，但其铸造性能差，且熔炼和铸造工艺复杂。

(2)锻造方面

依据 Fe-Fe_3C 相图可以确定锻造的温度。碳钢在室温下的组织为两相混合物，因各相的塑性不同，故塑性变形时的相互牵制作用增大，使其塑性变形困难，不利于锻造。为便于进行锻造，则要将其加热到强度低、塑性好的单相奥氏体状态，以利于塑性变形。锻造温度必须选择在单相奥氏体区的适当温度范围内，如图 4-39 所示。始锻温度一般控制在固相线以下 100～200 ℃，温度过高易造成金属氧化严重或奥氏体晶界熔化。对于亚共析钢的终锻温度一般控制在稍高于 GS 线，过共析钢控制在稍高于 PSK 线的温度。终锻温度过高易造成奥氏体晶粒粗大；过低，易导致钢材塑性差而产生裂纹。实际生产中，碳钢的始锻温度一般为 1 150～1 250 ℃，终锻温度为 750～850 ℃。

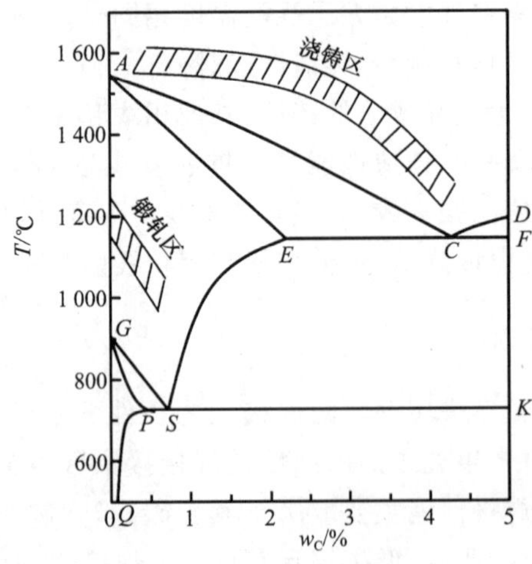

图 4-39 Fe-Fe_3C 相图与铸造/锻造工艺的关系

(3)焊接方面

焊接时从焊缝到母材各区处于不同的温度，因而焊缝区到热影响区会出现不同的组织，故其性能不均匀。根据相图可以分析碳钢的焊接组织，并可采用适当的热处理方法来提高焊接件性能。

(4)热处理方面

在热处理方面，Fe-Fe_3C 相图对热处理工艺的制定有着非常重要的作用。各种不同热处理方法的温度都是以相图中的临界温度(GS，PSK，ES)为依据来确定的。

在运用 Fe-Fe_3C 相图时应注意以下两点：

①Fe-Fe_3C 相图只反映铁-碳二元合金中相的平衡状态，如含有其他元素，相图将发生变化。

②Fe-Fe_3C 相图反映的是平衡条件下铁-碳合金中组织的状态，当冷却或加热速度较快时，其组织转变就不能只用相图来分析了。实际生产中，当冷却速度较快时，合金的临界点及其冷却后的组织都将与上述相图中不同，这部分内容将在钢的热处理章节中介绍。

思考题

4-1 什么是过冷度？过冷度与冷却速度有何关系？过冷度对金属结晶后的晶粒大小有何影响？

4-2 晶粒大小对金属的力学性能有何影响？为什么？简述在凝固阶段晶粒细化的途径。

4-3 金属同素异构转变与液态金属结晶有何不同?

4-4 设其他条件相同,试比较下列铸造条件铸件晶粒的大小并说明理由。

(1)金属模浇注与砂模浇注;

(2)高温浇注与低温浇注;

(3)铸成薄件与铸成厚件;

(4)浇注时振动与不振动。

4-5 简述二元合金系中共晶反应、包晶反应和共析反应的特点。

4-6 从二元合金相图和杠杆定律中能得到什么启示?它对研究合金的性能有什么意义?

4-7 简述二元合金相图与合金的使用性能及铸造性能的关系。

4-8 合金相图反映哪些关系?应用时要注意什么问题?

4-9 解释下列名词:

铁素体、奥氏体、渗碳体、珠光体、高温莱氏体、低温莱氏体

4-10 简述 $Fe\text{-}Fe_3C$ 相图中的共析转变和共晶转变,写出反应式,标注出碳质量分数和温度,并说明在铁-碳合金中这两种转变的过程及其显微组织的特征。

4-11 铁-碳合金中渗碳体有几种?它们是如何形成的?各有什么特点?

4-12 简述铁-碳合金成分、组织和性能三者之间的关系。

4-13 白口铸铁和钢在组织上有什么区别?为什么前者硬又脆?

第5章

金属的液态成形

将熔融的金属液浇注到具有特定形状内腔的模具中，待其冷却凝固后，用破坏模具或使模具分离的方法取出成形金属件的工艺方法，称为金属液态成形或铸造。大多数铸件还需经机械加工后才能使用，因此铸件一般为机械零件的毛坯。铸造是最早被人类掌握的金属成形方法之一，其区别于其他成形方法的基本特点是利用液态金属的流动性来成形。

在铸造生产中用于浇注铸件的金属材料，称为铸造金属，它是以一种金属元素为主要成分，并加入其他金属或非金属元素而组成的合金，习惯上又称为铸造合金，把成形的金属件称作铸件，具有特定内腔的模具称为铸型。

铸造工艺可分为三个基本部分，即铸造金属的冶炼、铸型的制作和铸件的处理。

金属铸造成形因其在液态下成形而具有诸多优点，被广泛应用于制造领域。

(1)适应性广

其一，铸件材料方面，工业上常用的金属材料，如铸铁、碳素钢、合金钢以及非铁合金等，都可用铸造成形。其二，铸件大小方面，铸件的尺寸、质量基本不受限制。其三，铸件形状方面，可以制造形状复杂的零件。

(2)生产成本低

铸造用原材料来源广泛，价格低廉，有一定的回用性。而且铸造成形件与零件形状相似，尺寸相近，如大的内孔等均可铸出，可减少机械加工切削量。

铸造成形同时也有其缺点：

(1)因其在液态下成形，铸件内部组织的均匀性和致密性较差，晶粒粗大，故铸件某些力学性能较差。

(2)工序较多，生产过程难以精确控制，铸件容易出现缩孔、缩松、气孔、砂眼等缺陷，产品质量不稳定，废品率较高。

(3)一般来说，铸造生产的工作环境较差，工人劳动强度相对较大。

5.1 金属铸造成形理论基础

铸造性能是指铸造合金在铸造过程中表现出的工艺性能，主要包括充型能力、收缩性、偏析、吸气等。其中液态合金的充型能力和收缩性是影响成形工艺及铸件质量的两个基本因素。

5.1.1 液态合金的充型能力

液态合金形状完整、轮廓清晰地充满铸型型腔的能力，称为充型能力。液态金属充型能力的强弱，是内因(流动性)和外因(铸型、浇注条件、铸件结构)共同作用的结果，其中，流动性为主要影响因素。当合金充型能力不足时，铸件会产生浇不足、冷隔、夹渣、气孔等缺陷。

1. 流动性

熔融金属的流动能力，称为合金的流动性。液态合金的流动性通常以螺旋形试样的长度来衡量，将金属液体浇入螺旋形试样铸型中，在相同的浇注条件下，合金的流动性越好，所浇出的试样越长。螺旋形试样如图 5-1 所示，图中试样凸台用于计量长度。试验得知，在常用铸造合金中，灰铸铁、硅黄铜的流动性最好，铸钢的流动性最差。

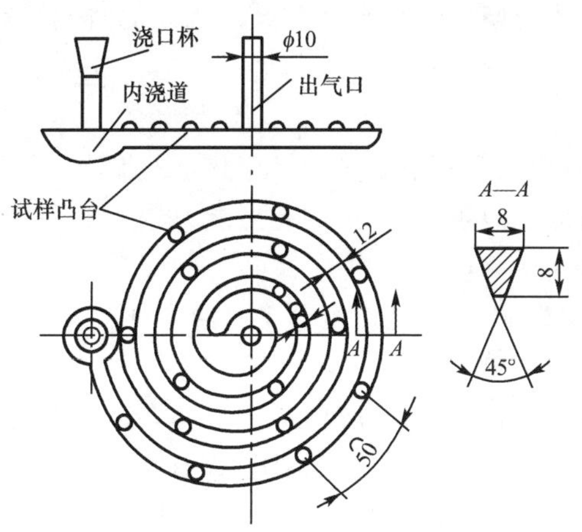

图 5-1 螺旋形试样

影响合金流动性的因素主要有化学成分、杂质与含气量等，其中化学成分的影响最为显著。不同种类的合金具有不同的流动性；对同类合金，成分不同的合金其流动性也不同。一般来说，在液态合金的凝固过程中，凝固区间越窄，浇注中液态合金过热度越大，合金的流动性越好。共晶成分合金的结晶是在恒温下进行的，此时，液态合金从表层逐层向中心凝固，由于其结晶的固体层内表面比较光滑，对尚未凝固的液态合金流动的阻力小，有利于合金充填型腔。此外，在相同的浇注温度下，共晶成分合金的凝固温度最低，相对来说合金的过热度大,推迟了合金的凝固,因此共晶成分合金的流动性最好。其他成分合金是在一定温度范围内逐步凝固的,在液-固两相共存区域中,初生的树枝状晶体使已结晶固体层表面参差不齐,阻碍液态合金的流动,导致流动性差。

图 5-2 所示为 Fe-C 合金流动性与含碳量的关系。由图可见,结晶温度范围宽的合金流动性差,结晶温度范围窄的合金流动性好,共晶成分合金的流动性最好。亚共晶铸铁随含碳量增加,结晶间隔减小,流动性提高。越接近共晶成分,越容易铸造。

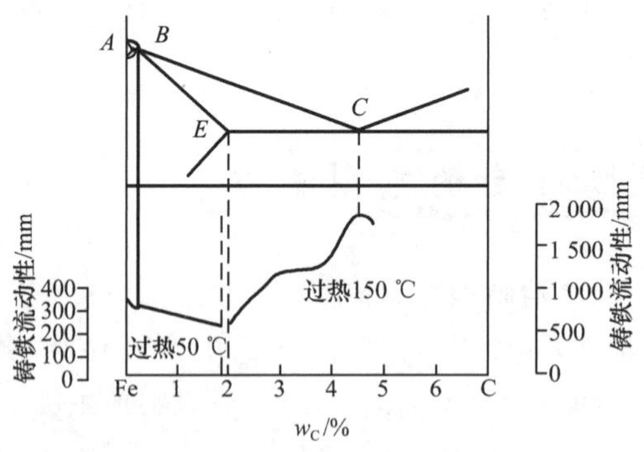

图 5-2 Fe-C 合金流动性与碳含量的关系

铸铁中的其他元素(如 Si,Mn,P,S)对流动性也有一定影响。Si,P 可提高铁液的流动性,而 S 则降低铁液的流动性。

2. 铸型条件

铸型条件对充型能力有很大影响。液态合金充型时,铸型的阻力将影响合金的流动速度,而铸型与合金间的热交换又将影响合金保持流动的时间。铸型条件对液态合金的充型能力的影响主要有三个方面:

(1)铸型的蓄热能力

铸型的蓄热能力指铸型从金属中吸收和储存热量的能力。铸型材料的导热系数和比热越大,对液态合金的激冷能力越强,合金的充型能力越差。

(2)铸型温度

铸型与液态合金的温差越小,从液态合金中吸收走的热量越少,充型能力越好。

(3)铸型中的气体

浇注过程中因铸型放气而在铸型型腔内存在气体,气体在金属液与铸型型腔壁间形成一层气膜,可以减小合金流动过程中的摩擦阻力,有利于合金的流动充型。但是,当铸型发气太大,而其排气能力又不够时,铸型内气体压力增大,将阻碍合金的流动。

3. 浇注条件

浇注条件对合金充型能力的影响主要包括浇注温度、充型压力和浇注系统结构。

(1)浇注温度

浇注温度对合金的流动性的影响极为显著。浇注时温度越高,液态合金过热度越大,冷却越慢,因此充型能力越好。但是温度太高时,要防止铸型材料耐热度不够而影响型腔。

在保证流动性足够的条件下,应尽可能地降低浇注温度。生产上常采用"高温出炉,

低温浇注”来保证铸件质量。

(2)充型压力

液态合金在流动方向上受到的压力越大,充型能力越好。

(3)浇注系统结构

浇注系统结构越复杂,金属液流动阻力越大,充型能力越差。

4. 铸件结构

铸件结构对充型能力的影响主要从两个方面考虑:

(1)铸件的折算厚度

铸件的折算厚度是指铸件体积与表面积之比,也可以理解为铸件的平均厚度。折算厚度越大,金属散热越慢,越有利于充型。

(2)铸件的复杂程度

铸件越复杂,要求铸型型腔越复杂,液态合金流动所受阻力越大,充型越困难。

综上所述,铸造过程中从铸件结构的设计、液态合金的准备至最后浇注成形,方方面面都对充型能力有影响。因此,要得到合格的铸件,必须要对铸造工艺全过程进行细致的设计与规划。

5.1.2 铸造合金的凝固与收缩

1. 铸造合金的凝固

(1)铸件的凝固方式

在铸件的凝固过程中,截面一般存在三个区域,即液相区、凝固区、固相区。对铸件质量影响较大的主要是液相和固相并存的凝固区的宽窄。铸件的凝固方式就是依据凝固区的宽窄来划分的。合金在凝固过程中其断面上固相和液相由一条界线清楚地分开,称为逐层凝固;合金在凝固过程中先呈糊状而后凝固,称为糊状凝固;大多数合金的凝固介于逐层凝固和糊状凝固之间,称为中间凝固。如图 5-3 所示。

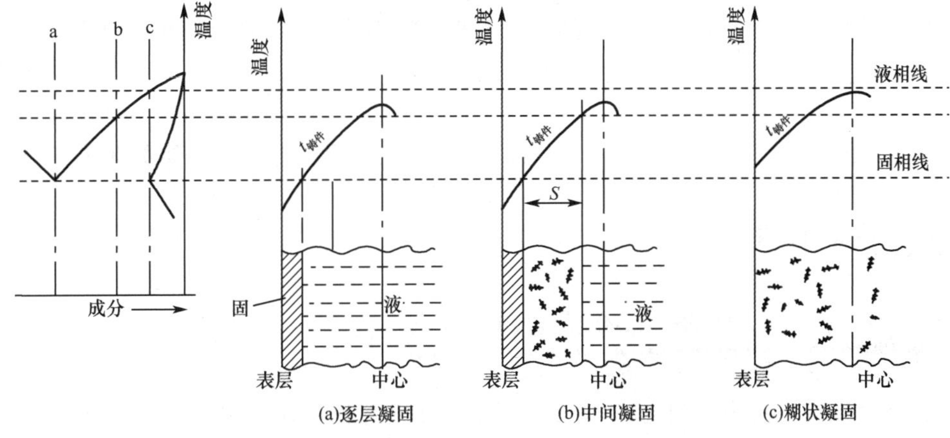

图 5-3 合金的三种凝固方式

(2)影响凝固方式的因素

影响铸件凝固方式的主要因素是合金的结晶温度范围和铸件的温度梯度。

①合金的结晶温度范围

合金的结晶温度范围越小,凝固区域越窄,越倾向于逐层凝固。

②铸件的温度梯度

在合金的结晶温度范围已定的前提下,凝固区域的宽窄取决于铸件内、外层间的温度梯度。增大该温度梯度,可以使合金的凝固方式向逐层凝固转化;反之,铸件的凝固方式向糊状凝固转化。

2. 铸造合金的收缩

铸件在液态、凝固态和固态冷却过程中所发生的体积减小的现象,称为收缩。收缩是铸造合金的物理本性,也是铸件产生缺陷(如缩孔、缩松、应力、变形、裂纹等)的根本原因。

(1)合金的收缩阶段

液态合金浇入铸型后,从浇注温度冷却到室温经历了三个互相关联的收缩阶段:

①液态收缩　从浇注温度至凝固开始温度(液相线温度)的收缩。

②凝固收缩　从凝固开始温度至凝固终止温度(固相线温度)的收缩。

③固态收缩　从凝固终止温度到室温的收缩。

合金的液态收缩和凝固收缩表现为合金的体积缩小,称为体收缩;常用单位体积的收缩量所占比率,即体收缩率来表示;它是铸件产生缩孔、缩松的基本原因。合金的固态收缩能引起铸件尺寸的缩小,称为线收缩;常用单位长度上的收缩量所占比率,即线收缩率来表示;它是铸件产生内应力、变形和裂纹的基本原因。

(2)影响收缩的因素

①化学成分

不同成分的合金其收缩率一般也不相同。在常用铸造合金中铸钢的收缩最大,灰铸铁最小。铸铁中促进石墨形成的元素增加,收缩减小;阻碍石墨形成的元素增加,收缩增大。

②浇注温度

合金的浇注温度越高,过热度越大,液态收缩量越大,总收缩量增加。通常在满足流动性要求的前提下,应尽量采用低温浇注以减少液态收缩。

③铸件结构与铸型条件

合金在铸型中的线收缩大多不是自由收缩,而是受阻收缩。这些阻力来源于铸件各部分收缩时受到的相互制约及铸型和型芯对铸件收缩的阻碍。因此,铸件的实际收缩率比合金自由线收缩率小。

5.1.3 铸件中的缩孔和缩松

液态金属在铸型内凝固过程中,由于液态收缩和凝固收缩导致体积缩小,若其收缩得不到补充,则在铸件最后凝固的部分形成孔洞。大而集中的孔洞称为缩孔,细小而分散的孔洞称为缩松。

1. 缩孔的形成

纯金属、共晶成分和凝固温度(结晶温度)范围窄的合金,浇注后在型腔内由表及里地逐层凝固。在凝固过程中,如得不到合金液的补充,则在铸件最后凝固的地方就会产生缩孔,如图 5-4 所示。合金液充满型腔,降温时发生液态收缩,但可从浇注系统得到补偿[图 5-4(a)];当铸件表面散热条件相同时,表层先凝固结壳,此时内浇道被冻结[图 5-4(b)];继续冷却时,产生新的凝固层,内部液体发生液态收缩和凝固收缩,使液面下降,同时外壳进行固态收缩,使铸件外形尺寸缩小,如果两者的减小量相等,则凝固外壳仍和内部液体紧密接触,但由于液态收缩和凝固收缩远大于外壳的固态收缩,因此合金液将与硬壳顶面脱离[图 5-4(c)];硬壳不断加厚,液面不断下降,当铸件全部凝固后,在上部形成一个倒锥形缩孔[图 5-4(d)];继续降温至室温,整个铸件发生固态收缩,缩孔的绝对体积略有减小,但相对体积不变[图 5-4(e)]。

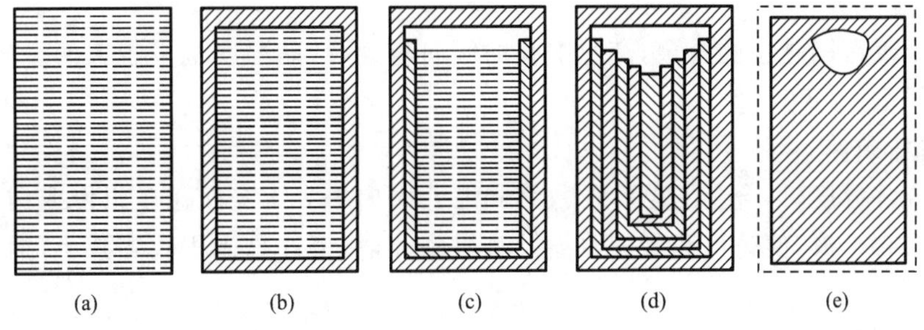

图 5-4　缩孔形成过程

由上述分析可知,缩孔产生的基本原因是合金的液态收缩和凝固收缩值大于固态收缩值,且得不到补偿。缩孔产生的部位在铸件最后凝固区域,如壁较厚大的上部或铸件两壁相交处,这些地方称为热节。热节位置可用画内接圆的方法确定,如图 5-5 所示。

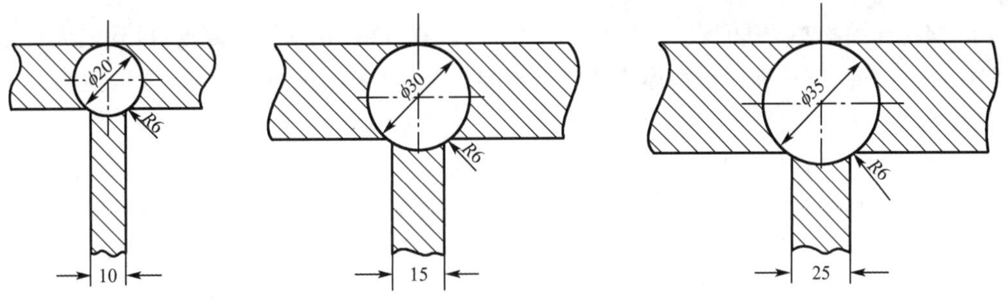

图 5-5　内接圆法确定热节位置

2. 缩松的形成

缩松形成的基本原因也是合金的液态收缩和凝固收缩值大于固态收缩值。但缩松形成的基本条件是铸件主要呈糊状凝固的方式凝固,成分为非共晶成分或具有较宽结晶温度范围的合金。图 5-6 所示为缩松形成过程,合金液充满型腔,并向四处散热,铸件表面结壳后,内部有一个较宽的液相与固相共存凝固区域[图 5-6(a)];继续凝固,固体不断长大,直至相互接触[图 5-6(b)],此时合金液被分割成许多小的封闭区[图 5-6(c)];封闭区内液体凝固收缩时,因得不到补充而形成许多小而分散的孔洞[图 5-6(d)],形成缩松。

缩松一般出现在铸件壁的轴线区域、冒口根部、热节处,也常分布在集中缩孔的下方。

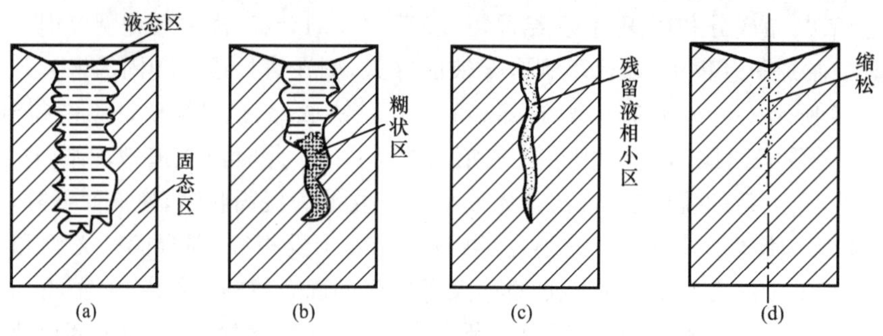

图 5-6 缩松形成过程

3. 影响缩孔和缩松形成的因素

(1)合金成分

结晶温度范围越小的合金,产生缩孔的倾向越大;结晶温度范围越大的合金,产生缩松的倾向越大。

(2)浇注条件

提高浇注温度时,合金的总体积收缩和缩孔倾向增大。浇注速度很慢或向冒口中不断补浇高温合金液,使铸件和凝固收缩及时得到补偿,铸件总体积收缩减小,缩孔容积也减小。

(3)铸型材料

铸型材料对铸件的冷却速度影响很大。湿砂型比干砂型的冷却能力强,缩松减少;金属型的冷却能力更强,故缩松显著减少。

此外,铸件结构与形成缩孔、缩松的关系极大,设计时必须予以充分考虑。

4. 缩孔和缩松的防止方法

缩孔和缩松都使铸件的力学性能、气密性、物理性能、化学性能降低,以致成为废品或残次品。因此,缩孔和缩松都属于铸件的重要缺陷,必须根据技术要求,采取适当的工艺措施予以防止。

(1)合理选用铸造合金

从缩孔和缩松的形成过程可知,结晶温度范围宽的合金,易形成缩松,且缩松分布面广,难以消除。因此生产中在可能的条件下应尽量选择共晶成分的合金或结晶温度范围窄的合金。

(2)控制铸件的凝固过程

试验表明,只要能使铸件实现“顺序凝固”(定向凝固)或“同时凝固”,尽管合金的收缩较大,也可获得没有缩孔的致密铸件。所谓顺序凝固,就是在铸件上可能出现缩孔的厚大部位增设冒口等工艺措施。冒口是铸型中储存补缩合金液的空腔,浇注完成后为铸件的多余部分,待铸件清理时去除。如图 5-7 所示,铸件从远离冒口的部位向冒口方向依次凝固,最后冒口本身凝固。先凝固部位的收缩,由后凝固部位的金属液来补充,将缩孔转移到冒口之中。所谓同时凝固,就是从工艺上采取必要的措施,使铸件各部分的冷却速度尽量相等以使铸件各部分几乎同时凝固。

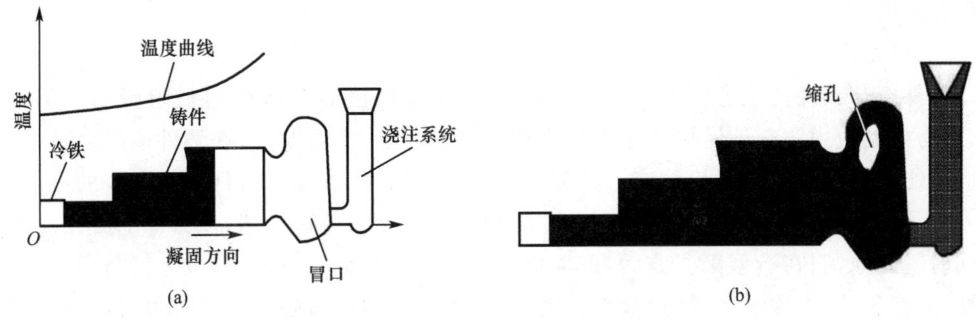

图 5-7 顺序凝固原则

(3)合理应用冒口、冷铁等工艺措施

冒口一般设置在铸件厚壁处和热节部位，是防止缩孔、缩松最有效的措施，冒口的尺寸应保证冒口比铸件补缩部位凝固得晚，并有足够的金属液供给。冷铁通常是用铸铁、钢和铜等金属材料制成的激冷物。放入铸型内(图 5-8)，用以加大铸件某一部分的冷却速度，调节铸件的凝固顺序。

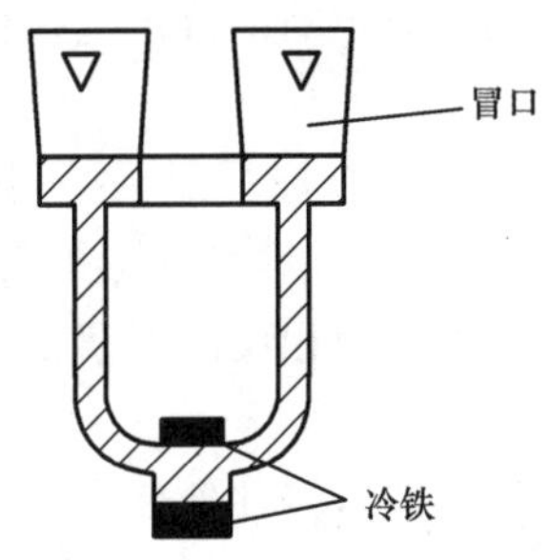

图 5-8 铸件中冒口和冷铁的应用

设置冒口和安放冷铁以实现顺序凝固，虽然可以有效地防止缩孔和缩松，但耗费了许多合金和工时，加大了铸件的成本。同时顺序凝固扩大了铸件各部分的温度差，增大了铸件产生变形和裂纹的倾向。因此，顺序凝固原则主要用于收缩大或壁厚差别大、易产生缩孔的合金铸件，如铸钢、可锻铸铁、铝-硅合金和铝-青铜合金等。由于铸钢件的收缩大大超过铸铁，在铸造工艺上采用冒口、冷铁等措施实现顺序凝固非常有效。

5.1.4 铸造应力及铸件的缺陷

1. 铸造应力

铸件在凝固后的继续冷却过程中，若固态收缩受阻，则会在铸件内部产生内应力。根据受阻碍原因不同，铸造内应力可分为热应力与机械应力。铸造内应力是铸造裂纹与变形产生的根本原因。

(1)热应力

热应力是由于铸件壁厚不均，各部分冷却速度不同，以致在同一时间内，铸件各部分收缩不一致而造成铸件的内部产生的应力。热应力在铸件落砂清理后仍得不到消除，是一种残余内应力。

(2)机械应力

铸件冷却到弹性状态以后,由于受到铸型、型芯和浇、冒口等的机械阻碍而产生的应力,称为机械应力。它使铸件产生拉应力或压应力,并且是暂时的,在铸件落砂之后,这种内应力便可自行消除。但机械应力与热应力共同作用时,增加了铸件产生裂纹的可能性。

为了减小和消除铸造应力,在工艺上尽量采用合理的铸造工艺,使铸件的凝固过程符合同时凝固原则;在造型工艺方面,采取相应措施以减小铸造应力,如改善铸型、型芯的退让性(向型芯、砂内加入木屑、焦炭沫等附加物,控制舂砂松紧度等),合理设置浇、冒口等;合理设计铸件结构,尽量使铸件形状简单、对称和壁厚均匀,尽量避免牵制收缩的结构。此外,对铸件进行时效处理,也是生产中常用的消除铸件残余应力的有效措施。

2. 铸件的变形与裂纹

(1)铸件的变形

铸件铸出后,存在于铸件不同部位的内应力(铸造应力)称为残余应力。带有残余应力的铸件是不稳定的,它将自发地通过变形来减小其内应力,以便趋于稳定状态。显然,只有原来受拉伸部分产生压缩变形、受压缩部分产生拉伸变形,才能使铸件的残余应力减小或消除。

铸件的变形影响铸件的质量与使用,应尽量防止,因此在铸件设计时应力求壁厚均匀、形状简单与对称。对于细而长、大而薄等易变形的铸件,可将模样支撑与铸件变形方向相反的形状,待铸件冷却时变形正好与相反的形状抵消,此法称为反变形法。

(2)铸件的裂纹

当铸造应力超过金属的强度极限时,铸件便产生裂纹,裂纹是严重的铸造缺陷,必须设法防止。按裂纹形成的温度范围可分为热裂纹和冷裂纹两种。

①热裂纹

热裂纹是在凝固末期高温下形成的,在金属凝固末期,固体的骨架已经形成,但树枝状晶间仍残留少量液体,此时金属的高温强度很低,合金收缩受到阻碍,就会形成热裂纹。热裂纹的形状特征是缝隙宽、形状曲折、缝内呈氧化色。热裂纹在金相分析上的形状表现为锯齿状裂开,裂纹弯曲、分叉或呈网状、圆弧状,断口位置处裂纹凹凸不平。

热裂纹一般分布在应力集中部位(尖角或断面突变处)或热节处。防止热裂纹的主要措施有:合理设计铸件结构;合理选用型砂、芯砂的黏结剂与附加物,以改善铸型的退让性;严格限制钢和铸铁中硫的含量(因为硫能增加热脆性,降低合金的高温强度);选用收缩率小的合金等。

②冷裂纹

冷裂纹是铸件处于弹性状态即在较低温度下形成的裂纹。其形状特征是裂纹细小、连续直线状,有时缝内呈轻微氧化色。冷裂纹在金相分析上的形状表现为线条状裂开,一般在断口位置处颜色表现为亮晶色,很少有氧化现象。

防止冷裂纹的主要措施有:减小铸造应力或降低合金的脆性。钢和铸铁中的磷能显著降低合金的冲击韧性,增大脆性,所以应严格控制其含量。此外,浇注之后,忌过早开箱。

3. 铸件的气孔与偏析

(1)铸件的气孔

气孔是铸件中最常见的缺陷,它是由于金属液中的气体未能及时排除,在铸件中形成气泡所致。其内壁光滑、明亮或带轻微氧化色,易与缩孔等孔洞类缺陷区分开来。气孔破坏了金属的连续性,减小了承载的有效面积,并在气孔附近引起了应力集中,因而降低了铸件的力学性能,特别是冲击韧性和疲劳强度显著降低。弥散性气孔还会降低铸件的气密性。

按照气体的来源,铸件中的气孔主要分为析出性气孔、侵入性气孔和反应性气孔三种。

①析出性气孔

溶解于金属液中的气体在冷凝过程中,因气体溶解度下降而析出,铸件因此而形成的气孔称为析出性气孔。合金的过热度越高,气体的含量越高。析出性气孔的特征是分布面积大,靠近冒口、热节等后凝固区域分布较密集,呈团球形或多边形裂纹。

防止析出性气孔的主要措施有:减少液态合金的原始含气量,如断绝气体的来源,减少气体进入的可能性;非铁金属应在熔剂层下熔炼,熔炼后期要进行除气精炼;提高铸件凝固时的冷却速度和外部压力,以阻止气体的析出;等等。

②侵入性气孔

侵入性气孔是由于砂型表面层聚集的气体侵入合金中而形成的气孔。侵入性气孔的特征是:多位于上表面附近,尺寸较大,呈椭圆形或梨形,孔的内表面被氧化。

防止侵入性气孔的主要措施有:降低型(芯)砂的发气量;提高铸型的排气能力;应用涂料;等等。

③反应性气孔

浇入铸型中的金属液与铸型材料、型芯撑、冷铁或熔渣之间,因化学反应产生气体而形成的气孔,统称反应性气孔。反应性气孔通常分布在铸件表面氧化皮下 1~3 mm(有时只在一层氧化皮下面),表面经加工或清理后,就暴露出许多小气孔,所以通称皮下气孔,也称针孔。

防止反应性气孔的主要措施有:尽量减少浇注前合金液的含气量;提高浇注温度以利于气体的排出;严格控制型(芯)砂的发气量,并提高透气性;合理使用涂料;若使用冷铁,则应防止潮湿和锈蚀。此外,浇注时要尽量平稳,以减少合金液的氧化。

(2)铸件的偏析

在铸件凝固后,其截面上不同部位及晶粒内部,产生化学成分不均匀的现象,称为铸造偏析。铸造偏析可分为微观偏析和宏观偏析两大类。

①微观偏析

微小范围内化学成分不均匀的现象称为微观偏析,如枝晶偏析(晶内偏析)、晶界偏析等。微观偏析可以通过长时间的扩散退火或均匀化退火加以消除。

②宏观偏析

在较大范围内化学成分不均匀的现象称为宏观偏析,又称区域偏析。宏观偏析通常表现为铸件表层与中心成分不均匀,由于元素需扩散距离太大,无法通过均匀化热处理加以消除。宏观偏析会使铸件的力学性能、气密性和切削加工性能变差。

5.2 砂型铸造

砂型铸造是用型砂作为铸型材料，在重力下进行浇注的方法，其主要工序为制造模样芯盒、制备造型材料、造型、造芯、合型、熔炼、浇注、落砂清理与检验等。由于砂型铸造所用的造型材料价廉易得，铸型制造简便，故适用于各种批量生产的铸造合金材料。长期以来，砂型铸造一直是铸造生产中的基本工艺，也是应用最广泛的铸造方法，用砂型铸造生产的铸件超过全球铸件总量的80%。

5.2.1 砂型铸造生产过程简介

1. 造型材料

制造铸型(芯)用的材料为造型材料，主要由砂、黏土、有机或无机黏结剂和其他附加物组成。造型材料按比例配制，经过混制获得符合要求的型(芯)砂。型(芯)砂应具备“一强三性”，即良好的透气性、退让性和耐火性以及足够的强度等。型(芯)砂的性能不合格容易引起铸件中的砂眼、夹砂、气孔及裂纹等缺陷。因此，合理选择造型材料，制备符合要求的型(芯)砂，可以提高铸件的质量。按使用黏结剂的不同，型(芯)砂有黏土砂、水玻璃砂、油砂、合脂砂及树脂砂等。

2. 造型和造芯

砂型铸造的铸型一般由外砂型和型芯组成，制造砂型的工艺过程称为造型，它是砂型铸造的最基本工序。根据造型生产方法的特点，砂型铸造通常分为手工造型和机器造型两大类。生产中应根据铸件的尺寸、形状、生产批量、铸件的技术要求以及生产条件等因素，合理地选择造型方法。

(1)手工造型

手工造型是指用手工或者手动工具来完成紧砂、起模等工序。其优点是操作方便，适应性强。但是生产率较低，劳动强度大，铸件质量难以保证，因此主要用于单件小批生产。

(2)机器造型

机器造型是指用机器代替手工完成紧砂、起模两个主要工序的操作。机器造型可提高生产率，提高铸件精度和表面质量，铸件加工余量小，改善劳动条件，但只有大批量生产时才能显著降低铸件成本。

机器造型是采用模板进行两箱造型的。模板是将模样、浇注系统沿分型面与模底板联结成一整体的专用模具，造型后模底板形成分型面，模样形成铸型型腔。机器造型不能进行三箱造型，同时也应避免活块，否则会显著降低造型机的生产率。在设计大批量生产的铸件及确定其铸造工艺时，应考虑这些要求。

造型机的种类繁多，其紧实和起模方式也有所不同，目前最常用的是振压造型机。图5-9所示为振压造型机和紧砂、振压过程。

造型机上大都装有起模装置，常用的有顶箱起模、落模起模、漏模起模和翻转落箱起模等四种。如图5-10(a)所示为顶箱起模，当砂型紧实后，造型机的四根顶杆同时垂直向

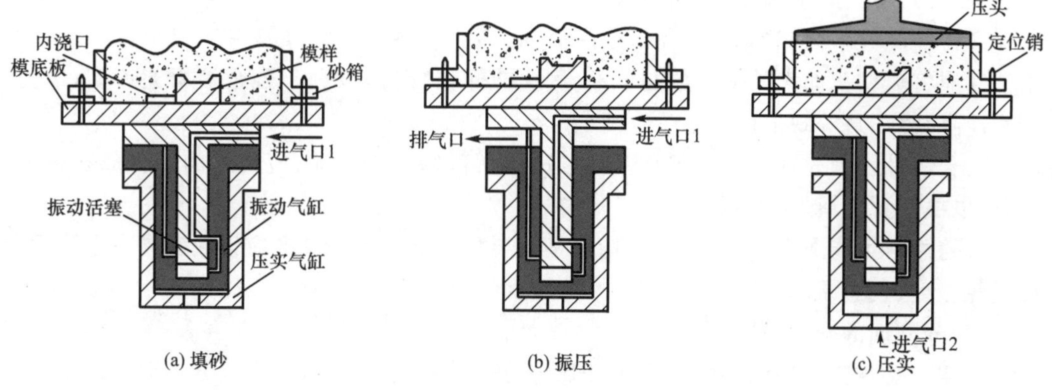

图 5-9　振压造型机和紧砂、振压过程

上将砂箱顶起而完成起模；图 5-10(b)所示为落模起模，起模时将砂箱托住，模样下落，与砂箱分离，这两种方法均适用于形状简单、高度较小的模样起模。

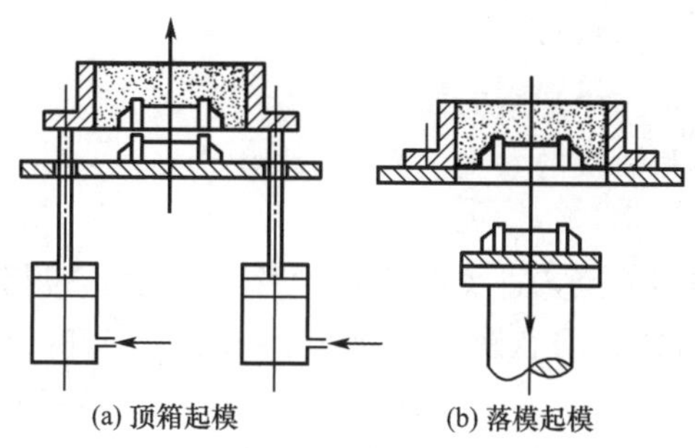

图 5-10　机器造型起模装置

5.2.2　铸造工艺方案的确定

铸造生产必须根据铸件的结构特点、技术要求、生产批量、生产条件等进行铸造工艺设计，并制订铸造工艺方案，绘制相应的铸造工艺图。铸造工艺图是按规定的工艺符号或文字直接在零件图上绘制出表示铸型分型面、浇注位置、型芯结构尺寸、浇冒口系统、控制凝固措施等的图样。在单件小批生产情况下，铸造工艺设计只需制订铸造工艺图，并以此为制造模样、铸型和检验铸件的依据。在大批量生产中，制订铸造工艺图是绘制铸件图、模样图和铸型装配图的依据。

为绘制铸造工艺图，必须对铸件进行工艺分析，选择分型面，确定浇注位置，并在此基础上确定铸件的主要工艺参数，进行浇冒口设计。

1. 浇注位置和分型面的选择

(1)浇注位置的选择

浇注位置是指浇注时铸件在铸型中所处的空间位置。在选择浇注位置时应遵循下列原则：

①铸件的重要工作面、主要的加工面应朝下或侧立放置。因为气体、夹杂物易漂浮在

金属液上面，下面的金属纯净，结构致密。

②铸件的大平面应朝下，以免形成夹渣和夹砂等缺陷。

③应将铸件薄而大的平面放在下部、侧面或倾斜位置，以利于合金液填充铸型，以免产生冷隔、浇不足等缺陷。

④若铸件周围表面质量要求高，则应进行立铸，以便于补缩；应将厚的部分放在铸型上部，以便安置冒口，实现顺序凝固。

⑤铸件尽可能放在一个砂型内，特别是主要加工面和加工基准应该放在同一砂型内，以避免错型、飞边缺陷，易于保证铸件尺寸精度。

(2)分型面的确定原则

分型面是指铸型组元间的接合面，即分开铸型便于起模的接合面。分型面为水平、垂直和倾斜时的浇注分别称为水平浇注、垂直浇注和倾斜浇注。分型面的优劣，在很大程度上影响铸件的尺寸精度、成本和生产率。分型面的选择应遵循以下原则：

①应保证模样能顺利从铸型中取出。

②应尽量减少分型面的数量。

③应尽量使分型面是一个平直的面。

④应尽量减少型芯和活块的数量。

2. 铸造工艺参数的选择

铸造工艺参数是与铸造工艺过程有关的某些工艺依据，包括铸件的机械加工余量、线收缩率、起模斜度、铸造圆角、型芯设计以及浇注系统、冒口和冷铁等。

(1)机械加工余量

设计铸造工艺图时，为铸件预先增大要切去的金属层厚度，称为机械加工余量。机械加工余量取决于合金的种类、铸造方法、铸件的大小等因素。

①合金种类　铸钢件的表面粗糙，其加工余量应比铸铁大；有色合金价格昂贵，而铸件表面较光洁，其加工余量应比铸铁小。

②铸件尺寸　铸件尺寸越大，误差越大，其加工余量应越大。

③加工面位置　浇注时朝上的表面缺陷多，其加工余量应比底面和侧面大。

④造型方法　机器造型时，铸件精度高，余量应比手工造型小。

此外，铸件上的孔、槽是否需要铸出，不仅要考虑工艺上的可能性，还应结合铸件的批量分析其必要性。通常，较大的孔、槽应当铸出，以减少机械加工余量和铸件上的热节。较小的孔、槽，特别是中心线位置有精度要求的孔，由于铸孔位置准确性差，其误差即使经过扩孔操作也很难纠正，因此选择机械加工较为合理。

(2)线收缩率

合金在冷却过程中要发生固态收缩，即线收缩。这会使铸件各部分尺寸小于模样原来的尺寸，因此为了使铸件冷却后的尺寸与铸件图示尺寸一致，需要在模样或芯盒上加上其收缩的尺寸。加大的这部分尺寸，一般就用铸造收缩率来表示，即模样与铸件的长度差占模样长度的百分比。合金的线收缩率与合金的种类、铸件的结构形状、复杂程度及尺寸等因素有关。通常灰铸铁的线收缩率为 0.7%～1.2%，铸钢件的线收缩率为 2.0%，非铁合金铸件的线收缩率为 1.5%。

(3)起模斜度

为了在造型和制芯时便于起模而不致损坏砂型和砂芯，凡垂直于分型面的立壁，在制造模型时，必须留出一定的倾斜度，此斜度称为起模斜度。起模斜度通常为 3°～15°。

影响起模斜度的因素有垂直壁的高度、造型方法、模样材料等。一般来说，垂直壁越高，斜度越小；机器造型的斜度应比手工造型小；铸件孔内壁的起模斜度应比外壁大。

图 5-11 所示的 a，b，c 分别表示上、下、侧表面的切削加工余量；α，β，γ 表示外壁和内壁的起模斜度。

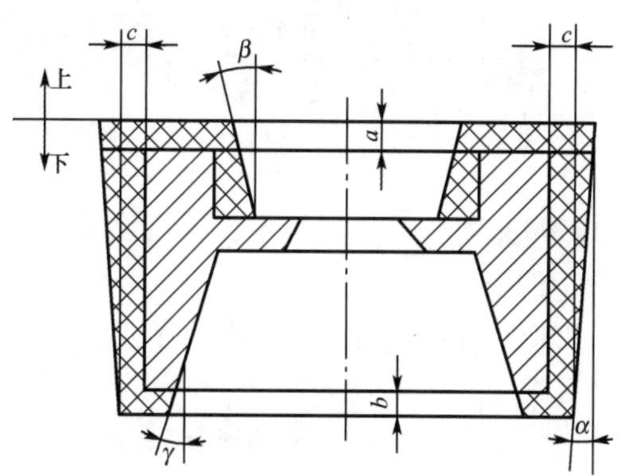

图 5-11　起模斜度与加工余量

(4)铸造圆角

设计铸件和制造模型时，壁的连接和转角处都要做成圆弧过渡，称为铸造圆角。有时零件结构上并不需要圆角，但是为了铸造工艺的需要，也需要圆角设计。

(5)型芯设计

在砂型铸造生产中，为了形成铸件的内腔形状或简化模型的外形，以制出铸件上妨碍起模的凸台、凹槽等，经常使用型芯。型芯设计的内容主要包括型芯数量及形状、芯头结构、排气等。

一个铸件所需要型芯数量及每个型芯的形状主要取决于铸件结构及分型面的位置。由于造芯费工、费时、增加成本，故应尽量减少型芯的使用。高度小、直径大的内腔或孔应采用自带型芯。芯头是型芯的重要组成部分，起定位、支承型芯、排除型芯内气体的作用。

根据芯头在砂型中的位置，芯头可分为垂直芯头和水平芯头两种形式。图 5-12 所示为垂直芯头的形式：图 5-12(a)所示为上、下都有芯头的形式，也是用得最多的形式；图 5-12(b)所示为只有下芯头的形式，适用于截面较大、高度不大的型芯；图 5-12(c)所示为上、下均无芯头的形式，适用于较稳固的大型型芯。

(6)浇注系统、冒口和冷铁

浇注系统是引导金属液进入铸型的一系列通道的总称，由浇口杯(外浇口)、直浇道、横浇道和内浇道等组成。大多数铸件内浇道在分型面引入型腔，称为中注式。一般高度较大、形状复杂的铸件，其内浇道应开设在型腔底部，称为底注式；高度小、形状简单的铸件，内浇道多开设在型腔顶部，称为顶注式。浇注系统各单元的尺寸和形状，可以计算或参考有关手册确定。

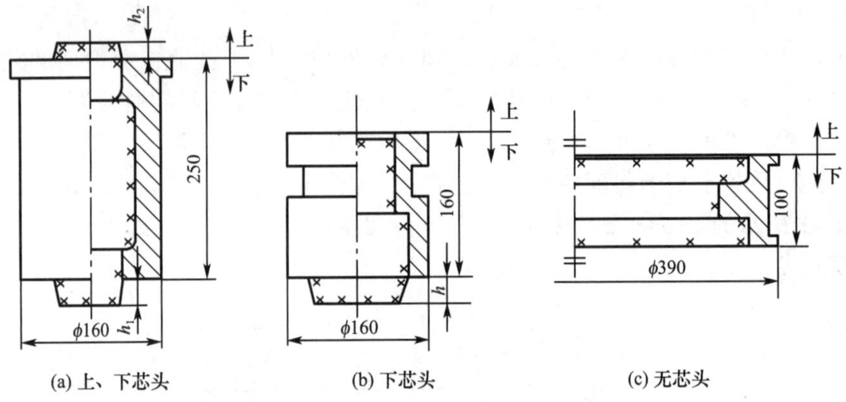

图 5-12　垂直芯头的形式

收缩较大的合金(如铸钢)必须考虑设置冒口。冒口设计包括确定冒口位置、尺寸及数量,具体设计原则详见有关手册。

在铸件的适当部位安放冷铁可控制铸件的凝固顺序,增大冒口的有效补缩距离。

5.3 特种铸造

虽然砂型铸造具有适应性强、生产设备简单等优点,被广泛用于制造业,但是砂型铸造生产的铸件尺寸精度低,表面粗糙,内在质量较差,且生产过程复杂。为克服砂型铸造的这些缺点,人们在砂型铸造的基础上,通过改变浇注方式(如压力铸造、离心铸造)、铸型材料(如金属型、陶瓷型铸造)、模样材料(如熔模铸造、消失模铸造)等又创造了许多其他的铸造方法。通常把砂型铸造以外的其他铸造方法称为特种铸造。常见的特种铸造方法有金属型铸造、压力铸造、低压铸造、离心铸造、熔模铸造、消失模铸造、挤压铸造、陶瓷型铸造、半固态铸造、连续铸造等。

5.3.1 金属型铸造

将液体金属注入金属制成的铸型以获得铸件的过程,称为金属型铸造。金属型可以重复使用几百次至几万次,故又称为永久性铸造或铁模铸造。

1. 金属型的构造

金属型根据分型面特点有多种不同的形式,如垂直分型式(图 5-13)、水平分型式(图 5-14)和复合分型式(图 5-15)。其中垂直分型式金属型便于开设浇口和取出铸件,应用最为广泛。

制造金属型铸型的材料一般采用基体组织为珠光体-铁素体的灰铸铁,有时也可选用碳素钢。为了排出型腔内部的气体,通常开设有通气槽及出气口。其顶出机构可将铸件顶出金属型。

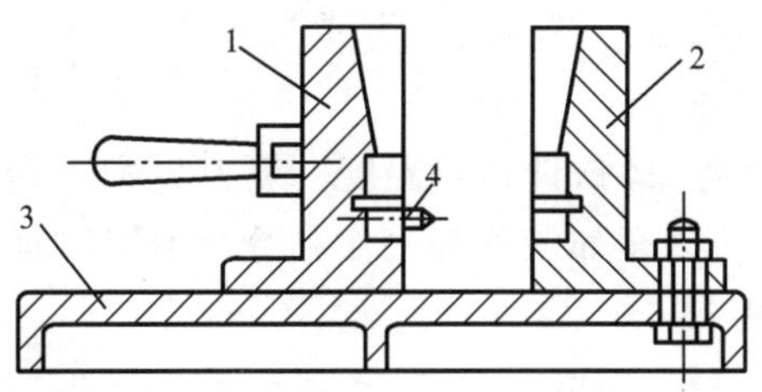

图 5-13 垂直分型式金属型

1—活动半型；2—固定半型；3—底座；4—定位销

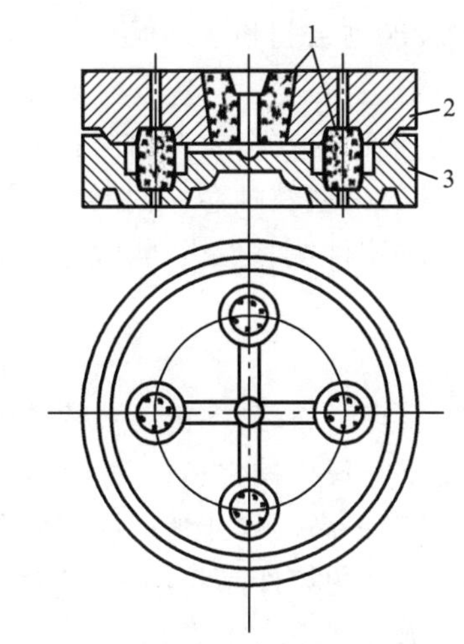

图 5-14 水平分型式金属型

1—型芯；2—上型；3—下型

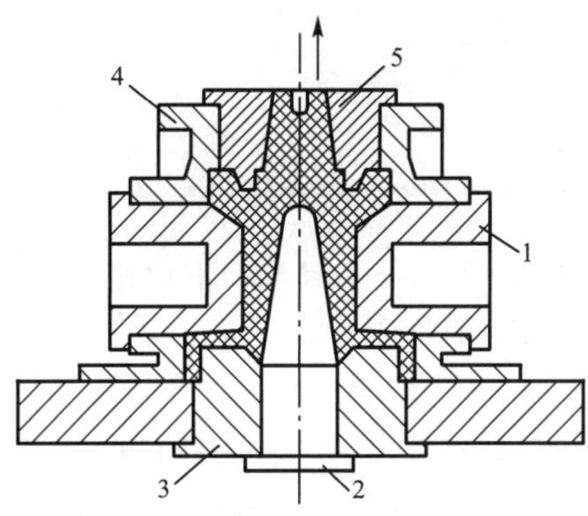

图 5-15 复合分型式金属型

1～5—金属型构件

金属型铸件的内腔可由金属型芯或砂芯得到。金属型芯通常只用于非铁金属铸件。为了从较复杂的内腔中取出金属型芯，型芯可由几块拼合而成，浇注后按先后次序抽出即可。

2. 金属型铸造的工艺特点

金属铸型导热速度快(冷却快)、无退让性、无透气性，容易使铸件产生浇不足、冷隔、裂纹等缺陷，因此用金属型代替砂型铸造时需要注意以下几点：

(1)浇注前金属型需预热

浇注前，金属型需要预热，铸铁件预热温度一般为 200～350 ℃，有色金属件预热温度为 100～250 ℃，目的是防止因金属液冷却过快和冷却不均匀而造成的各类缺陷。

(2)型腔表面喷刷涂料

型腔表面喷刷有一层涂料(厚度为 0.1～0.5 mm)，其目的是隔绝液态金属与金属型型腔的直接接触，以避免高温液体金属直接冲刷金属型型腔表面。控制涂料的厚薄可改变铸件各部分的冷却速度，还可起到蓄气和排气作用。涂料一般由耐火材料(石墨粉、氧化锌、石英粉和耐火黏土等)、水玻璃黏结剂和水制成。

(3)合适的出型时间

由于金属型无退让性，浇注后铸件若在金属型内停留的时间过长，容易引起过大的内应力而导致开裂，甚至会影响铸件的出型及抽芯。同时，铸铁件的白口倾向会增加，降低金属型铸造的生产率。因此，应使铸件凝固后尽早出型。通常铸铁出型温度为 780～950 ℃，开型时间为 10～60 s。

3. 金属型铸造的特点及应用

(1)金属型可承受多次浇注，实现了“一型多铸”，节约了大量的工时和型砂，提高了生产率，改善了劳动条件，同时也便于实现机械化和自动化生产。

(2)金属型铸件比砂型铸件具有更高的尺寸精度和表面质量，故机械加工余量小。

(3)金属型铸造冷却速度快，得到的铸件晶粒细密，故铸件的力学性能得到了显著提高。如铝合金铸件的抗拉强度可提高 25%，屈服强度平均提高约 20%。

金属型的制造成本高，不宜生产大型、形状复杂(抽芯困难)和薄壁铸件。其主要应用于形状不太复杂、壁厚比较均匀、尺寸较精确的中小型铸件的批量生产，如铝合金活塞、汽缸盖、油泵壳体及铜合金轴瓦、衬套等。

5.3.2 压力铸造

压力铸造是将熔融金属在高压(30～70 MPa)下快速(0.1～0.2 s)压入金属型中，并在压力下凝固以获得铸件的方法，简称压铸。

1. 压力铸造的工艺过程

压铸是在压铸机上完成的，压铸按压射部分的特征可分热压式和冷压式两类。热压式的特点是将储存金属液体的坩埚炉作为压射机构的一部分，压室是浸在液态金属中工作的。这种压铸机能压铸熔点较低的金属，但因采用气动压射，其压力较低，所以使用较少。目前广泛使用的是冷压式压铸机，其压室不包括坩埚炉，仅在压铸的短暂时间内接触金属液。冷压式压铸机以高压油来驱动，其合型压力比热压式压铸机大得多，通常为 0.25～2.5 MN，可用来压铸铝、镁、锌、铜等铸件。冷压式压铸机按压射冲头的运动方向分为立式和卧式两类。

压铸所用的铸型称为压型，压型与垂直分型的金属型相似，其半个在压铸机上是固定的，称为定型；另外半个是可以水平移动的，称为动型。压型上装有拔出金属型芯的机构

和顶出铸件的机构。

压铸工艺过程如图 5-16 所示，其主要工序为：闭合压型、注入金属[图 5-16(a)]；压射头向前推进，将金属液压入压型中[图 5-16(b)]；打开压型，顶出铸件[图 5-16(c)]。

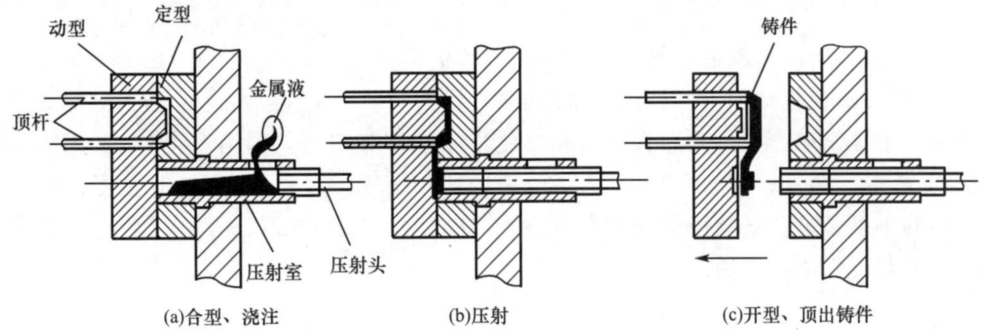

图 5-16 压铸工艺过程

2. 压力铸造的特点及应用

(1)生产率极高

压铸生产率比其他任何铸造方法都高得多，是生产率最高的一种方法。其铸型寿命长，压铸铝合金寿命可达几十万次，甚至上百万次。

(2)铸件精度高

压铸件的精度可达 IT11～IT13 级，表面粗糙度 Ra 值可达 3.2～0.8 μm，因此，大部分的铸件都不需要机械加工即可使用，并且产品的互换性好；材料利用率较高，可达 60%～80%。

(3)铸件强度高

由于压铸过程的冷却速度快，又是在压力作用下结晶的，因此压铸件的表面组织致密，抗拉强度比砂型铸件提高 25%～30%，但延伸率有所下降。

(4)制造形状复杂、薄壁深腔零件

压铸时液态金属是在高压、高速下浇入铸型的，极大地提高了合金的充型能力，故可浇注出形状复杂、薄壁深腔的精密铸件，并可直接铸出小孔、螺纹、齿轮等。

(5)便于采用镶嵌法

压铸的一个很大的优点是可以采用镶嵌法(镶铸)，从而简化零件制造过程。所谓镶铸，是指将其他金属或非金属材料预制成的嵌件，在铸前放入压型中，经过压铸使嵌件和压铸合金合成整体。镶铸可制造出普通方法难以制造的复杂件，如深腔孔、内侧凹、无法抽芯的铸件；同时，镶铸还可以通过嵌件改善铸件某些部位的性能，如强度、耐磨性、绝缘性、导电性等。

压力铸造是少、无切削加工的重要工艺之一，但也存在许多不足：

(1)压铸机费用高，设备投资大，工艺准备时间长，不适用于小批量生产。

(2)压铸不适用于钢、铁等高熔点合金的铸造。

(3)压铸件内部存在气孔、缩孔和缩松等缺陷。这是由于压铸速度快，型腔内的气体很难排除，厚壁处的收缩也很难补缩，所以铸件内部常有气孔和缩松，影响内部质量。

因此，制造或使用压铸件时需要注意以下几点：

(1)压铸件的壁厚应均匀(3～4 mm),最大壁厚应小于6～8 mm。

(2)不能进行热处理或在高温下工作。这是因为气孔是在高压下形成的,在加热时因气体膨胀,常会造成铸件表面不平或变形,所以压铸件不能进行热处理,也不宜在高温下工作。

(3)塑性、韧性差,不适于制造承受冲击载荷的零件。

(4)尽量避免机械加工,以防止内部孔洞外露。

近年来,随着真空压铸、加氧压铸和黑色金属压铸等新工艺的出现,克服了压铸的某些缺点,提高了铸件的力学性能,扩大了压铸的应用范围。目前,压力铸造主要适用于非铁金属的小型、薄壁、复杂铸件的大批量生产,在汽车、仪表、电器、无线电、航空以及日用品制造中获得广泛的应用。

5.3.3 低压铸造

在0.02～0.07 MPa压力作用下,将金属液注入型腔,并在压力下凝固以获得铸件的方法,称为低压铸造。低压铸造是介于重力铸造和压力铸造之间的一种铸造方法。

1. 低压铸造的工艺过程

图5-17所示为低压铸造的工作原理。该装置的下部为密闭的保温坩埚炉,用来储存熔炼好的金属液。坩埚的顶部紧固铸型,铸型通常为金属型。金属型在浇注前需预热,并喷刷涂料。垂直升液管使金属液与朝下的浇口相通。铸造时,低压铸造的过程主要包括:

(1)升液、浇注

通入压缩气体,合金液在较低压力下从升液管平稳上升,充入型腔。

(2)增压、凝固

型内合金液在较高压力下结晶,直至全部凝固。

(3)减压、降液

坩埚上部与大气连通,升液管与浇口尚未凝固的合金液因重力作用而流回坩埚。

(4)开型

取出铸件。

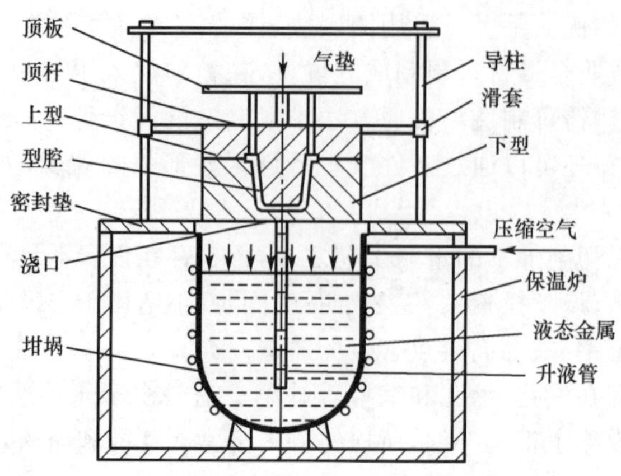

图5-17 低压铸造的工作原理

2. 低压铸造的特点及应用

(1)压力和速度便于调节。充型平稳，对铸型的冲刷力小，气体较易排除。

(2)便于实现顺序凝固，以防止缩孔和缩松。

(3)铸件的表面质量高于金属型(IT12～14 级，*Ra* 12.5～3.2 μm)，轮廓清晰，组织致密，力学性能好；还可以生产出壁厚为 1.5～2.0 mm 的薄壁铸件。

(4)不用冒口，金属的利用率高达 90%～98%；设备费用远低于压力铸造，便于实现机械化和自动化生产。

低压铸造是 20 世纪 60 年代发展起来的一种新工艺，在国内外均受到普遍重视。目前我国主要用来生产质量要求高的铝、镁合金铸件，如轮毂、汽缸体、缸盖、活塞、曲轴箱、曲轴等。

5.3.4 离心铸造

将液体金属浇入高速旋转的铸型(主要使用金属型或砂型)中，金属在离心力作用下填充铸型和结晶的铸造方法，称为离心铸造。

1. 离心铸造的基本类型及工艺过程

离心铸造必须在离心铸造机上进行，根据铸型旋转轴在空间位置的不同，离心铸造机可分为立式和卧式两大类。

立式离心铸造机的铸型是绕垂直轴旋转的，生产中空铸件时，金属液并不填满型腔，这有利于自动形成空腔。铸件的壁厚取决于浇入的金属量。立式离心铸造机的优点是便于铸型的固定和金属的浇注，但其自由表面(内表面)呈抛物线状，使铸件上薄下厚。显然，在其他条件不变的前提下，铸件越高，立壁的壁厚差也越大。因此，此方法主要用于制造高度小于直径的圆环类铸件。如图 5-18(a)所示。

卧式离心铸造机的铸型是绕水平轴旋转的。由于铸件在各部分的冷却条件相近，所以铸出的圆筒形铸件无论在轴向和径向的壁厚都是均匀的，因此适用于浇注长度较大的套筒和管类铸件。如图 5-18(b)所示。

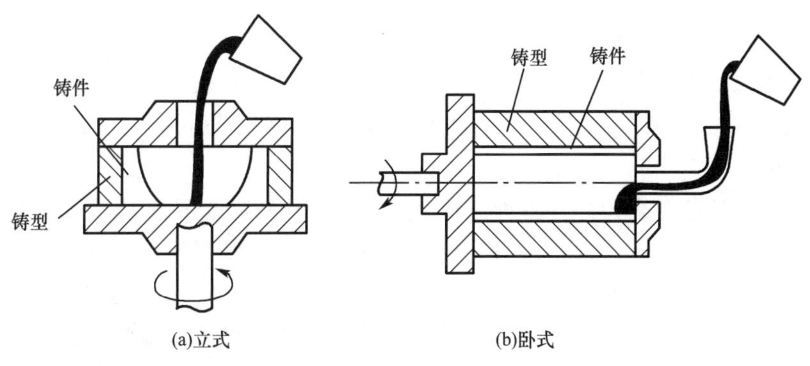

图 5-18 离心铸造机

2. 离心铸造的特点及应用

(1)在离心力的作用下,铸件结晶从外向内有方向性,铸件结晶细密,无缩孔、缩松、气孔、夹渣等缺陷,力学性能好。

(2)合金的充型能力强,便于流动性差的合金及薄件的生产。

(3)铸造圆形内腔的铸件时,可省去型芯和浇注系统,但铸件的内腔表面粗糙,尺寸不够精确,必要时需要加大内孔加工余量进行切削加工。

(4)便于铸造“双金属”铸件,如钢套镶铜轴承等,其接合面牢固、耐磨,可以节约许多贵重金属材料。

(5)容易产生密度偏析,所以不宜铸造对密度偏析比较敏感的合金,如铅青铜、铝合金、镁合金等。

离心铸造广泛用于制造铸铁管、缸套及滑动轴承等铸件。同时,也可采用熔模型壳离心浇铸刀具、齿轮等成形铸件。

5.3.5 熔模铸造

用易熔材料制成模型,然后用造型材料将其包住,经过硬化后再将模型熔失,从而获得无分型面的铸型,浇注合金后获得铸件的铸造方法称为熔模铸造。因易熔模型大多用蜡质材料制作,故熔模铸造又称为失蜡铸造。

1. 熔模铸造的工艺过程

熔模铸造的工艺过程如图 5-19 所示,可分为蜡模制造、型壳制造、熔烧浇注三个主要阶段。

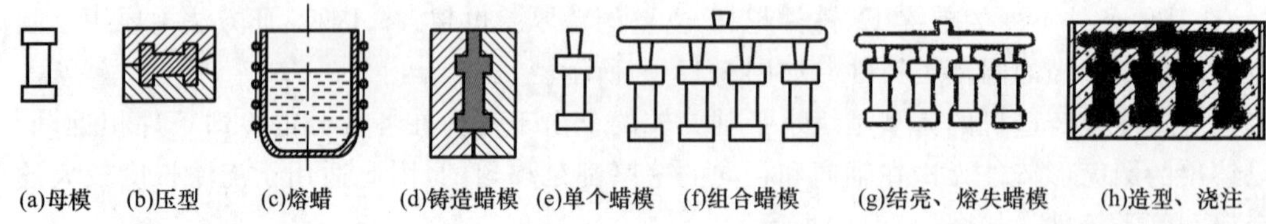

图 5-19 熔模铸造的工艺过程

2. 熔模铸造的特点及应用

(1)铸件的精度较高、表面质量较好　尺寸公差等级可达 IT11～IT14 级,表面粗糙度 Ra 值可达 12.5～1.6 μm。对于一些精度按要求不高的零件,铸出并清整后可直接进行装配使用。

(2)适用于各种合金铸件　各种非铁合金、碳素钢及合金钢都可以采用熔模铸造,尤其适用于高熔点及难加工的高合金钢,如耐热钢、不锈钢、磁钢等。

(3)可制造形状复杂的铸件　铸出孔最小直径为 0.5 mm,最小壁厚可达 0.3 mm。

(4)生产批量不受限制　从单件生产到大批量生产都可以采用此方法,能实现机械化流水线操作。

(5)铸件质量不宜过大　铸件尺寸不能太大,质量一般不超过 25 kg。

熔模铸造是少、无切削加工工艺的重要方法,但熔模铸造的工序繁杂,生产周期长

(4～5 d)，成本高。其主要用于成批生产形状复杂、精度要求高、熔点高和难以切削的小型零件，如汽轮机、燃气轮机、涡轮发动机叶片和叶轮以及枪支零件、变速箱拨叉等，广泛应用于航空航天、汽车、纺织机械、机床、仪表等工业领域。

5.3.6 消失模铸造

采用泡沫塑料模样代替普通模样紧实造型，不取出模样，直接浇入金属液使模样汽化消失而获得铸件的方法，称为消失模铸造，又称气化模铸造、实型铸造或无空腔铸造。

1.消失模铸造的工艺过程

消失模铸造工艺包括模样制造、浸挂涂料、造型浇注和落砂清理等工序，如图 5-20 所示。

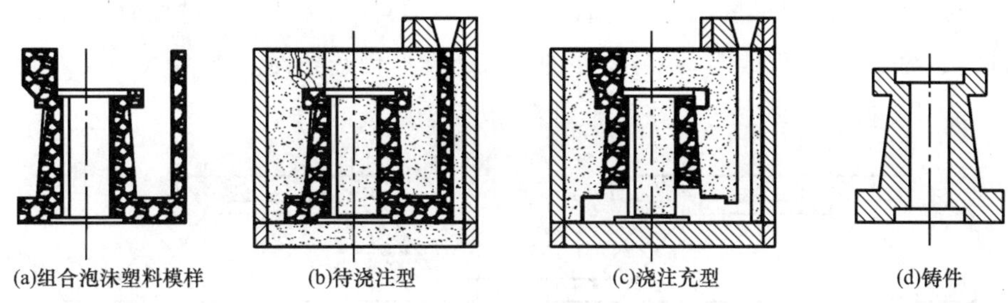

图 5-20 消失模铸造的工艺过程

2.消失模铸造的特点及应用

消失模铸造采用塑料制造模样，模样不取出，铸型没有型腔、分型面和单独制作的型芯，因此具有以下特点：

(1)铸件尺寸精度高，表面粗糙度值低

因为泡沫模型的表面质量较好，而且消失模铸造不需要分型、起模，不用活块和砂芯，避免了普通砂型铸造尺寸误差和错箱的缺陷。消失模铸造是一种近乎无余量的精密成形技术，其尺寸精度可达 IT5～IT6 级，Ra 12.5～6.3 μm，接近熔模铸造水平。

(2)增大了铸件结构设计的自由度

为铸件结构设计提供了充分的自由度，如原来需要加工成形的孔、槽等可直接铸出。因此，消失模铸造可以用来制造比较厚大的、形状复杂的冲压模具等。

(3)简化了铸件的生产工序

工艺过程简化，易实现机械化、自动化生产，提高生产率。

消失模铸造的主要缺点是浇注时塑料模汽化有异味，对环境有污染，铸件容易出现与泡沫塑料高温热解有关的缺陷，如铸铁件容易产生皱皮，铸钢件容易有增碳等。

消失模铸造的应用极为广泛，比如单件小批生产的冶金、矿山、船舶、机床等领域大型铸件，以及汽车、化工等行业的大型冷冲模具等；同时其大批量生产在很多领域也得到了应用，目前主要集中在汽车制造业，比如球墨铸铁轮毂、差速器壳、空心曲轴，灰铸铁发动机机座、排气管等，以及铝合金发动机缸体、缸盖、进气管等。

5.4 铸件的结构设计

在进行铸件结构的设计时，除了要保证铸件的工作性能和力学性能要求外，还必须认真考虑铸造工艺和合金铸造性能对铸件结构的要求，并使铸件的具体结构与这些要求相适应。结构与工艺之间的关系，通常称为结构工艺性。铸件的结构是否合理，即其结构工艺性是否良好，对铸件的质量、生产率及成本有很大影响。

5.4.1 铸造工艺对铸件结构的要求

铸件的结构设计，应尽量使制模、造型、制芯、装配、合箱和清理等过程简化，以便保证铸件质量、节约工时、降低成本，并为铸件的机械化生产创造条件。

1. 尽量避免铸件起模方向存有外部侧凹，以便于起模（图 5-21）

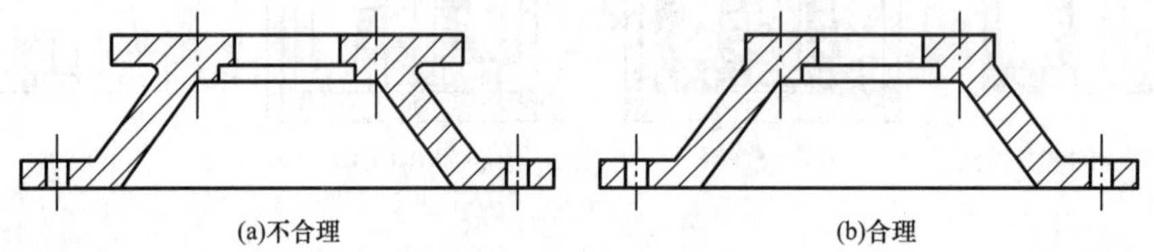

图 5-21 铸造工艺对铸件结构设计的合理性示例(1)

2. 凸台和筋条结构应便于起模（图 5-22）

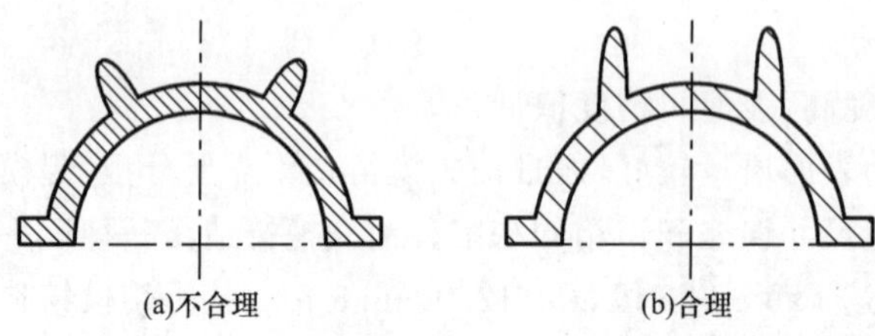

图 5-22 铸造工艺对铸件结构设计的合理性示例(2)

3. 垂直分型面上的不加工表面最好有结构斜度（图 5-23）

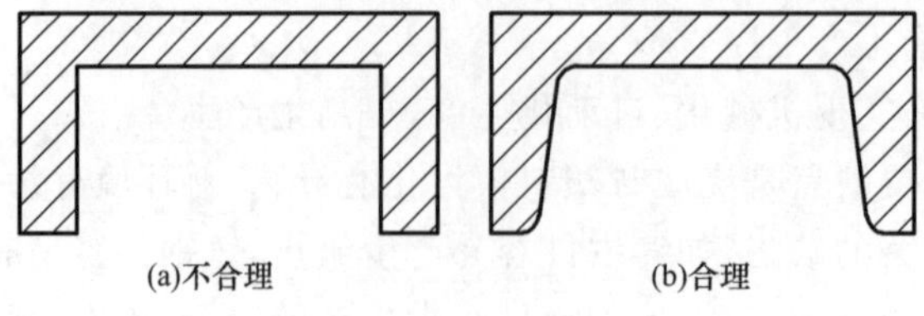

图 5-23 铸造工艺对铸件结构设计的合理性示例(3)

4. 应避免封闭内腔(图 5-24)

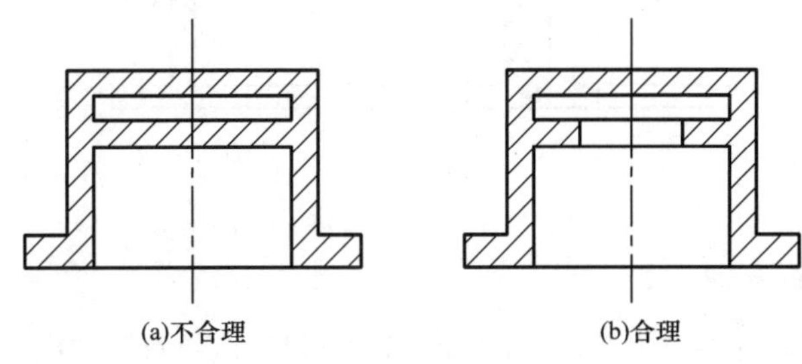

图 5-24　铸造工艺对铸件结构设计的合理性示例(4)

5. 尽量少用或不用型芯(图 5-25)

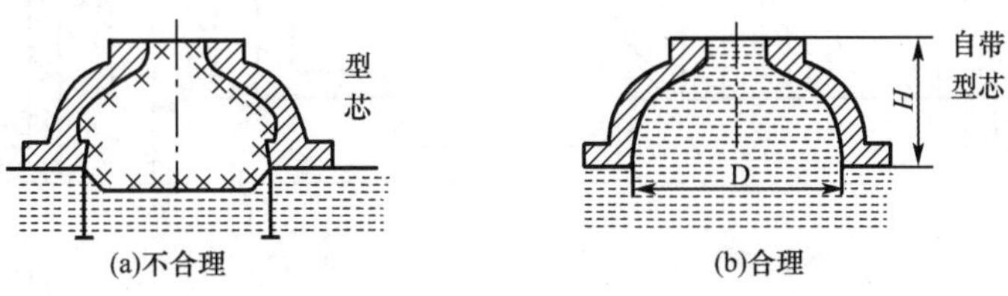

图 5-25　铸造工艺对铸件结构设计的合理性示例(5)

6. 型芯要便于固定、排气和清理(图 5-26)

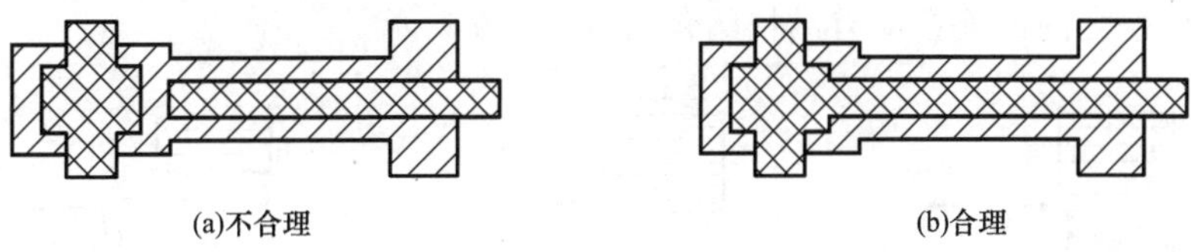

图 5-26　铸造工艺对铸件结构设计的合理性示例(6)

5.4.2　合金铸造性能对铸件结构的要求

在设计铸件结构时，除了考虑造型工艺等方面的要求外，同时还必须满足合金铸造性能的要求。

1. 合理设计铸件壁厚

铸造铸件时一般都具有最小允许壁厚，当所设计的铸件壁厚小于该最小值时，铸件容易产生浇不足、冷隔等缺陷。合金铸件还有一个临界壁厚(砂型铸造时，临界壁厚为最小壁厚的 3 倍)。当铸件的壁厚超过临界壁厚时，铸件的强度并不按相应比例关系增大，而是明显地降低，这是由于铸件壁心部的冷却速度缓慢，晶粒粗大，而且易产生缩孔、缩松等缺陷。因此，不应单纯以增加壁厚来提高铸件的承载能力[图 5-27(a)]，而应通过选择合理的结构设计，如 T 字形、工字形及铸肋[图 5-27(b)]等方法来满足铸件强度及刚度的要求。

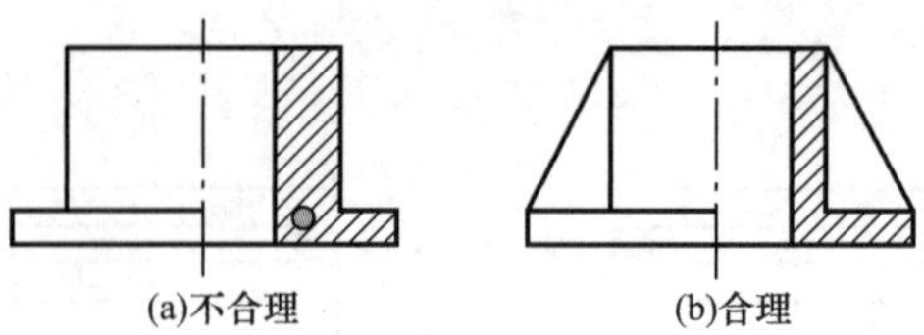

图 5-27 合金铸造性能对铸件结构设计的合理性示例(1)

2. 壁厚应尽可能均匀

铸件各部分壁厚若相差过大，将在局部厚壁处形成热节，导致铸件产生缩孔[图 5-27(a)中的圆圈处和图 5-28(a)所示结构]、缩松等缺陷。图 5-28(b)所示结构的壁厚设计比较合理。

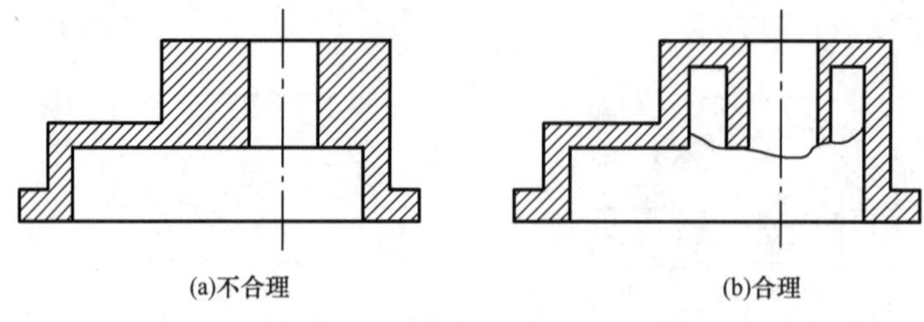

图 5-28 合金铸造性能对铸件结构设计的合理性示例(2)

3. 铸件壁的连接方式要合理

(1)铸件壁之间的连接应有结构圆角，如图 5-29 所示。

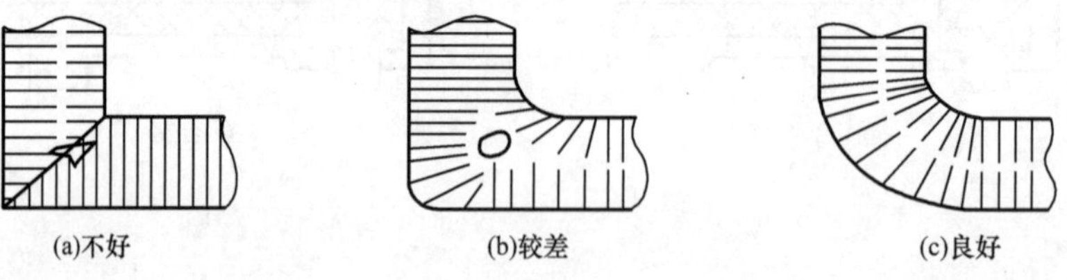

图 5-29 合金铸造性能对铸件结构设计的合理性示例(3)

(2)铸件壁厚不同的部分进行连接时，应力求平缓过渡，避免截面突变，以减少应力集中，防止产生裂纹，如图 5-30 所示。

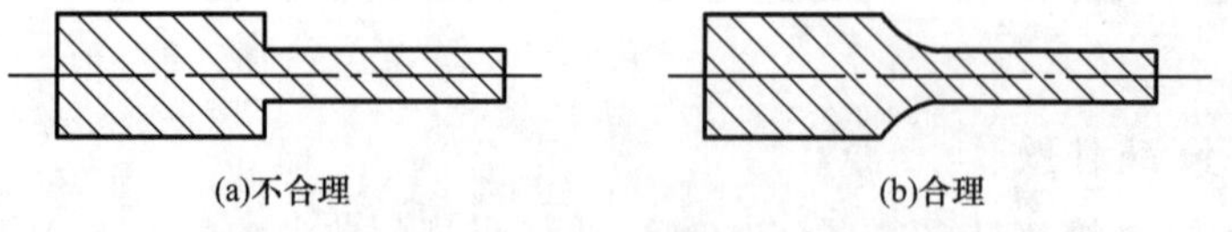

图 5-30 合金铸造性能对铸件结构设计的合理性示例(4)

(3)连接处应避免集中交叉和锐角，如图 5-31 所示。

4. 避免铸件出现大平面结构

因为大平面结构不利于液态金属的充填，易产生浇不足、冷隔等缺陷。同时，大平面上方的砂型受高温金属液的烘烤，容易掉砂，可使铸件产生夹砂等缺陷；金属液中气孔、夹渣上浮滞留在上表面，也容易产生气孔、渣孔。如图 5-32 所示。

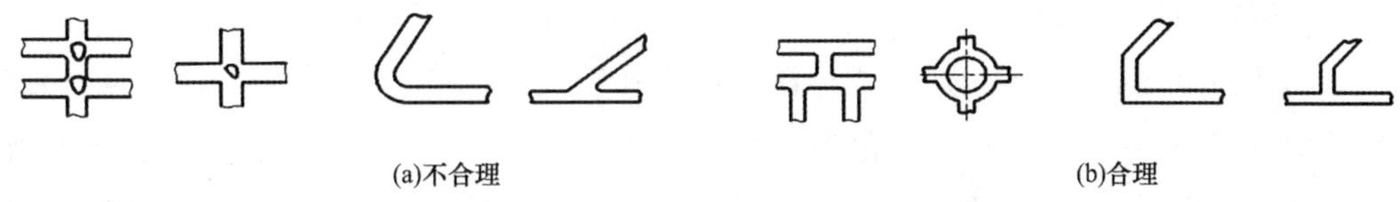

图 5-31 合金铸造性能对铸件结构设计的合理性示例(5)

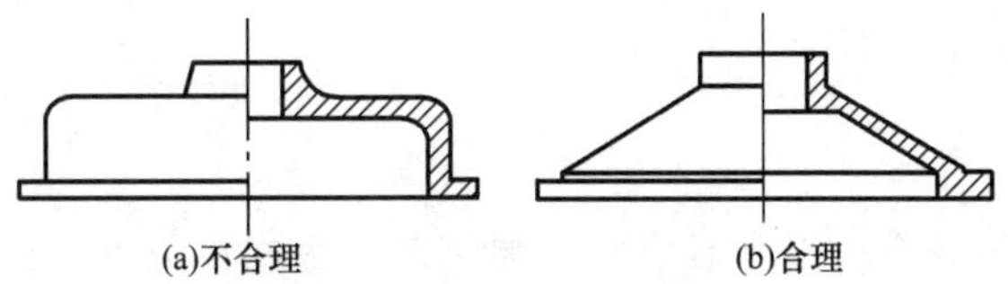

图 5-32 合金铸造性能对铸件结构设计的合理性示例(6)

5. 避免铸件收缩受阻

较大的带轮、飞轮、齿轮的轮辐可做成弯曲的、奇数的或带孔辐板,这样可借轮辐或轮缘的微量变形自行减小铸造应力,防止开裂。如图 5-33 所示。

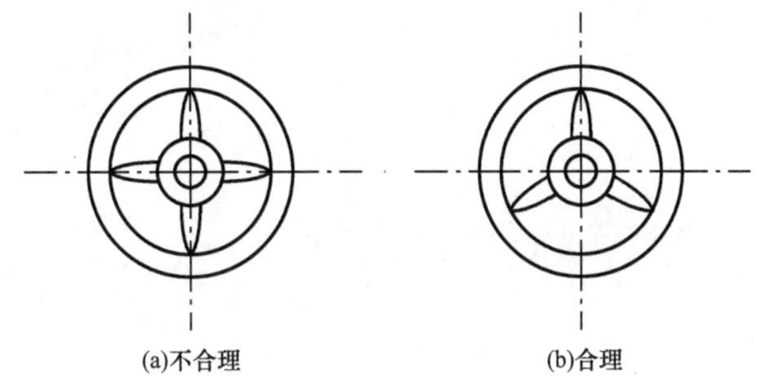

图 5-33 合金铸造性能对铸件结构设计的合理性示例(7)

5.4.3 特种铸造对铸件结构的要求

不同铸造方法对铸件结构有着不同的要求,下面简单介绍金属型铸造、压力铸造、熔模铸造等特种铸造方法对铸件结构的特殊要求。

1. 金属型铸造

(1)铸件的结构应能保证顺利出型,尤其是应便于金属芯的抽出;铸件结构斜度大。

(2)铸件的壁厚要均匀,且最小壁厚应大于砂型铸造条件下的最小壁厚。

(3)为便于金属芯的安放及抽出,铸孔的孔径不能过小、过深。

2. 压力铸造

(1)压铸件应尽可能采用薄壁并保证壁厚均匀。

(2)尽可能消除侧凹和深腔结构。

(3)充分发挥镶嵌件的优越性,以便制出复杂件,改善压铸件局部性能和简化装配工艺。

3. 熔模铸造

(1)铸件上的孔、槽不宜过小或过深。通常孔径应>2 mm(薄件>0.5 mm)。通孔时,孔深/孔径≤4～6;不通孔时,孔深/孔径≤2。槽宽应>2 mm,槽深为槽宽的2～6倍。

(2)壁厚应尽可能满足顺序凝固的要求,不应有分散的热节,以便能用浇口进行补缩。

(3)铸件的壁厚不宜过薄,一般应为2～8 mm。

思考题

5-1 什么是液态合金的充型能力?影响液态合金充型能力的因素有哪些?

5-2 什么是合金的铸造性能?衡量合金铸造性能的主要指标是什么?

5-3 浇注温度可以改善合金的充型能力,为何又要防止浇注温度过高?

5-4 试分析铸件产生缩孔、缩松、变形和裂纹的原因及防止方法。

5-5 熔模铸造、金属型铸造、压力铸造和离心铸造的特点各是什么?

5-6 什么是消失模铸造?其与熔模铸造有何不同?

第6章

金属的塑性变形与再结晶

浅谈金属的塑性变形与再结晶

金属材料经过冶炼、铸造获得铸锭后，利用金属的塑性变形可把金属加工成各种毛坯或零件。不仅锻压、轧制、挤压和冲压等成形加工工艺能使金属发生大量的塑性变形，而且在车、铣、刨、钻等各种切削加工工艺中，也都会发生一定程度的塑性变形。在塑性变形过程中，金属不仅改变了形状和尺寸，内部组织结构与性能也会发生相应的变化。塑性变形也是改善金属材料性能的一个重要手段，但塑性变形也会给金属的组织和性能带来某些不利的影响。因此，金属在塑性变形之后或在金属变形的过程中，经常需进行加热，使其发生回复与再结晶，以消除不利的影响。

6.1 金属的塑性变形

在一般情况下，实际金属都是多晶体。多晶体的塑性变形是与其中各个晶粒的变形行为有关的。为了研究金属多晶体的塑性变形过程，应首先了解金属单晶体的塑性变形，从而更好地掌握金属变形的基本规律。

6.1.1 单晶体的塑性变形

试验表明，晶体只有在切应力作用下才会发生塑性变形。在常温和低温下，单晶体的塑性变形主要是通过滑移方式进行的。此外，尚有孪生等变形方式。

1. 滑移

滑移是指晶体的一部分相对于另一部分沿一定晶面发生相对的滑动。大量的研究证明，滑移具有如下特点：

(1)滑移只有在切应力的作用下才会产生

如图 6-1(a)所示,对金属单晶体试样进行拉伸时,外力 P 在晶内任一晶面上分解为两种应力:一种是平行于该晶面的切应力(τ);一种是垂直于该晶面的正应力(σ)。如图 6-1(b)所示,正应力只能引起晶格的弹性伸长,正应力去除后晶格将恢复原状。正应力足够大可使晶体中的原子离开,金属断裂。所以,正应力只能使晶体产生弹性变形或者脆性断裂,不能产生塑性变形。当单晶体在不受外力时,原子处于平衡位置,当切应力较小时,晶体发生弹性剪切变形,如图 6-1(c)所示。单晶体在切应力作用下,当切应力较小时,晶格的剪切变形也是弹性的,但当切应力达到一定值时,晶格将沿着某个晶面产生相对移动,移动的距离为原子间距的整数倍,因此移动后原子可在新位置上重新平衡,形成永久的塑性变形。这时,即使消除切应力,晶格仍将保留移动后的形状。当然,当切应力超过了晶体的切断抗力时,晶体也要发生断裂,但这种断裂与正应力引起的脆断不同,它在晶体断裂之前首先产生了塑性变形,称为塑性断裂。由此可知,塑性变形只有在切应力作用下才会发生。

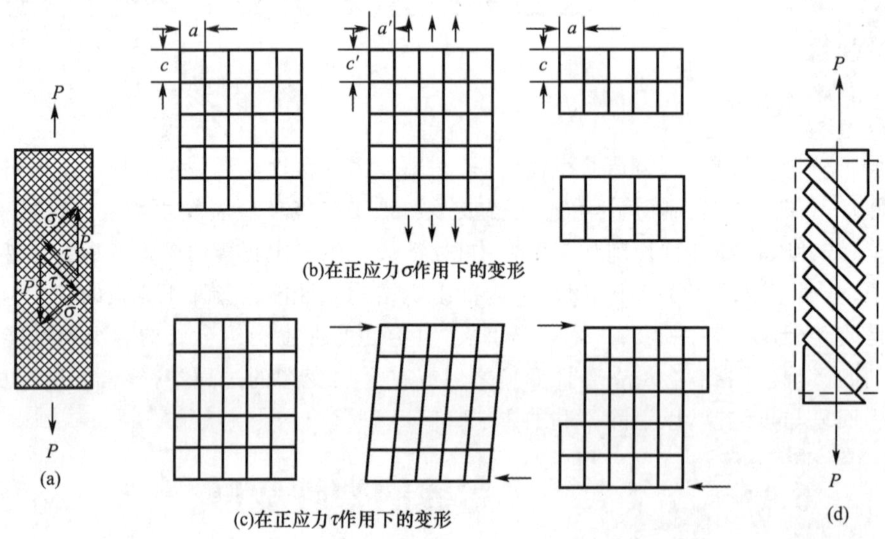

图 6-1 单晶体试样的拉伸变形

(2)滑移线与滑移带

当应力超过晶体的弹性极限后,晶体中就会产生层片之间的相对滑移,大量的层片间滑动的累积就构成晶体的宏观塑性变形。将表面经过抛光的纯金属试样进行拉伸,产生一定的塑性变形后,在显微镜下观察,可看到试样表面有许多互相平行的线条,称为滑移带。图 6-2 所示为纯铁晶粒表面的滑移带。当用电子显微镜的高倍观察时,则发现滑移带由许多密集而相互平行的、更细的滑移线和小台阶所构成,如图 6-3 所示。

因为滑移是因晶体内部的相对移动而产生的,所以滑移不引起晶体结构的变化,即滑移前、后晶体结构相同。

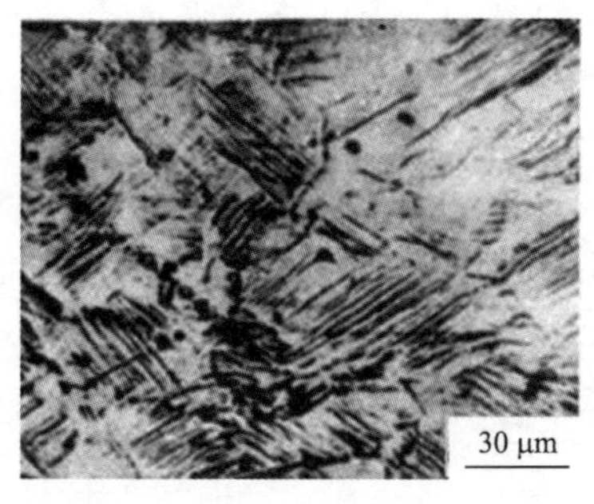

图 6-2 纯铁晶粒表面的滑移带

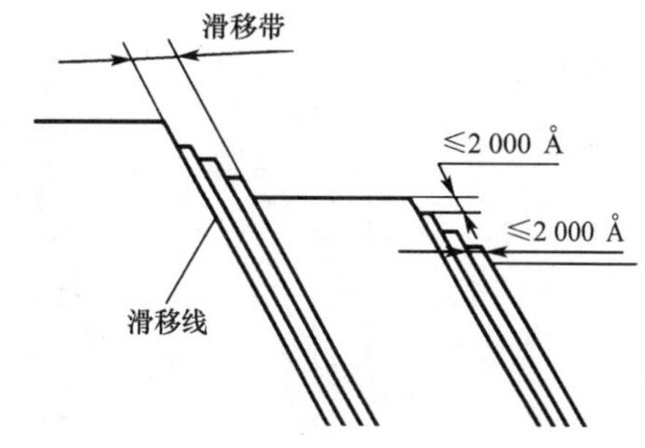

图 6-3 滑移带和滑移线

(3)滑移系

滑移常沿晶体中原子密度最大的晶面和晶向发生。这是因为只有在最密排晶面之间的面间距及最密排晶向之间的原子间距最大,因而原子结合力最弱,所以在最小的切应力作用下便能引起它们之间的相对滑动。金属晶体受力后的滑移距离取决于外力的大小,且为其整数倍。能够产生滑移的晶面和晶向分别称为滑移面和滑移方向。一个滑移面与其上的一个滑移方向组成一个滑移系。如面心立方晶格中,(110)和[111]即组成一个滑移系。金属三种常见晶格的滑移系见表 6-1。

试验表明,滑移系数目越多,金属发生滑移的可能性越大,塑性就越好。研究还证实滑移方向对滑移所起的作用比滑移面大,因为滑移方向适应外力使之产生变形的能力比滑移面要大,故当滑移系数目相同时,滑移方向越多,滑移越容易,产生塑性变形的能力越强。面心立方晶格和体心立方晶格的滑移系都是 12,但面心立方晶体的滑移方向多,所以面心立方晶格的金属比体心立方晶格金属的塑性更好。然而需要注意的是,影响金属塑性变形能力的因素是多方面的,如金属变形时所处的温度、应力状态和晶粒大小等。因此,只能说,在其他条件相同的情况下,滑移系越多,金属的塑性越好。

表 6-1 金属三种常见晶格的滑移系

晶格	体心立方晶格		面心立方晶格		密排六方晶格	
滑移面	{110}×6		{111}×4		{0001}×1	
滑移方向	＜111＞×2		＜110＞×3		＜11$\bar{2}$0＞×3	
滑移系	6×2=12		4×3=12		1×3=3	

(4)滑移时晶体的转动

单晶体在滑移变形时还伴随着晶体的转动。如图 6-4 所示,当晶体受拉伸产生滑移时,如果不受夹头的限制,则拉伸轴线将逐渐发生偏转,如图 6-4(b)所示。但事实上由于夹头的限制作用,拉伸轴线的方向不能改变,这样就必然使晶体表面相应地转动。

由材料力学得知,与拉力呈 45°位向的截面上的分切应力最大。因此,与拉力呈 45°

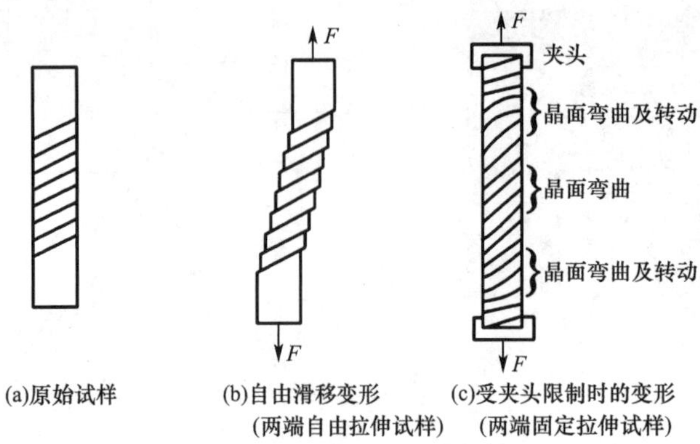

图 6-4 单晶体拉伸变形过程

位向的滑移系最有利于滑移，但滑移过程中晶体的转动，使原来有利于滑移位向的滑移系逐渐转到不利于滑移位向的滑移系而停止滑移，但原来处于不利于滑移位向的滑移系，则逐渐转到有利于滑移的位向而参与滑移。这样，不同位向的滑移系交替进行滑移，使晶体均匀地变形。但在实际拉伸过程中，晶体两端有夹头固定，只有试样的中间部分才能转动，故靠近两端部位因受夹头限制而产生不均匀的变形。

(5)滑移机理

滑移是晶体的一部分相对于另一部分沿滑移面做整体滑动，即滑移面上每一个原子都同时移到与其相邻的另一平衡位置上，这种滑移称为刚性滑移。由理论计算得出的刚性滑移所需的切应力值都比实测结果大几百到几千倍，这不符合实际情况。例如，铁按刚性滑移计算的切应力为 2 300 MN/m^2，而实际测定值仅为 29 MN/m^2，理论计算与实测结果相差很大。研究证明，滑移是通过滑移面上的位错运动来完成的。如图 6-5 所示，即一刃型位错在切应力的作用下在滑移面上的运动过程，通过一根位错线从滑移面的一侧到另一侧的运动便造成一个原子间距的滑移。对应于位错运动，在滑移面上下原子位移的情况如图 6-6 所示，在滑移的过程中，只需位错中心上面的两列原子(实际为两个半原子面)向右做微量的位移，位错中心下面的一列原子向左做微量的位移，位错中心便会发生一个原子间距的右移。

由此可见，晶体通过位错移动而产生滑移时，并不需要整个滑移面上全部的原子同时移动，只需位错中心附近极少量的原子做微量的位移即可，所以实际滑移所需的临界切应力远远小于刚性滑移。

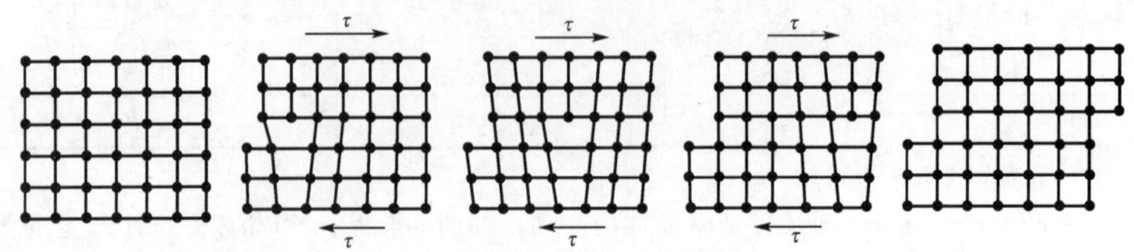

图 6-5 晶体中通过位错运动而产生滑移

2. 孪生

孪生是塑性变形的另一种重要形式，常作为滑移不易进行时的补充。

在切应力作用下，晶体的一部分相对于另一部分沿着一定的晶面（孪生面）及晶向（孪生方向）产生一定角度的切变（转动），这种变形方式称为“孪生”，如图 6-7 所示。发生孪生的部分（切变部分）叫作“孪晶带”，或简称“孪晶”。通过孪生，孪生面两边的两部分晶体形成镜面对称。

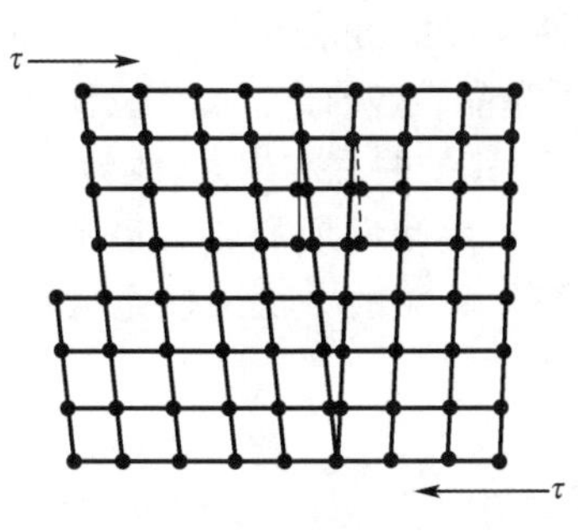

图 6-6　位错运动时的原子位移

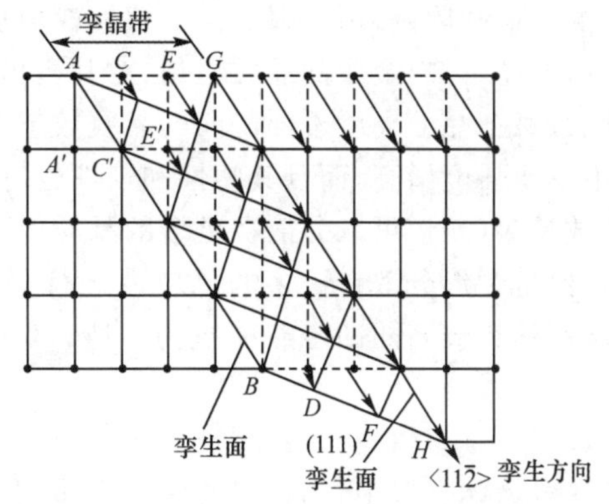

图 6-7　孪生

孪生和滑移的主要区别如下：

(1)孪生变形也是在切应力作用下发生的，并通常出现于滑移受阻而引起的应力集中区。因此，孪生所需的临界切应力要比滑移时大得多。

(2)孪生是一种均匀切变，即孪晶带内与孪生面平行的每一层原子面均相对于其毗邻晶面沿孪生方向位移了一定的距离，且每一层原子相对于孪生面的切变量跟它与孪生面的距离成正比，而滑移时原子在滑移方向的相对位移是原子间距的整数倍。

(3)孪生使晶体孪晶带的位向发生变化，并与未变形部分的位向形成了镜面对称关系，构成了以孪生面为对称面的一对晶体，称为孪晶。而滑移变形后，晶体各部分的相对位向不发生改变。

(4)滑移和孪生虽然都是在切应力作用下产生的，但孪生所需要的切应力比滑移所需要的切应力大得多，变形速度极快，接近声速，故只有在滑移很难进行的条件下才发生孪生。如密排六方晶体和体心立方晶体在低温或受到冲击时容易产生孪生。

(5)孪生对塑性变形的直接贡献不大，但孪生能引起晶体位向的改变，有利于滑移发生。

6.1.2　多晶体的塑性变形

在室温下，多晶体的塑性变形与单晶体比较无本质上的差别，即每个晶粒的塑性变形仍以滑移或孪生方式进行。但由于晶界的存在、晶粒间位向的差异，以及变形过程中晶粒之间的互相牵制等，多晶体的塑性变形过程要比单晶体复杂得多。

1. 晶界和晶粒位向的影响

多晶体由于存在着晶界及许多位向不同的晶粒，故其塑性变形抗力要比同类金属的单晶体高得多。晶界是相邻晶粒的过渡层，不但原子排列杂乱，而且晶格严重畸变，加之杂质原子和各种缺陷在此比较集中(增大了晶格畸变)，因而使该处滑移时位错运动的阻力(塑性变形抗力)增大，晶界增大了变形抗力，提高了金属强度。

图 6-8 所示为由两个晶粒组成的试样，拉伸时因晶界处的塑性变形抗力大、变形小，结果出现了"竹节状"现象。它证明了室温下晶界强度高于晶内强度。此外，多晶体中各晶粒位向的不同也会增大其滑移抗力。因为其中任一晶粒的滑移都会受到周围不同位向晶粒的约束和限制，所以多晶体的塑性变形抗力总是高于单晶体的。

由上述可知，金属的晶粒粗细，对其机械性能的影响是很大的。晶粒越细，晶界总面积越大，每个晶粒周围不同位向的晶粒数越多，因此，塑性变形抗力也越大。另外，晶粒增细，不仅使强度增高，而且其塑性和韧性也有所提高。因为晶粒越细，金属单位体积中的晶粒数越多，变形可以分散在更多的晶粒内进行，各晶粒滑移量的总和越大，故塑性越好。同时，由于变形分散在更多的晶粒内进行，引起裂纹过早产生和发展的应力集中得到缓解，从而具有较高的冲击载荷抗力。所以，工业上常用细化晶粒的方法来使金属材料强韧化。

2. 多晶体塑性变形过程

在多晶体金属中，晶粒间的位向不同，会使塑性变形产生不均匀性。各个晶粒的位向是无序的，有的晶粒的滑移面和滑移方向可能接近 45°位向(称为软位向)，有的晶粒的滑移面和滑移方向可能偏离 45°位向(称为硬位向)。这样，处于软位向的晶粒先发生滑移变形，而处于硬位向的晶粒可能还只有弹性变形。如图 6-9 所示，用 A，B，C 表示不同位向晶粒分批滑移的次序。而多晶体晶粒间是相互牵制的，在变形的同时要发生相对转动，转动的结果使晶粒位向发生变化，原先处于软位向的晶粒可能转变成了硬位向，原先处于硬位向的晶粒也可能转成了软位向，从而使变形在不同位向的晶粒之间交替地发生，使不均匀变形逐步发展到比较均匀的变形。

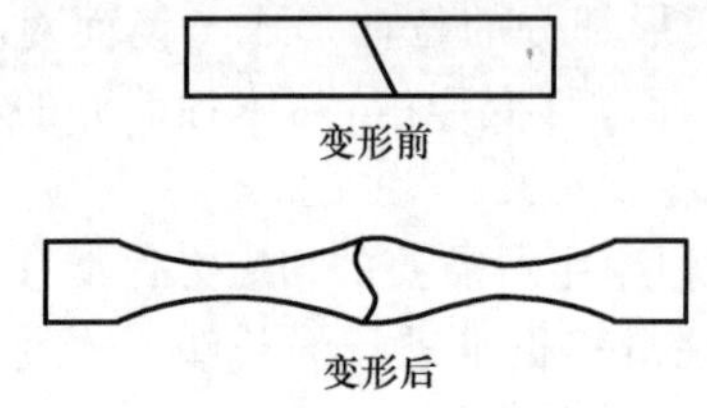

图 6-8 由两个晶粒组成的试样

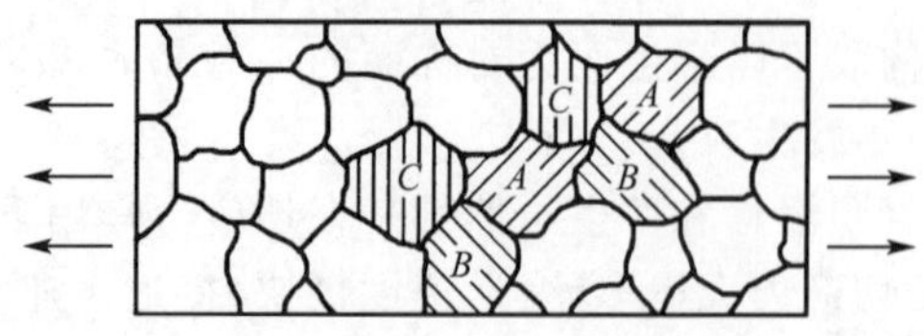

图 6-9 多晶体金属不均匀塑性变形过程

6.2 冷塑性变形对金属组织和性能的影响

金属经塑性变形后可使其组织和性能发生很大的变化。

6.2.1 冷塑性变形对金属组织结构的影响

1. 晶粒形貌变化

在塑性变形过程中，随着形变量的增加，金属的晶粒将沿着形变方向被拉长，由等轴

状变成扁平状或长条状，形变量越大，晶粒变形程度也越大。当形变量很大时，金属中存在的各种夹杂物和杂质也会沿变形方向被拉长，塑性夹杂物成为细带状，脆性夹杂物粉碎成链状。这时晶粒会出现一片如纤维状的条纹，晶界变得模糊不清，这种组织通常叫作"纤维组织"。

2. 晶内结构的变化

金属在塑性变形过程中，当变形量不大时，晶粒内出现了滑移，在滑移面附近的晶格发生扭曲和紊乱，进一步滑移形成滑移带，随着变形量的增大，滑移带也增加，变形的晶粒也逐渐碎化成许多细小亚结构，即亚结构细化。亚晶界增加，并在其上聚集有大量位错，结果金属中位错密度显著增大。这种在亚晶界处大量堆积的位错，以及它们之间的相互干扰作用，会阻止位错的运动，使滑移困难，增大了金属塑性变形抗力。

3. 形变织构的产生

在定向变形情况下，金属中的晶粒不仅被破碎拉长，而且各晶粒的位向也会朝着变形的方向逐步发生转动。当变形量达到一定值(70%～90%)时，金属中的每个晶粒的位向都趋于大体一致，这种现象称为"织构"现象，或称"择优取向"。形变方式不同，产生的形变织构也不同。拔丝时形成的织构为丝织构，其特点是各晶粒的某一晶向大致与拔丝方向平行。轧板时形成的织构称为板织构，其特点是各晶粒的某一晶面与轧制面平行，某一晶向与轧制方向平行。

6.2.2 塑性变形对金属性能的影响

组织上的变化，必然引起性能上的变化。如纤维组织的形成，使金属的性能具有方向性，纵向的强度和塑性高于横向的。晶粒破碎和位错密度增大，使金属的强度和硬度提高，塑性和韧性下降，产生了加工硬化(或冷作硬化)现象。变形度越大，亚组织细化程度和位错密度越高，加工硬化现象就越显著。图 6-10 反映了冷轧对工业纯铜及 45 钢的力学性能的影响。

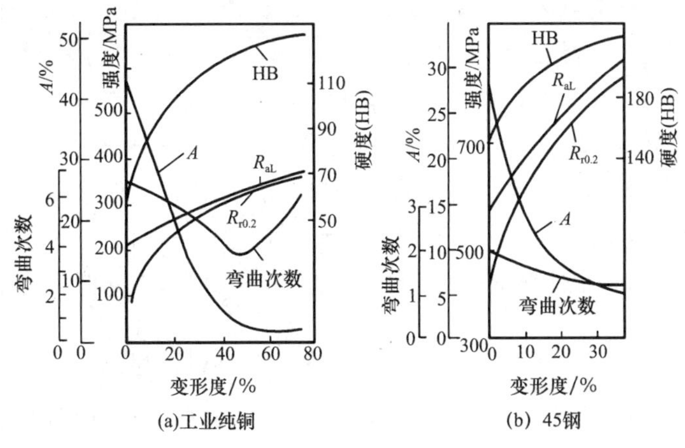

图 6-10 冷轧对工业纯铜及 45 钢的力学性能的影响

显然，金属的加工硬化给进一步加工带来困难。为此，在其加工过程中必须安排一些中间退火工序，来消除加工硬化现象。但事物都是一分为二的，加工硬化现象虽然会给金属的进一步加工造成困难，但它又是工业上用以提高金属强度、硬度的重要手段之一。如冷拉高强度钢丝和冷卷弹簧就是利用冷加工变形来提高其强度和弹性极限的。尤其是对不能用热处理方法强化的金属，如防锈铝以及拖拉机和坦克的履带、挖掘机铲斗用的高锰耐磨钢等都是利用加工硬化提高其硬度和耐磨性的。

金属中织构的形成，也会使其性能呈现出方向性，在大多数情况下是不利的。如图6-11所示，冷冲压件的制耳现象就是由于各个方向上的延伸率不相等所造成的。但是织构的方向性对于变压器用的硅钢片是有利的，因为沿＜100＞晶向最易磁化。如制作变压器时使其＜100＞晶向平行于磁场，可大大提高其生产率。

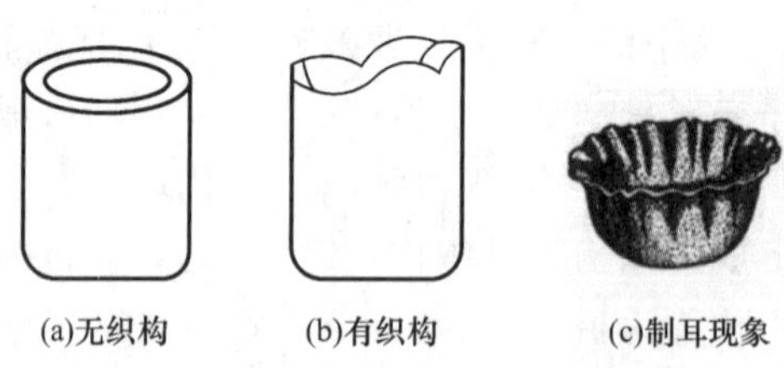

图 6-11　冷冲压件的制耳现象

6.2.3　内应力的形成

经过塑性变形，外力对金属所做的功，90%以上变成了热而散失掉，不到10%的功则转化为内应力残存，使金属的内能增加。内应力又称残余应力，它是金属内部互相平衡的应力。根据残存范围的大小，内应力一般分为三类：第一类内应力又叫宏观内应力，是由于金属表层与心部变形不一致造成的，所以存在于表层与心部之间，作用范围为工件尺度；第二类内应力又叫微观内应力，是由于晶粒之间变形不均匀造成的，所以存在于晶粒与晶粒之间，作用范围为晶粒尺度；第三类内应力又叫点阵畸变，是由于晶体缺陷增加引起点阵畸变增大而造成的，所以存在于晶体缺陷中，作用范围为点阵尺度。

内应力对金属性能的影响有利有弊。如零件表面采用滚压或喷丸处理，使表层产生残余压应力，提高了零件的疲劳强度等，这是有利的一面。但一般来说，内应力的存在，使零件的形状和组织不稳定而发生变形、翘曲以致开裂。此外，内应力的存在还会降低金属的耐腐蚀性。故金属在塑性变形后，通常都要进行退火处理，以降低或消除这些内应力。

6.3　回复与再结晶

金属经塑性变形后，组织结构和性能发生很大的变化。金属材料在冷变形加工以后，为了消除残余应力或恢复其某些性能(如提高塑性、韧性，降低硬度等)，一般要对金属材料进行加热处理。而加工硬化虽然使塑性变形比较均匀,但给进一步的冷成形加工(例如深冲)带来困难,所以常常需要将金属加热进行退火处理,以使其性能向塑性变形前的状态转化。对冷变形金属加热使原子扩散能力提高,随着加热温度的升高,金属将依次发生回复、再结晶和晶粒长大。其组织变化过程如图 6-12 所示。

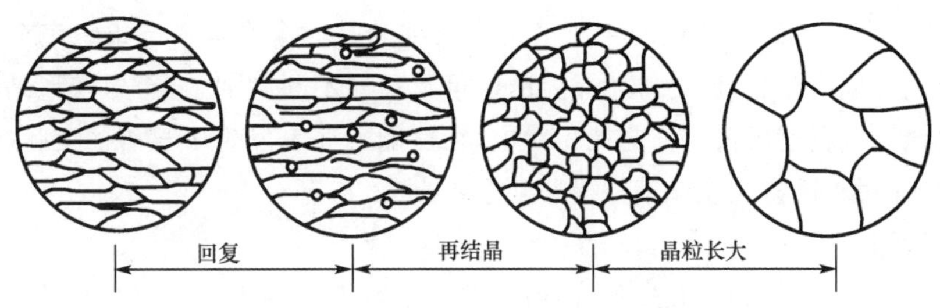

图 6-12　冷塑性变形金属的组织随温度变化过程

伴随着回复、再结晶和晶粒长大过程的进行,冷变形金属的组织发生了变化,金属的性能也会发生相应的变化。图 6-13 所示为冷塑性变形金属的性能随温度变化曲线。

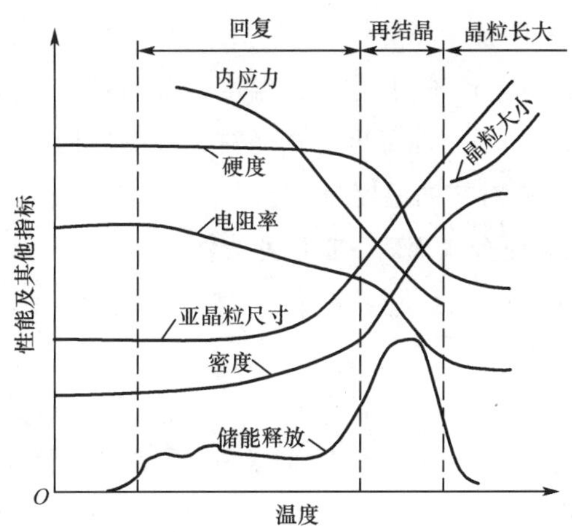

图 6-13　冷塑性变形金属的性能随温度变化曲线

6.3.1 回　复

回复是指冷变形金属在加热温度较低时,由于金属中点缺陷及位错的近距离迁移而引起的晶内某些变化,如空位与其他缺陷合并、同一滑移面上的异号位错相遇从而使缺陷数量减少等。在回复过程中,金属的晶粒形貌仍保持原来的长条状或纤维状,力学性能变化很小,电阻率有明显变化。除了第三类内应力外,其余两类内应力大部分可以消除。生产中常用回复处理来消除冷变形工作中的内应力,而保留其强化的机械性能,这种处理称为去应力退火。例如,用冷拉钢丝卷制弹簧,在卷成之后要进行一次 250～300 ℃的低温加热退火,以消除内应力,使其定型。

6.3.2 再结晶

再结晶是指冷变形金属加热到一定温度时，通过形成新的等轴晶粒并逐步取代变形晶粒的过程。与前述回复过程的主要区别是再结晶是一个光学显微组织完全改变的过程，随着保温时间的延长，新的等轴晶粒的数量及尺寸不断增加，直至原变形晶粒全部消失为止，再结晶过程就结束了。与此相对应，在性能方面也发生了显著的变化。因此，我们掌握再结晶过程的有关规律就显得非常重要。

1. 再结晶过程

再结晶是一种形核和长大过程，即通过在变形组织的基体上产生新的无畸变再结晶晶核，并通过逐渐长大形成等轴晶粒，从而取代全部变形组织的过程。

再结晶的驱动力是变形金属经回复后未被释放的储存能（相当于变形总储能的90%）通过再结晶退火可以消除冷加工的影响，故在实际生产中起着重要作用。

2. 再结晶温度

由于再结晶可以随相关条件不同，在一定温度范围内发生，为便于比较不同材料的再结晶情况，一般工业上所说的再结晶温度是指经较大冷变形量（>70%）的金属，在 1 h 内完成再结晶体积分数 95%所对应的温度。

试验表明，对许多工业纯金属而言，在上述条件下，再结晶温度 T_R 与其熔点 T_m 间关系为：$T_R \approx (0.35 \sim 0.45) T_m$。

影响再结晶温度的因素有：

(1)变形程度

金属的冷变形程度越大，其储存的能量亦越高，再结晶的驱动力也越大，因此不仅再结晶温度随变形量增加而降低，而且等温再结晶退火时的再结晶速度也越快。不过当变形量达到一定程度后，再结晶温度就基本不变了。

(2)原始晶粒尺寸

原始晶粒越小，晶界越多，其变形抗力越大，形变后的储存能越高，因此再结晶温度越低。

(3)微量溶质原子

微量溶质原子的存在一般会显著提高金属的再结晶温度，主要原因可能是溶质原子与位错及晶界间存在交互作用，倾向于在位错和晶界附近偏聚，从而对再结晶过程中位错和晶界的迁移起着牵制的作用，不利于再结晶的形核和长大，阻碍再结晶过程的进行。

(4)第二相颗粒

当合金中溶质浓度超过其固溶度后，就会形成第二相。多数情况下，这些第二相为硬脆的化合物，在冷变形过程中，一般不考虑其变形，所以合金的再结晶也主要发生在基体上，这些第二相颗粒对基体再结晶的影响主要由第二相颗粒的尺寸和分布决定。

当第二相颗粒较大时，变形时位错会绕过这些颗粒，并在其周围留下位错环，或塞积在这些颗粒附近，从而造成其周围畸变严重，因此会促进再结晶，降低再结晶温度。

当第二相颗粒细小，分布均匀时，不会使位错发生明显聚集，因此对再结晶形核作用不大。相反，其对再结晶晶核的长大过程中的位错运动和晶界迁移起一种阻碍作用，因此使得再结晶过程更加困难，提高再结晶温度。

3. 再结晶后的晶粒长大

冷塑性变形的金属发生再结晶后，一般都得到细小均匀的等轴晶粒。若继续升高加热温度或延长加热时间，将发生晶粒长大，这是一个自发的过程。因为通过晶粒的长大可减小晶界的面积，使表面能降低。只要温度足够高，使原子具有足够的活动能力，晶粒便会迅速长大。晶粒长大实际上是通过晶界迁移进行的，是大晶粒吞并小晶粒的过程。

晶界移动的驱动力通常来自总的界面能的降低。

晶粒长大按其特点可分为两类：正常晶粒长大和异常晶粒长大(二次再结晶)。

(1)正常晶粒长大

大多数晶粒几乎同时逐渐均匀长大。再结晶完成后，新的等轴晶粒已完全接触，形变储存能已完全释放，但在继续保温或升高温度情况下，仍然可以继续长大，这种长大是依靠大角度晶界的移动并吞并其他晶粒实现的。晶粒长大的过程实际上就是一个晶界迁移的过程，对于系统来说，晶粒长大的驱动力是界面能的降低。对于个别晶粒，不同曲率是造成晶界迁移的直接原因，晶面向着曲率中心的方向移动。

图 6-14 所示为晶粒长大。晶粒长大是通过晶界迁移实现的，所以影响晶界迁移的因素都会影响晶粒长大。具体影响晶粒长大的因素有：

①温度　温度越高，晶界越容易迁移，晶粒越易粗化。

②分散相粒子　阻碍晶界迁移，降低晶粒长大速率。当晶界能所提供的晶界移动驱动力正好等于分散相粒子对晶界移动所施加的约束力时，正常晶粒长大停止，此时晶粒的平均直径称为极限的晶粒平均直径 d，第二相质点半径为 r、分散相粒子所占体积分数为 φ，可以证明它们之间的关系：$d=4r/(3\varphi)$ 。由此可知，第二相粒子越细小，数量越多，阻碍晶粒长大的能力越强。

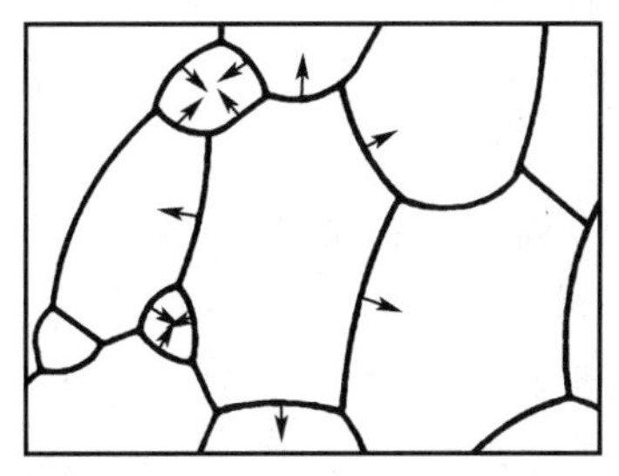

图 6-14　晶粒长大(箭头为晶界移动方向)

③杂质与合金元素　杂质和合金元素渗入基体后能阻碍晶界移动，特别是晶界偏聚显著的元素。一般认为杂质原子被吸附在晶界可使晶界能下降，从而降低了界面移动的

驱动力，使晶界不易移动。

④晶粒位向差　小角度晶界的界面能低，故界面移动的驱动力小，晶界移动速度低。界面能高的大角度晶界可移动性高。

(2)异常晶粒长大(二次再结晶)

冷形变金属在初次再结晶刚完成时，晶粒是比较细小的。如果继续保温或提高加热温度，晶粒将渐渐长大，这种长大是大多数晶粒几乎同时长大的过程。如将再结晶完成后的金属继续加热超过某一温度时，则会有少数几个晶粒突然长大，它们的尺寸可能达到几厘米，而其他晶粒仍保持细小。最后小晶粒被大晶粒吞并，整个金属中的晶粒将变得十分粗大。这种晶粒长大叫作异常晶粒长大或二次再结晶。图 6-15 所示为镁合金经形变并加热到退火后的组织，这是在二次再结晶的初期阶段得到的结果，从图中可以看出大小悬殊的晶粒组织。由于细晶粒组织的力学性能要优于粗晶粒组织，所以生产中应尽量避免晶粒过分长大，特别是应当防止二次再结晶的发生。

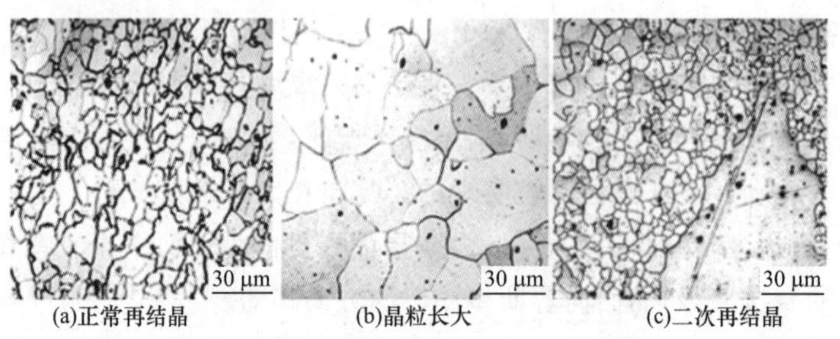

(a)正常再结晶　(b)晶粒长大　(c)二次再结晶

图 6-15　Mg-3Al-0.8Zn 合金退火组织

6.4　热加工对金属组织与性能的影响

6.4.1　冷加工和热加工

在金属中，冷、热加工的界限是以再结晶温度来划分的。低于再结晶温度的加工为冷加工，而高于再结晶温度的加工为热加工。例如，Fe 的再结晶温度为 450 ℃，其在 400 ℃的加工变形仍属冷加工。而 Pb 的再结晶温度为 −33 ℃，则其在室温下的加工变形为热加工。热加工时产生的加工硬化很快被再结晶产生的软化所抵消，因而热加工不会带来加工硬化的效果。

热加工不仅改变了材料的形状，而且由于其对材料组织和微观结构的影响，也使材料性能发生改变，主要体现在以下几个方面：

1. 改善铸态组织，减少缺陷

热变形可焊合铸态组织中的气孔和疏松等缺陷，提高组织致密性，通过反复的形变和再结晶破碎粗大的铸态组织，减小偏析，改善材料的机械性能。

2. 形成流线和带状组织,使材料性能各向异性

热加工后,材料中的偏析、夹杂物、第二相、晶界等将沿金属变形方向呈断续、链状(脆性夹杂)和带状(塑性夹杂)延伸,形成流动状的纤维组织,称为流线,如图 6-16 所示。通常,沿流线方向比垂直于流线方向具有较高的机械性能。另外,在共析钢中,热加工可使铁素体和珠光体沿变形方向呈带状或层状分布,称为带状组织,图 6-17 所示为热轧低碳钢的带状组织。有时,在层、带间还伴随着夹杂或偏析元素的流线,使材料表现出较强的各向异性,横向的塑、韧性显著降低,切削性能也变坏。在制定加工工艺时,应使流线分布合理,尽量与拉应力方向一致。如图 6-18(a)所示的曲轴锻坯流线分布合理,而图 6-18(b)中所示的曲轴由锻钢切削加工而成,其流线分布不合理,易在轴肩处发生断裂。

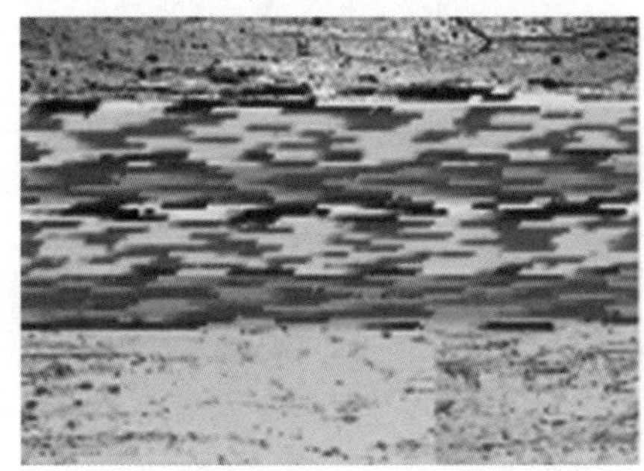

图 6-16　低碳钢热加工后的流线

图 6-17　热轧低碳钢的带状组织

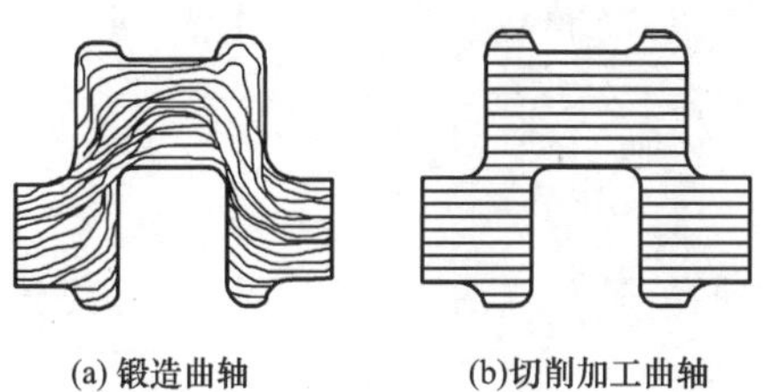

(a) 锻造曲轴　(b)切削加工曲轴

图 6-18　曲轴流线分布

3. 晶粒大小的控制

热加工时动态再结晶的晶粒大小主要取决于变形时的流变应力。应力越大,晶粒越细小。因此要想在热加工后获得细小的晶粒,就必须控制变形量、变形的终止温度和随后的冷却速度。同时添加微量的合金元素抑制热加工后的静态再结晶也是很好的方法。热加工后的细晶材料具有较高的强韧性。

思考题

6-1　用学过的知识,解释下列现象:

(1)反复弯曲铁丝,越弯越硬,最后会断裂。

(2)喷丸处理轧辊表面能显著提高轧辊的疲劳强度。

(3)晶体滑移所需的临界切应力实测值比理论值小得多。

6-2　下列制造齿轮的方法中，较为理想的方法为哪一个？请说明理由。

(1)用厚钢板切出圆饼再加工成齿轮。

(2)用粗钢棒切下圆饼再加工成齿轮。

(3)将圆钢棒热锻成圆饼再加工成齿轮。

(4)将钢液浇注成圆饼再加工成齿轮。

6-3　用一根冷拉钢丝绳吊装一大型工件入炉，并随工件一起加热至 1 000 ℃，当出炉后再次吊装工件时，钢丝绳发生断裂，试分析其原因。

6-4　钨在 1 100 ℃下和锡在室温下的变形加工是冷加工还是热加工？为什么？

6-5　用冷拔高碳钢丝缠绕螺旋弹簧，最后要进行何种热处理？为什么？

6-6　简述回复再结晶退火时材料组织和性能变化规律，以及为何实际生产中常需要再结晶退火。

第7章 金属的塑性成形

金属的塑性成形是利用金属材料所具有的塑性变形规律，在外力作用下产生塑性变形，以获得所需形状、尺寸、精度和力学性能的毛坯或零件的加工方法。在工业生产中，金属的塑性成形又称为压力加工。

各种钢和大多数有色金属及其合金都具有不同程度的塑性，可在冷态或热态下进行塑性加工成形，其变形外力主要有冲击力和压力。根据变形方式不同，常用的压力加工方法主要有自由锻、模锻、冲压、挤压、轧制、拉拔等，如图 7-1 所示。

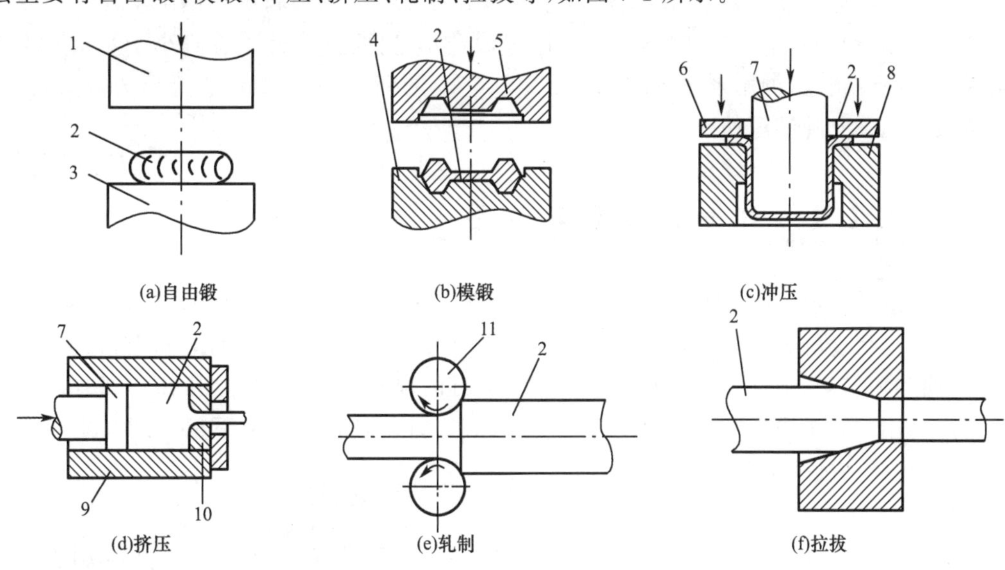

图 7-1　常用的压力加工方法

1—上砧铁；2—坯料；3—下砧铁；4—下模；5—上模；6—压板；7—凸模；8—凹模；9—挤压筒；10—挤压模；11—轧辊

塑性成形与其他成形方法相比，具有以下特点：

(1)改善组织，提高力学性能

塑性加工能消除金属铸锭内部的气孔、缩孔和树枝状晶等缺陷，并由于金属的塑性变形和再结晶，可使粗大晶粒细化，得到细密的金属组织，从而提高金属的力学性能。

(2)提高材料的利用率

塑性成形主要依靠金属在塑性变形时改变形状，使其体积重新分配，而不需要切除金属，因而材料利用率比较高。

(3)生产率较高

塑性成形加工一般是利用压力机和模具进行成形加工的，生产率高。

(4)成品精度较高

压力加工可使工件获得较高的精度，可实现少、无切削加工。

对于承受冲击或交变应力的重要零件(如机床主轴、齿轮、连杆等)，都应采用锻件毛坯加工。压力加工的不足之处是不能加工脆性材料(如铸铁)和形状特别复杂(特别是内腔形状复杂)或体积特别大的零件或毛坯。

7.1 自由锻

自由锻是利用压力或冲击力使金属在上、下砥铁之间产生变形，以获得所需形状及尺寸锻件的加工方法。自由锻又分为手工自由锻和机器自由锻，前者是自由锻的主要方法。

自由锻生产所用工具简单，具有较大的通用性。但自由锻生产率低，所得锻件形状简单，尺寸精度低，只适用于单件小批生产。由于自由锻是局部变形，变形抗力小，故特别适合生产大型锻件。

自由锻的通用设备是空气锤、蒸汽-空气锤和液压机。它们利用锻锤产生冲击力使金属坯料变形。其中，空气锤吨位较小，只用来锻造小型件，其锻件质量可小于 1 kg；蒸汽-空气锤的吨位稍大，可用来锻造质量小于 1 500 kg 的锻件；液压机产生静压力很大，可以锻造质量达 300 吨的锻件。

7.1.1 自由锻的基本工序

自由锻的变形工序一般分为基本工序、辅助工序及精整工序。其中，基本工序是使金属产生一定程度的塑性变形，以达到所需形状和尺寸锻件的工艺过程，如镦粗、拔长、冲孔、弯曲和扭转等；辅助工序是在基本工序前进行的预先变形方法，如压钳口、切肩等；精整工序是用于减少锻件表面缺陷的方法，如滚圆、摔圆、校正等。以下仅介绍基本工序中的镦粗、拔长和冲孔工序。

1. 镦粗

镦粗是沿工件轴向进行锻打，使工件横截面积增大、高度减小的工序，主要用于锻造轮坯、凸缘、圆盘等零件，也可作为锻造环、套筒等空心锻件冲孔前的预备工序。

镦粗可分为整体镦粗和局部镦粗两种形式，如图 7-2 所示。整体镦粗是把整个坯料放在锤头和砧铁之间，使坯料的高度下降而截面积增大。局部镦粗是将坯料放在锤头和砧铁上的漏盘之间，使漏盘上方的坯料变形以达到所需要求。

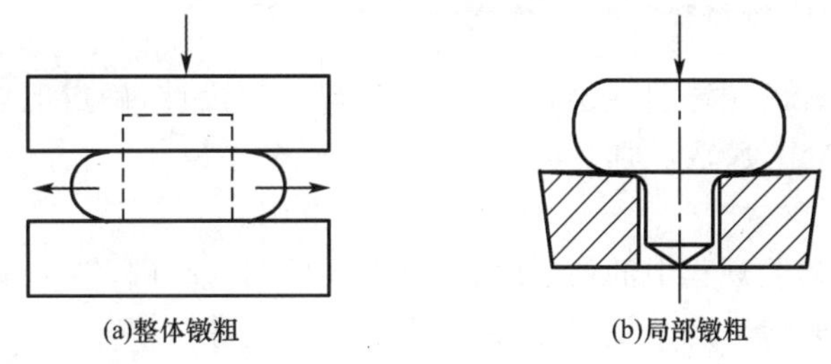

图 7-2 镦粗工序

2. 拔长

如图 7-3 所示，拔长是使坯料的横截面积减小、长度增加的加工方法。其主要用于锻造轴、杆类等零件，如图 7-3(a)所示。拔长时，所用坯料的长度应大于坯料的直径或边长；锻台阶时，被拔长部分的长度应不小于坯料直径或边长的 1/3。拔长还可用于生产圆环类件和长轴类空心件，如图 7-3(b)所示，如炮筒、套筒和圆环等。

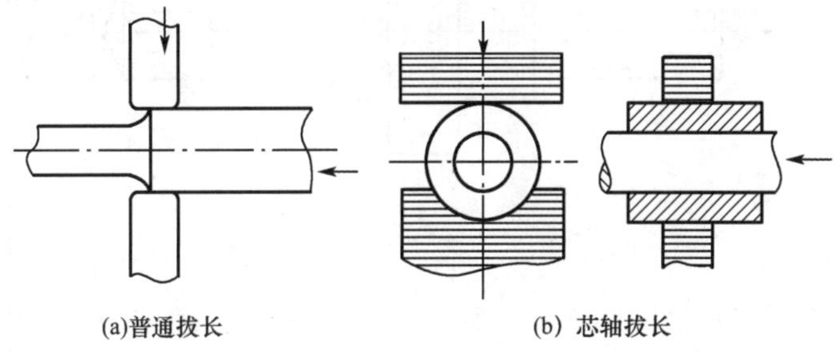

图 7-3 拔长工序

3. 冲孔

冲孔是利用冲头在坯料上冲出通孔或不通孔的加工方法，常用来加工如锻造齿轮、套筒和圆环等空心锻件。

在薄坯料($H/D<0.125$)上冲通孔时，可用冲头一次冲出，如图 7-4 所示。厚坯料冲孔时，可先在坯料的一边冲到孔深的 2/3 处，然后翻转工件，再从反面冲通，以避免在孔的边缘冲出飞边。对于直径小于 25 mm 的孔一般不锻出。对于较大的孔，可以先冲出较小的孔，再用冲头或芯轴扩孔。

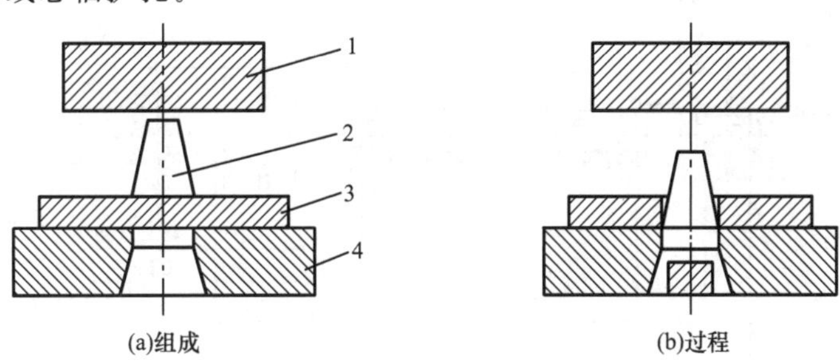

图 7-4 冲孔的组成及过程

1—上砧；2—冲头；3—坯料；4—漏盘

7.1.2 自由锻工艺规程的制定

自由锻工艺规程的制定包括绘制锻件图，进行工序设计，确定毛坯质量和尺寸，选定锻造设备，确定锻造温度范围、加热与冷却等热处理规范等。

1. 绘制锻件图

锻件图是锻造工艺规程中的核心内容，是以零件图为基础，结合锻造工艺特点绘制而成的。绘制锻件图时应考虑余块、加工余量和锻造公差等。

(1)余块

余块(又称为敷料)是为了简化锻件形状、便于锻造而增加的一部分金属，它可使锻件的形状大为简化，如图 7-5 所示。

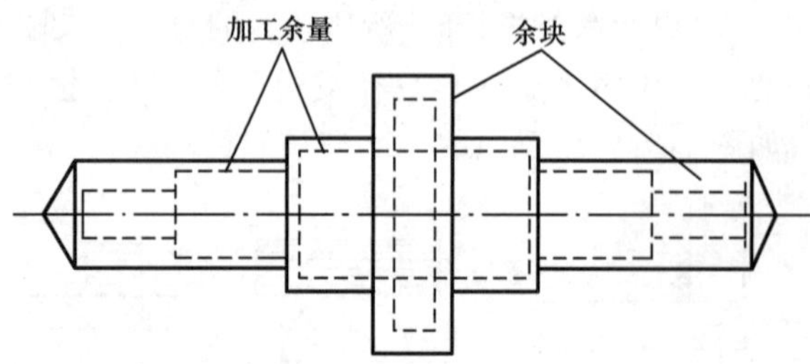

图 7-5　余块和加工余量

(2)加工余量

锻件上凡是需要机械加工的部位，都应留有加工余量。加工余量的大小取决于零件尺寸、加工精度和表面粗糙度的要求。锻件加工余量和锻造公差可查阅相关技术资料。

(3)锻造公差

零件的公称尺寸加上机械加工余量，即为锻件的公称尺寸。而锻造公差是锻件公称尺寸的允许变动量，可查阅相关资料选取。

经上述参数确定后，即可绘制自由锻锻件图了。图 7-6 为自由锻锻件图。图中双点画线为零件轮廓，粗实线为锻件轮廓。在锻件轮廓上标注尺寸，不加括号的尺寸为锻件尺寸，加括号的尺寸为零件的公称尺寸。

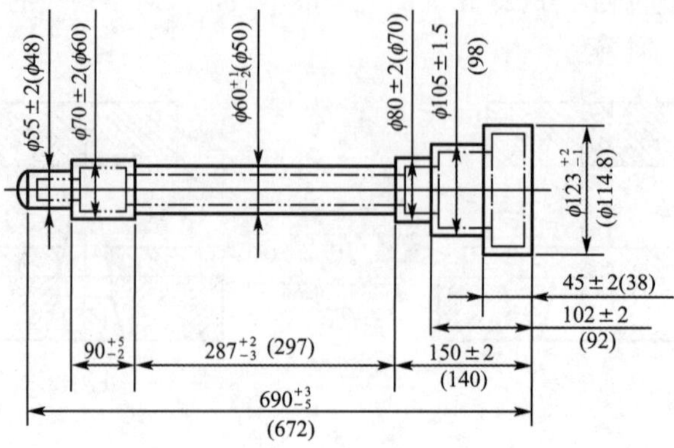

图 7-6　自由锻锻件图

2. 进行工序设计

(1)自由锻的工序确定

自由锻工艺可根据锻件的形状特征和工序特点来制定。对于典型锻件，如盘类、空心类和轴杆类锻件，一般所需的自由锻工序如下：

①盘类锻件　这类锻件包括各种圆盘、叶轮和齿轮等。它们的横向尺寸一般大于或近于高度尺寸，故以镦粗成形为主。当锻件带有凸肩时，可以根据凸肩尺寸，选取垫环镦粗或局部镦粗。若锻件的孔需冲出，则需制定冲孔工序，如图 7-7 所示。

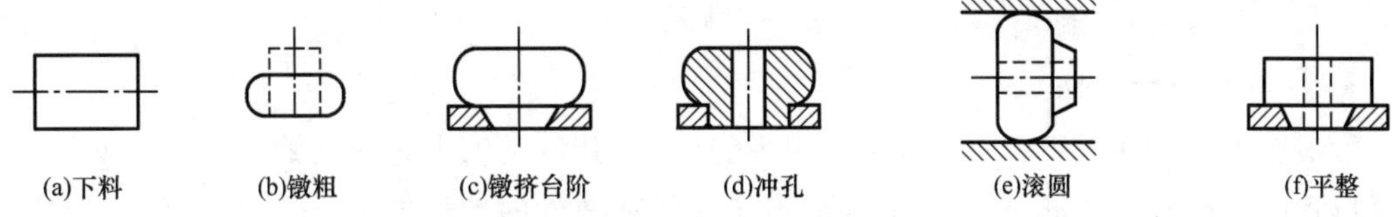

图 7-7　齿轮坯的锻造过程

②空心类锻件　这类锻件包括各种圆环、圆筒、缸体、套筒和空心轴等。一般采用镦粗、冲孔、扩孔等工序，锻造过程如图 7-8 所示。

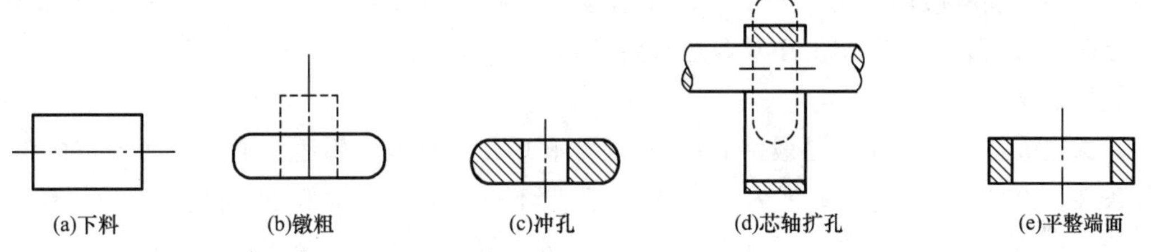

图 7-8　圆环的锻造过程

③轴杆类锻件　这类锻件包括各种工作轴、立柱和杆件等，一般采用拔长工序。对于截面差较大的或直接拔长不能满足锻造比和横向力学性能要求的锻件，则应采用先镦粗后拔长的工序，如图 7-9 所示。镦粗可以提高后续拔长工序的锻造比，故可提高零件的横向力学性能和减小各向异性。

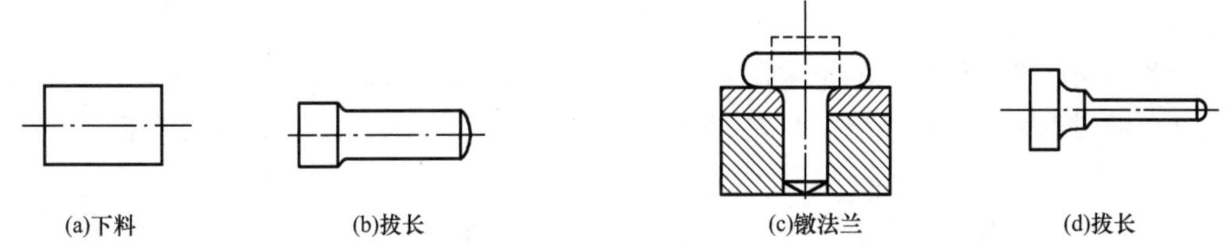

图 7-9　传动轴的锻造过程

对于复杂形状的锻件，如阀体、叉杆和十字轴等，因形状复杂，锻造难度大，常先采用适当的工序分段(部)锻造，再用焊接或螺栓组合成形。图 7-10 所示叉杆结构就是采用焊接方法组合而成的。

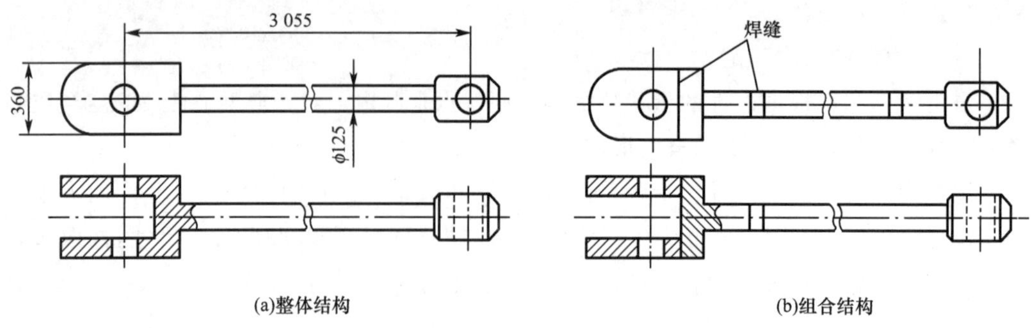

图 7-10 叉杆结构的组合

(2)锻造比的选择

锻造比对锻件组织和力学性能有很大的影响,其值反映了坯料在锻造过程中必需的变形程度。在制定变形工艺时,应根据不同材料和锻件的性能要求,选取合适的锻造比,一般可参考相关技术资料选取。

3. 确定毛坯质量和尺寸

坯料一般有两种:一种是钢材、钢坯,多用于中小型锻件;另一种是钢锭,主要用于大中型锻件。坯料质量取决于锻件质量、烧损质量与料头质量。根据计算所得的坯料质量,结合锻造所用第一道基本工序及锻造比要求,即可选择合适的坯料及其尺寸。

4. 选定锻造设备

选定锻造设备的依据是锻件的材料、尺寸和质量,同时还要适当考虑车间现有的设备条件。设备吨位太小,锻件内部锻不透,质量不好,生产率也低;设备吨位太大,不仅会造成设备和动力的浪费,还会带来操作上的安全隐患。确定锻造设备的方法通常有计算图线法、经验类比法和查表法。其中经验类比法和查表法较为简便,应用较广。

5. 确定锻造温度范围、加热与冷却及热处理规范

(1)确定锻造温度范围

锻造温度范围应确保钢在锻造温度范围内具有良好的塑性和较低的变形抗力,可根据锻件材料性质查表选取。较宽的锻造温度范围和较少的加热次数,可提高锻造的生产率。

各类钢的锻造温度范围相差很大。一般碳素钢的锻造温度范围宽为 400～580 ℃,而高合金钢则很窄,只有 200～300 ℃,因此最难锻造,对锻造工艺的要求非常严格。

(2)确定加热与冷却等热处理规范

确定加热规范即确定加热过程不同时期的加热炉温、升温速度和加热时间。确定时,首先考虑钢材的断面尺寸;然后考虑钢的成分及有关性能,如塑性、强度极限、导热系数、膨胀系数、组织特点及其在加热时的变化等,以及坯料的原始状态。

确定冷却规范的关键是冷却速度。应根据钢料的化学成分、组织特点、原料状态和锻件的断面尺寸等因素来确定合适的冷却速度。根据冷却速度的快慢,冷却方法有以下三种:

①空气冷却　锻件直接放在车间地面上冷却，但不能放在潮湿地面或金属板上，也不应放在有过堂风的地方，以免锻件冷却不均或局部急冷而引起裂纹。

②坑内冷却　锻件放到地坑或铁箱中封闭冷却，或埋入坑内砂子、石灰或炉渣中冷却。

③随炉冷却　锻件直接装入炉中，通过控制炉温准确实现规定的冷却速度。因此适用于高合金钢、特殊钢锻件及各种大型锻件的锻后冷却。

7.1.3　自由锻锻件结构的工艺性

自由锻件的结构在满足使用性能要求的前提下，应使锻造方便，节约金属，提高生产率。在设计时应注意以下几个方面：

(1)锻件形状应力求简单

锻件形状应尽可能简单、对称、平直，以适应锻造设备下的成形特点。

(2)锻件应避免锥面与斜面

锻件上的锥体、斜面和窄凹槽结构，设计时可增加余块改进为圆柱体和台阶结构。如图 7-11 所示。

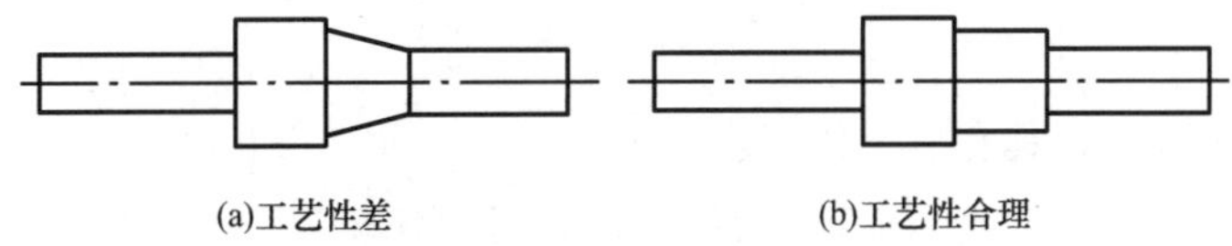

图 7-11　轴类锻件

(3)锻件应避免非平面交接曲线

锻件在几何体的交接处不应形成空间曲线。如图 7-12 所示，圆柱面与圆柱面的交接线，应改为平面与平面交接线。

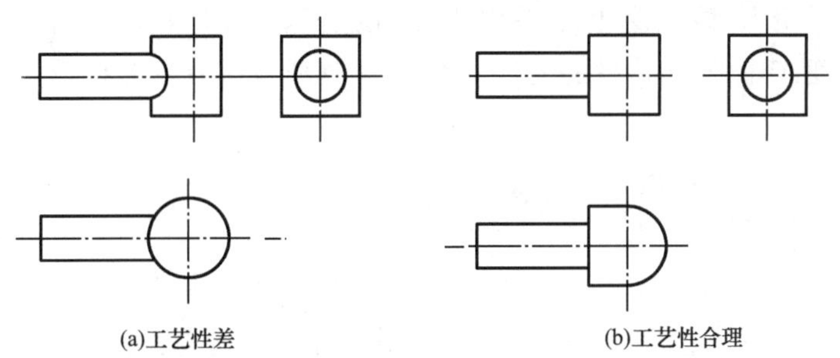

图 7-12　杆类锻件

(4)锻件应避免加强肋或凸台结构

锻件上加强筋或凸台结构在自由锻工艺上难以获得，所以锻件结构设计时应避免加强筋或凸台结构。如图 7-13 所示。

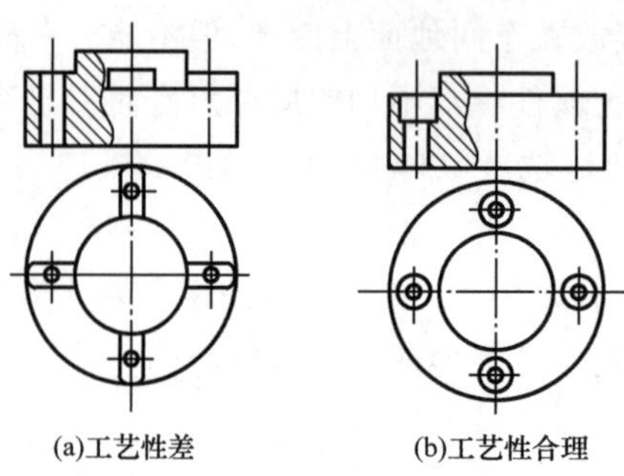

图 7-13 圆盘类锻件

7.2 模锻

7.2.1 模锻的特点

模锻(模型锻造)是利用压力或冲击力使金属坯料在一定形状的模具模膛内受压变形，以获得锻件的方法。按所用设备不同,模锻可分为锤上模锻、胎模锻和压力机上模锻等。

与自由锻相比,模锻具有以下优点：

(1)由于有模膛引导金属的流动,锻件的形状可以比较复杂。

(2)锻件内部的锻造流线比较完整,锻件若能合理利用流线组织,则可提高零件的力学性能和使用寿命。

(3)可得到表面比较光洁、尺寸精度较高的锻件,从而减小加工余量,节约金属材料。

(4)操作简单,易于实现机械化,生产率高。

但模锻设备投资大,锻模设计、制造周期长,费用高。

模锻主要适用于中、小型锻件的大批量生产,锻件质量一般在 150 kg 以下。

7.2.2 常用模锻方法

1. 锤上模锻

锤上模锻常用设备为蒸汽-空气锤、无砧座锤和高速锤等。一般工厂中常用蒸汽-空气锤,其规格为 10～160 kN，能锻制质量为 0.5～150 kg 的锻件。该种设备中的运动精度高,可保证锻模的合模准确性。

如图 7-14 所示为带轮锻模。上模 2、下模 4 及模垫 5 分别用楔块 10,6 及 7 固定在锤头 1、模垫及砧座(图中未画书)上。工作时,上模随锤头做上下往复运动。

模膛根据其功用不同,可分为模锻模膛和制坯模膛两种。

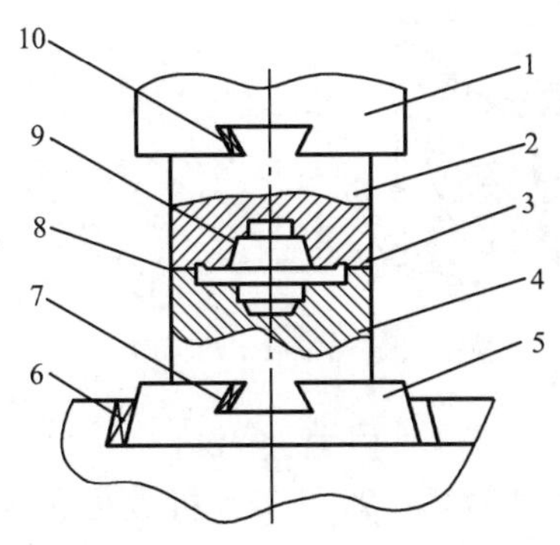

图 7-14　带轮锻模

1—锤头；2—上模；3—飞边槽；4—下模；5—模垫；6，7，10—楔块；8—分型面；9—模膛

(1)模锻模膛

模锻模膛又分为终锻模膛和预锻模膛两种。

①终锻模膛　终锻模膛的作用是使坯料最后变形到锻件所要求的形状和尺寸，故它的形状与锻件的形状相同。但因锻件冷却时会产生一定的收缩，故终锻模膛的尺寸应比锻件尺寸放大一个收缩量。终锻模膛沿模膛四周设有飞边槽，用于增大金属从模膛中流出的阻力，促使金属更好地充满模膛，同时容纳多余的金属。对于具有通孔的锻件，终锻后会在孔内留有一薄层金属，称为冲孔连皮，如图 7-15 所示。将冲孔连皮和飞边冲掉后，才能得到具有通孔的模锻件。

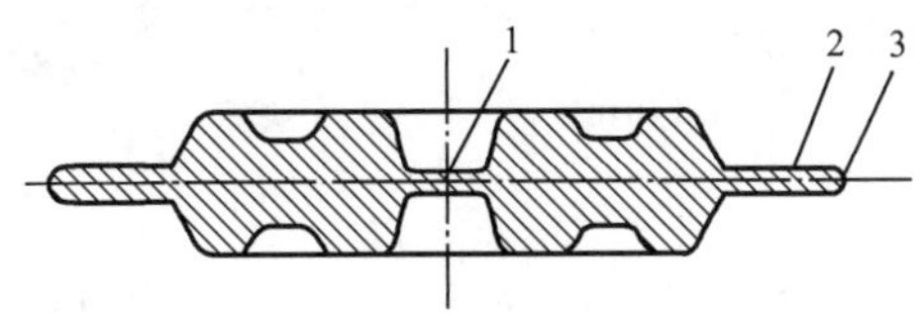

图 7-15　齿轮模锻件

1—冲孔连皮；2—飞边；3—分型面

②预锻模膛　其作用是使坯料变形到接近于锻件的形状和尺寸，这样在进行终锻时，金属容易充满模膛，同时可以减少终锻模膛的磨损，延长模具的使用寿命。

预锻模膛与终锻模膛的主要区别在于前者的圆角及斜度较大，没有飞边槽。对于形状简单或批量不够大的模锻件可以不设预锻。

(2)制坯模膛

对于形状复杂的模锻件，为了使坯料形状基本接近模锻件形状，使金属能合理分布和很好地充满锻模模膛，需要预先在制坯模膛内制坯。

制坯模膛根据其作用可分为滚挤模膛、弯曲模膛、拔长模膛、切断模膛，如图 7-16 所示。此外，还有成形模膛、锻粗台及击扁等制坯模膛。

根据模锻件的复杂程度不同、所需变形的模膛数量不等，可将锻模设计成单膛锻模或多膛锻模。单膛锻模是在一副锻模上只具有终锻模膛一个模膛。多膛锻模是在一副锻模上，具有两个以上模膛的锻模。

锤上模锻具有设备投资较少、锻件质量较好、适应性强、可以实现多种变形工序等优

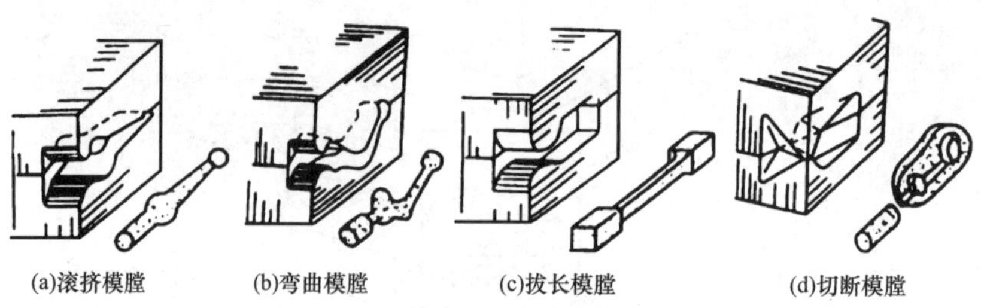

图 7-16 常用制坯模膛

点。但锤上模锻工作时振动大，噪声大，难以实现机械化和自动化，生产率在模锻中相对较低。

2. 胎模锻

胎模锻是在自由锻设备上使用胎模生产模锻件的工艺方法。胎模锻一般采用自由锻方法制坯，然后在胎模中成形。胎模结构较简单，制造容易，且不需要昂贵的模锻设备。

常见胎模有扣模和套模两类，如图 7-17 所示。扣模用于锻造侧面平直的锻件，套模则适用于锻造端面有凸台或凹坑的回转体锻件。

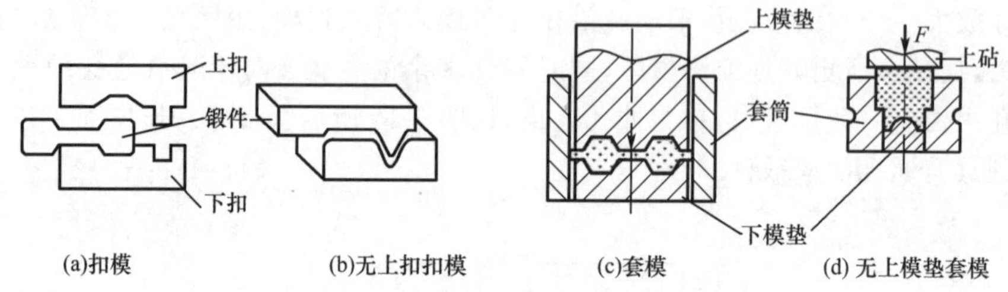

图 7-17 扣模与套模

胎模锻生产的锻件比自由锻的精度高，但比锤上模锻的精度低。由于胎模易损坏，劳动强度较大，因此胎模锻只适用于没有模锻设备的中小型工厂生产中小批量的锻件。

除上述模锻外，精密模锻也得到广泛的应用。精密模锻是在模锻设备上锻造出形状复杂、高精度锻件的制造工艺，具有精度高、生产率高、成本低等优点。精密模锻一般都在刚度大、运动精度高的设备(如曲柄压力机、摩擦压力机、高速锤等)上进行。精密模锻件的尺寸精度可达 IT12～IT15 级，表面粗糙度 Ra 值可达 3.2～1.6 μm。如精密锻造锥齿轮，其齿形部分可直接锻出而不必再进行切削加工。

7.2.3 模锻件的结构设计

与自由锻锻件相比，模锻件的结构设计还应注意以下几点：

1. 分模面

分模面即上、下锻模在模锻件上的分界面。锻件分模面选择是否合适，不仅关系到锻件的成形和出模，还关系到锻件质量、模具加工、工序安排和金属材料的消耗等。分模面选择原则列于表 7-1 中。

表 7-1　　分模面选择原则

分模面位置	示例	
	不合理	合理
应选在模锻件最大水平投影尺寸的截面上，便于模锻件能从模膛中顺利取出，这是确定分模面的最基本原则	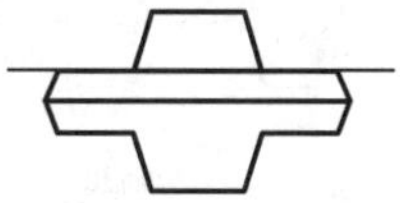	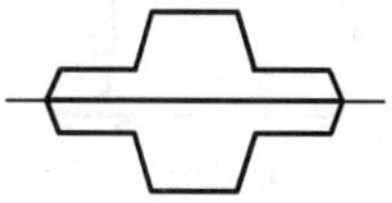
应尽量选在能使模膛深度最浅的位置上，使得金属容易充满模膛，且有利于锻模制造	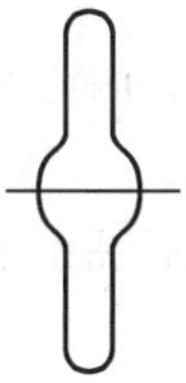	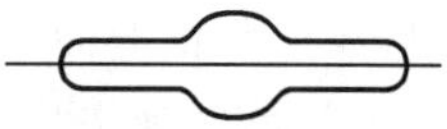
尽量采用平面，并使上、下锻模的模膛深度基本一致，以便均匀充型，并利于锻模制造	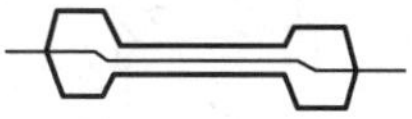	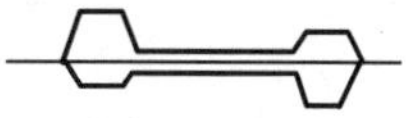
应尽量使上、下两模沿分模面的模膛轮廓一致，可避免锻模安装及锻造中发生错模现象	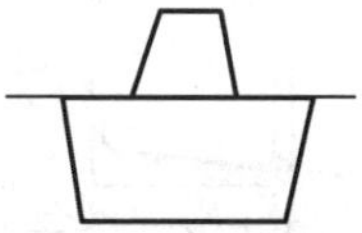	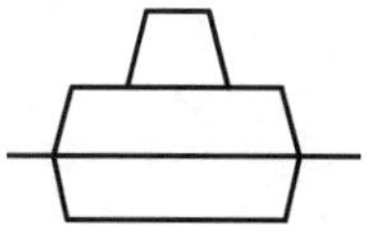
应使模锻件上的余块最少，锻件形状尽可能与零件形状一致，以降低材料消耗，并减少切削加工量		

2. 模锻斜度

模锻时，为便于从模膛中取出锻件，锻件上垂直于分模面的侧表面应具有一定的斜度，如图 7-18(a)所示。斜度大小与锻件材料、侧表面位置、模膛尺寸有关。

3. 模锻圆角

为了便于金属在模膛腔内流动，减少模具的磨损，锻件上所有面与面的相交处，都必须采用圆角过渡，如图 7-18(b)所示，且内圆角半径 R_1，R_2 应比外圆角半径 r_1，r_2 大。

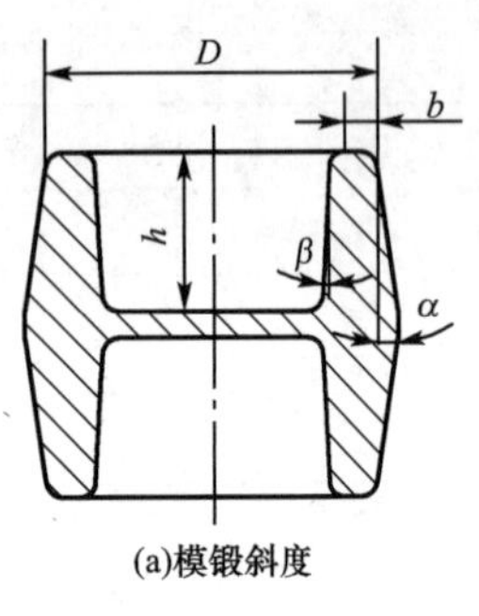

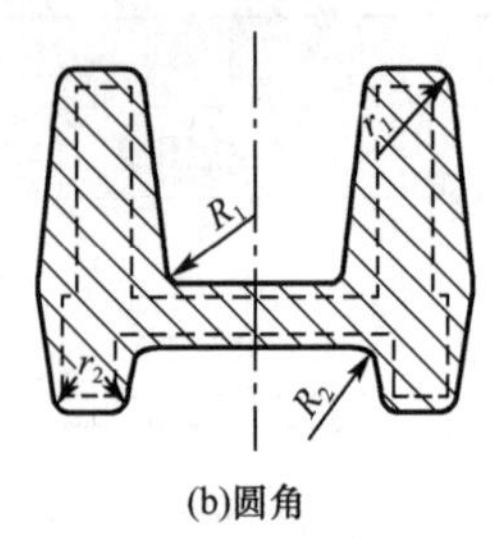

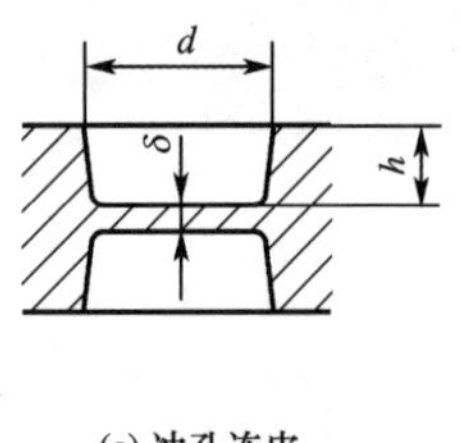

图 7-18 模锻斜度、圆角及冲孔连皮

(4)冲孔连皮

一般模锻件不能直接锻出通孔，孔内必须保留一定厚度的冲孔连皮，如图 7-18(c)所示，锻后在压力机上冲除。

上述各参数确定后，便可绘制模锻锻件图，绘制方法与自由锻件图的一样。图 7-19 为模锻锻件图。

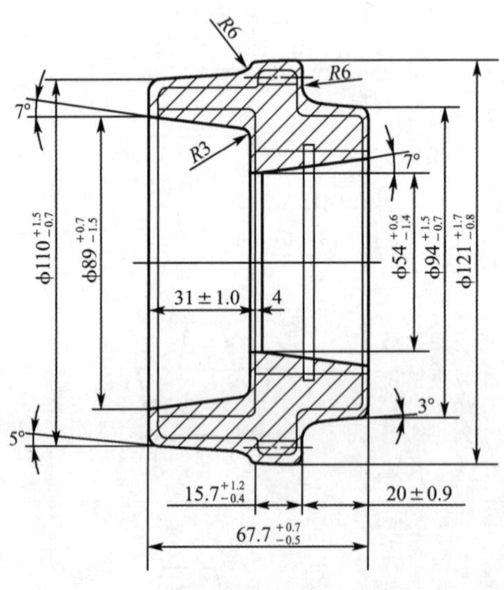

图 7-19 模锻锻件图

7.3 冲压

7.3.1 冲压的特点

冲压是使原材料经分离或成形而得到制件的加工方法。冲压加工的原材料一般为板材或带材，故也称为板材冲压。冲压多在室温下进行，此为冷冲压。只有当板厚大于 8～10 mm 时，才采用热冲压。

冲压的特点是材料利用率高，可加工薄壁、形状复杂的零件，能获得质量轻而强度高、刚性好的零件，生产率高，操作简单，容易实现机械化和自动化。冲压件在形状和尺寸精度方面的互换性好。

冲压设备有剪床和冲床。而冲模是实现冲压工艺的专用工艺装备，冲模结构对冲压件的质量、冲压生产率、生产成本和模具寿命等都有很大影响。常用的冲模按工序组合可分为简单冲模、连续冲模和复合冲模。

7.3.2 冲压的基本工序

冲压可分为分离工序和成形工序两大基本工序。

分离工序的目的是在冲压过程中使冲压件与板料沿一定的轮廓线分离，且分离断面的质量应满足一定的要求。而成形工序如弯曲、拉深、局部成形等，使毛坯在不被破坏(破裂或起皱）的条件下发生塑性变形，成为所要求的成品形状，并满足精度方面的要求。

常用的冲压加工方法有：

1. 冲裁

冲裁是落料和冲孔工序的总称。如图 7-20 所示，落料与冲孔的操作方法相同，模具结构也相同。但落料时，冲下的部分为工件，带孔的周边为废料[图 7-20(a)]；冲孔则相反，冲下的部分为废料，带孔的周边为工件[图 7-20(b)]。

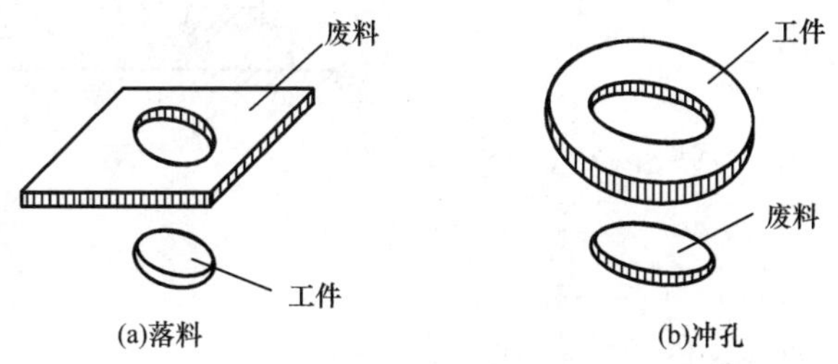

图 7-20 落料和冲孔

2. 拉深

拉深是利用模具使平板坯料变形成开口空心零件的过程，图 7-21 所示为一 U 形件的拉深成形过程。拉深时，把平板坯料放在凹模上，在凸模的下压作用下，坯料被拉入凸模和凹模的间隙中而成形。拉深件的底部金属一般不变形，只起传递拉力的作用，厚度基本不变；直壁本身主要受轴向拉应力作用，厚度有所减小；而直壁与底部之间的过渡圆角部被较大程度地拉薄。

3. 弯曲

弯曲是将坯料弯成具有一定角度和曲率的变形工序(图 7-22)。弯曲过程中，为防止材料受弯破裂，一般取最小弯曲半径 $r_{\min}=(0.25\sim1.00)\delta$ (δ 为金属板料的厚度)。弯曲结束后，由于弹性变形的回复作用，材料都会有一定的回弹量，使被弯曲的角度增大。回弹角度在 $0°\sim10°$。因此，在设计弯曲模时，必须使模具的角度比成品件角度小一个回弹量，以保证成品件的弯曲角度准确。

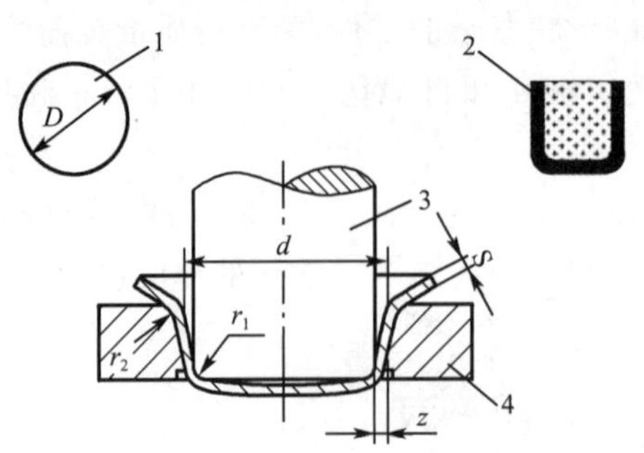

图 7-21　拉深成形过程

1—坯料；2—U 形件；3—凸模；4—凹模

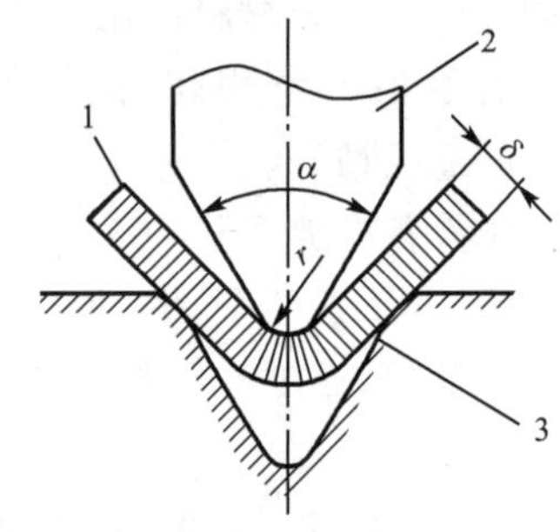

图 7-22　弯曲成形过程

1—坯料；2—凸模；3—凹模

4. 局部成形

局部成形是利用局部变形使坯料或半成品改变形状的工序。可分为翻边(图 7-23)、胀形(图 7-24)、扩口、收口、压肋和压花等。

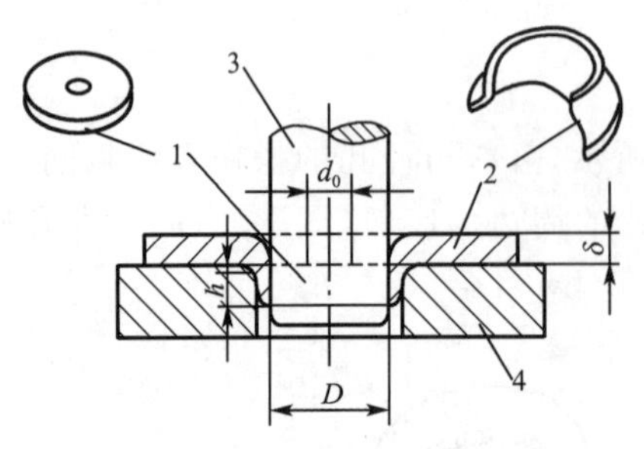

图 7-23　局部翻边成形

1—坯料；2—翻边件；3—凸模；4—凹模

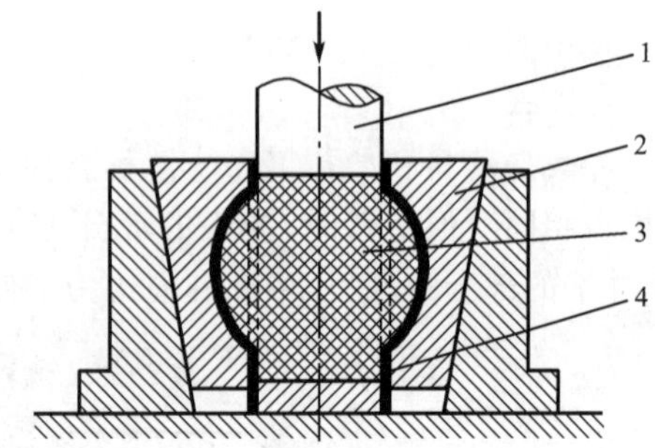

图 7-24　局部胀形成形

1—冲头；2—模具；3—橡胶；4—胀形管

7.3.2　冲压件的结构工艺性

冲压件包括冲裁件、弯曲件和拉深件等。影响冲压件工艺性的主要因素有冲压件的形状、尺寸、精度及材料等。

1. 冲裁件的结构要求

冲裁件的形状应力求简单、对称。尽可能采用圆形或矩形等规则形状，应避免长槽或细长悬臂结构，否则会使模具制造困难，也会降低模具寿命。同时，应使冲裁件在排样时将废料减少到最低限度。

2. 弯曲件的结构要求

图 7-26 所示为一先冲孔后压弯的弯曲件。结构设计时应保证弯曲半径 $r>r_{min}$(材料允许的最小弯曲半径)。当弯曲角为 90°时，应使弯曲边的高度 $H>2\delta$。为避免预先冲好的孔发生变形，应使孔边距 $K>(1.5\sim2.0)\delta$。

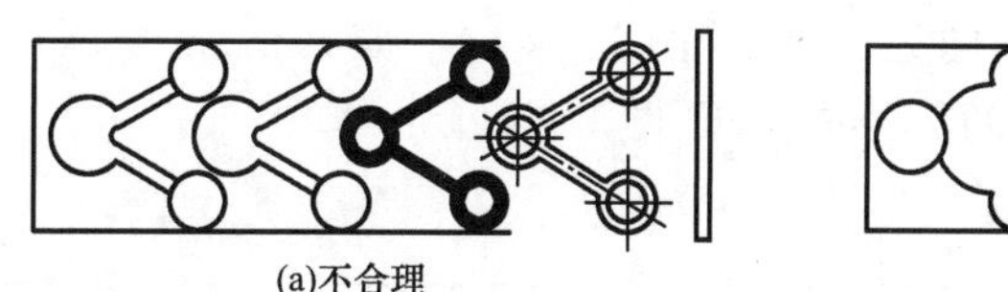

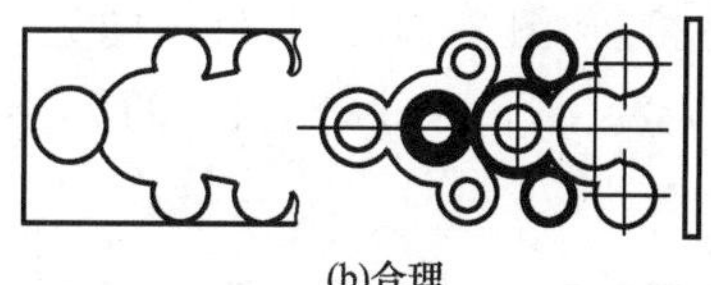

图 7-25　冲裁件的结构与排料方式

3. 拉深件的结构要求

拉深件外形应简单、对称，深度不宜过大，易于成形，同时应使拉深次数最少。在不增加其他工序的情况下，拉深件最小允许圆角半径如图 7-27 所示。

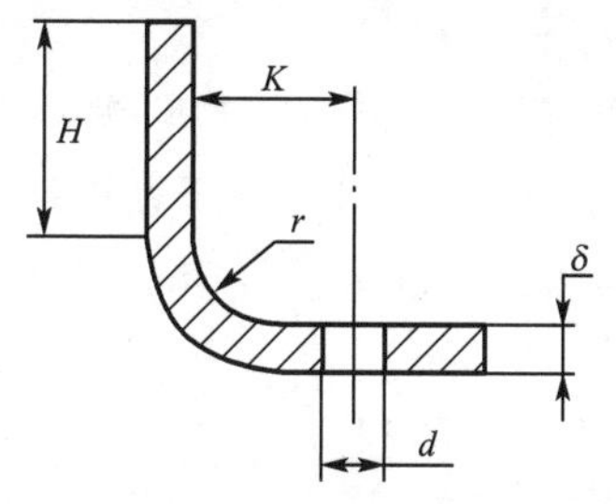

图 7-26　带孔弯曲件

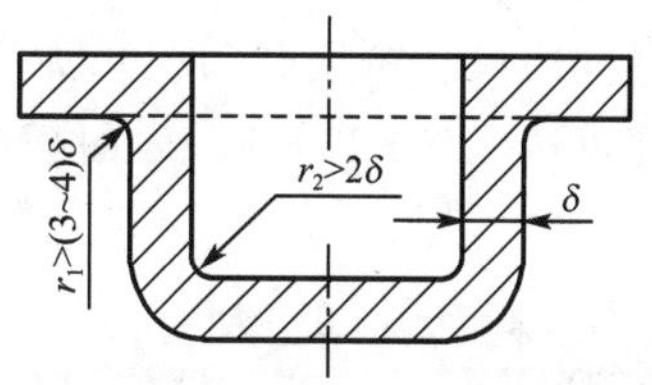

图 7-27　拉深件最小允许圆角半径

对于形状复杂的冲压件，为了简化工艺及节省材料，可以将其分成若干个简单件，分别冲压后，再焊接成为组合件(图 7-28)。

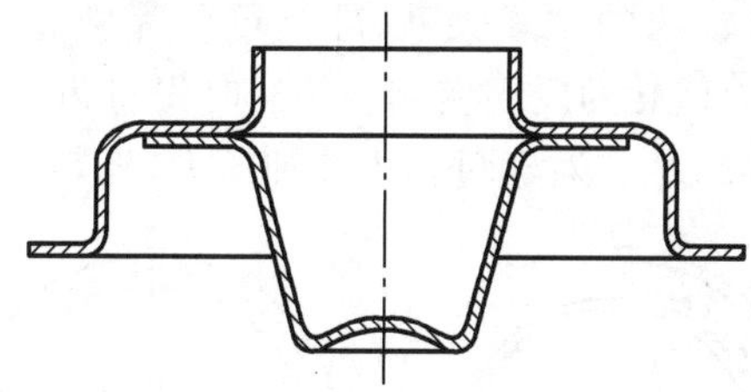

图 7-28　冲压-焊接件

7.4　其他压力加工成形方法

除上述压力加工方法外，挤压、轧制、拉拔等塑性成形方法在生产实践中得到了迅速发展和广泛应用。

7.4.1　挤压

挤压成形是指坯料在来自不同方向的不均匀压应力的作用下，从模具的孔口或缝隙挤出，使之横截面积减小而长度增大，成为所需制品的加工方法。

根据挤压时金属流动方向和凸模运动方向的关系，挤压成形可分为四种方式：两方向同向的为正挤压[图 7-29(a)],反向的为反挤压[图 7-29(b)];兼具正、反挤压特点的为复合挤压[图 7-29(c)];两方向呈 90°的为径向挤压[图 7-29(d)]。

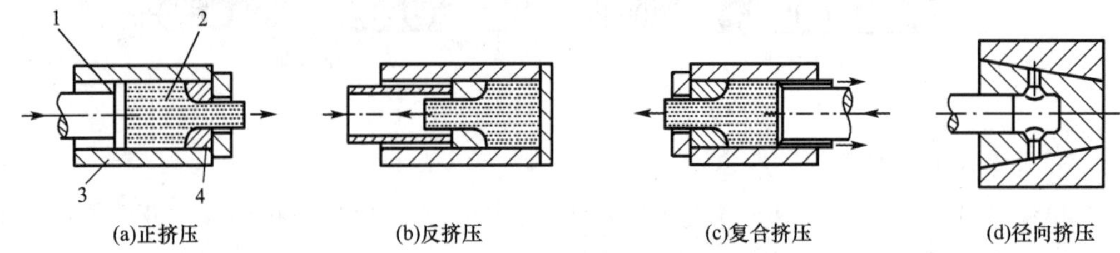

图 7-29 挤压方式

1—凸模;2—坯料;3—挤出筒;4—挤压模

根据挤压时金属坯料所具有的温度不同,挤压又可分为热挤压、温挤压和冷挤压三种。为保证零件的尺寸精度,实现少、无切削加工,通常使用的挤压方法是冷挤压。冷挤压零件的精度可达 IT7～IT8 级,表面粗糙度 Ra 值为 1.6～0.2 μm。

7.4.2 轧制

金属材料在旋转轧辊的压力作用下,产生连续塑性变形,获得所要求的截面形状并改变其性能的方法称为轧制。轧制除生产各种型材、板材和管材外,现已广泛用来生产各种零件。

根据轧辊轴线与坯料轴线的位置关系,轧制可分为横轧、纵轧、斜轧和楔横轧等。图 7-2 所示的齿轮轧制即为横轧的应用实例。轧制时先将齿坯轮缘加热到一定温度,通过带齿形的轧轮与齿坯对辗,并在对辗过程中施加压力,轧制成形。

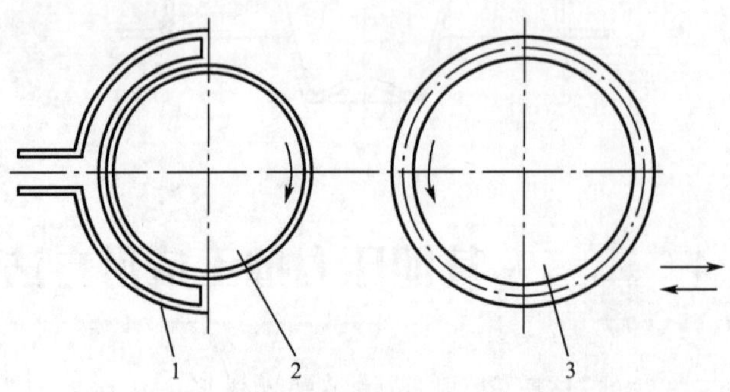

图 7-30 热轧齿轮

1—感应加热器;2—齿坯;3—轧轮

随着机械制造业的不断发展,人们对压力加工生产提出了越来越高的要求,不仅要求生产各种毛坯,还希望能直接生产出更多具有较高精度与质量的成品零件。传统的压力加工工艺往往需要高压力的压力机,相应设备的重量以及初期投资非常大,因此应着力发展低压力的成形技术。近年来半固态金属成形、超塑性成形、数控弯曲成形、柔性成形、旋压成形、摆动辗压成形等方法得到广泛的推广和应用。随着计算机技术的发展,CAD/CAE/CAM 技术在压力加工成形领域的应用日趋广泛[如柔性成形系统(FMS)],在推动压力加工成形的自动化及智能化必将发挥巨大作用。

思考题

7-1 何谓塑性变形？其变形实质是什么？

7-2 常用的压力加工方法有哪几种？

7-3 自由锻加工有何特点？它有哪些基本工序？

7-4 模锻件结构设计应考虑哪些因素？

7-5 板料冲压生产有何特点？试列举常见冲压件的实例并说明其生产过程。

第8章 钢的热处理

浅谈钢的热处理

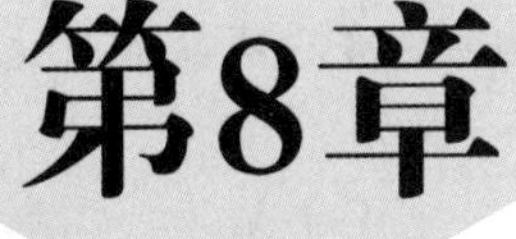

热处理是将固态金属或合金在一定介质中加热、保温和冷却，以获得所需要的组织结构与性能的工艺方法。热处理不仅可以改善钢的加工工艺性能，而且能充分发挥钢材的潜力，提高工件的使用性能和使用寿命，它在机械工业中占有十分重要的地位。机床、汽车、拖拉机等产品中60%～80%的零件需要进行热处理，而轴承、弹簧、模具则100%需要热处理。

热处理方法虽然很多，但工艺过程都包含加热、保温、冷却三个阶段，如图8-1所示。

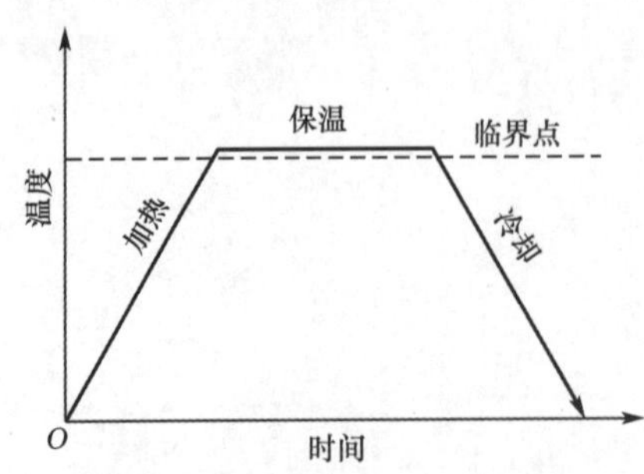

图8-1 热处理工艺曲线

热处理与其他加工工艺(如铸造、压力加工等)相比，其特点是通过改变金属组织来改变工件的性能，但不改变工件的形状。通常，热处理只适用于固态下发生相变的材料，不发生固态相变的材料不能用热处理来强化。

热处理时钢种组织转变的规律称为热处理原理。根据热处理原理制定的温度、时间、介质等参数称为热处理工艺。根据加热、冷却方式的不同，常用的热处理工艺大致分类如下：

(1)普通热处理　退火、正火、淬火和回火等。

(2)表面热处理　感应加热表面淬火、火焰加热表面淬火等。

(3)化学热处理　渗碳、渗氮、碳氮共渗及渗其他非金属等。

(4)其他热处理　真空热处理、形变热处理、控制气氛热处理、激光热处理等。

8.1 钢在加热时的转变

在 Fe-Fe_3C 状态图中，A_1，A_3，A_{cm} 是不同成分的钢在平衡条件下的相变点，这些相变点是在极其缓慢的加热或冷却条件下测得的。而实际加热或冷却时，总存在过冷或过热现象，因此钢的实际相变点都会偏离平衡相变点，即加热时在平衡相变点以上，冷却时在平衡相变点以下。为了区别于平衡相变点，加热时在“A”后加注“c”，相变点标为 Ac_1，Ac_3，Ac_{cm}；冷却时在“A”后加注“r”，相变点标为 Ar_1，Ar_3，Ar_{cm}。如图 8-2 所示。

加热是热处理的首道工序。任何成分的钢加热到 Ac_1 点以上时，会发生珠光体向奥氏体的转变；加热到 Ac_3 和 Ac_{cm} 以上时，则全部转变为奥氏体。这一转变过程为钢的奥氏体化。

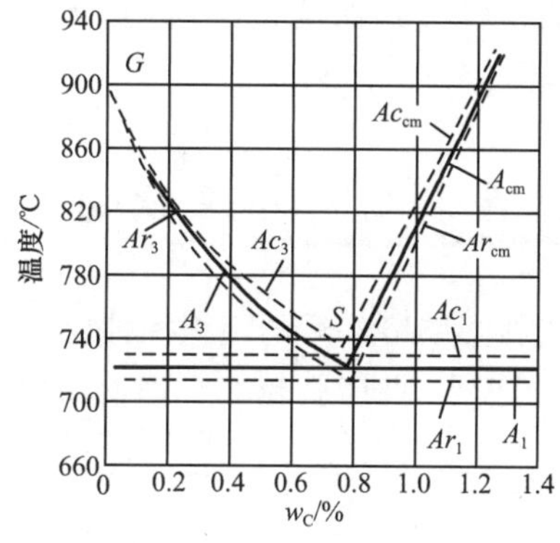

图 8-2　加热和冷却对临界转变温度的影响

8.1.1 奥氏体的形成

钢在加热时奥氏体的形成遵循一般的结晶规律，即通过形核和长大两个过程实现。以共析钢为例，奥氏体的形成可分为四个阶段，如图 8-3 所示。

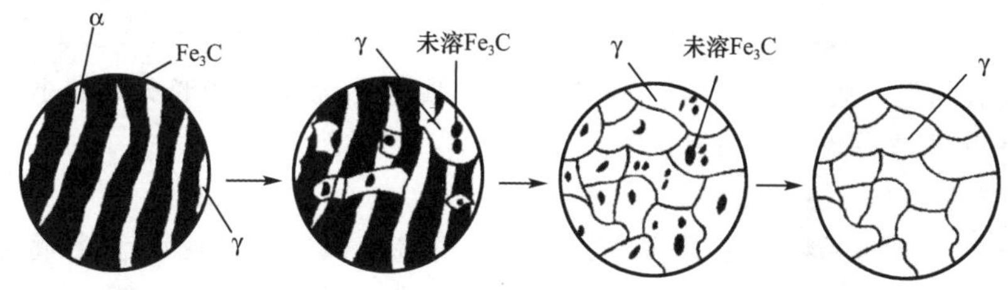

图 8-3　共析钢奥氏体化过程

1. 奥氏体形核

钢加热到 Ac_1 以上时，珠光体变得不稳定，在铁素体与渗碳体相界处的成分和结构对形核有利，奥氏体晶核首先在相界处形成。

2. 奥氏体晶核的长大

奥氏体晶核形成后，通过碳原子的扩散向铁素体和渗碳体方向长大。

3. 残余渗碳体溶解

由于铁素体的碳浓度和结构与奥氏体相近，铁素体转变为奥氏体的速度远比渗碳体向奥氏体中的溶解速度快，因此先于渗碳体消失，而残余渗碳体则随保温时间延长不断溶解，直至消失。

4. 奥氏体成分均匀化

当渗碳体全部溶解后，奥氏体的碳含量是不均匀的，原先是渗碳体的部位碳质量分数比其他部位高，需要保温一定时间，通过碳原子充分扩散，使奥氏体中的碳质量分数逐渐趋于均匀。

亚共析钢和过共析钢的奥氏体化过程与共析钢基本相同。但亚共析钢需加热到 Ac_3 以上，过共析钢需加热到 Ac_{cm} 以上，并保温适当时间，才能得到化学成分均匀单一的奥氏体。

8.1.2 奥氏体晶粒的大小及控制

钢中奥氏体晶粒的大小直接影响冷却后的组织和性能。加热时获得的奥氏体晶粒越细小，冷却转变产物的晶粒也越细小，性能就越好。因此，奥氏体晶粒的大小是评定热处理加热质量的主要指标之一。

1. 奥氏体的晶粒度

奥氏体化刚完成时的奥氏体晶粒非常细小均匀，称为起始晶粒度。随着温度进一步升高，保温时间继续延长，会出现奥氏体晶粒长大的现象。晶粒的长大以大晶粒吞并小晶粒和晶界迁移的方式进行。在给定温度下奥氏体的晶粒度称为实际晶粒度，它直接影响钢热处理后的组织与性能。

钢在加热时奥氏体晶粒的长大倾向称为本质晶粒度。它表示钢在规定条件下奥氏体晶粒长大的倾向，并不表示实际晶粒大小。实践表明，不同成分的钢在加热时奥氏体晶粒长大的倾向不同。工业上，通常将钢加热到(940±10)℃，保温 3～8 h 后，设法把奥氏体晶粒保留到室温来判断钢的本质晶粒度，如图 8-4 所示。晶粒度为 1～4 级的是本质粗晶粒钢，5～8 级的是本质细晶粒钢。前者晶粒长大倾向大，后者晶粒长大倾向小。

2. 影响奥氏体晶粒大小的因素

(1)加热温度和保温时间

奥氏体刚形成时晶粒很细小，随着加热温度升高和保温时间延长，晶粒将逐渐长大。加热温度越高，保温时间越长，奥氏体晶粒越粗大，特别是加热温度对其影响更大。

(2)加热速度

当加热温度确定后，加热速度越快，形核率越高，晶粒越细小。

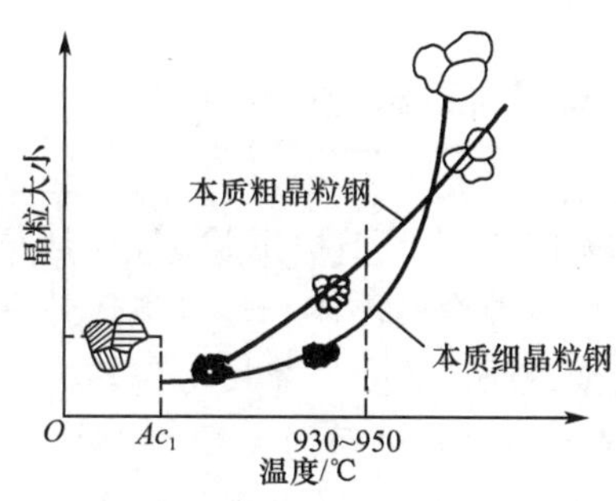

图 8-4 钢的本质晶粒度

(3)钢的成分

奥氏体中碳质量分数增大时,奥氏体晶粒长大倾向变大。若碳以残余渗碳体的形式存在,则它有阻碍晶粒长大的作用。钢中加入碳化物形成元素(如钛、钒、铌、钽、锆、钨、钼、铬等)和渗氮物、氧化物形成元素(如铝等),都能阻碍奥氏体晶粒长大。锰、磷是促进奥氏体晶粒长大的元素。

(4)原始组织

一般原始组织越细,加热后的起始晶粒度越细。

奥氏体晶粒粗大,冷却后的组织也粗大,从而使钢的常温力学性能降低,尤其是塑性。因此,加热得到细而均匀的奥氏体晶粒是热处理的关键问题之一。

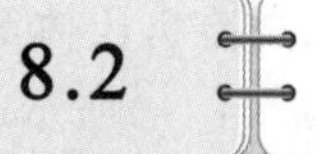

8.2 钢在冷却时的转变

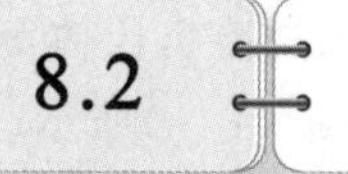

钢的奥氏体化不是热处理最终目的,它是为随后冷却转变做准备的。钢的常温性能最终取决于冷却转变后的组织,因此研究钢在冷却时转变是热处理的关键。

实际生产中,热处理冷却的方式通常有两种:

(1)等温冷却

将奥氏体化的钢迅速冷却至 Ar_1 以下某一温度并保温,使奥氏体在恒温下发生组织转变,然后再冷却到室温,如图 8-5 中的曲线 1 所示。

(2)连续冷却

将奥氏体化钢以不同的冷却速度连续冷却至室温,使奥氏体在温度连续下降过程中发生组织转变,如图 8-5 中的曲线 2 所示。

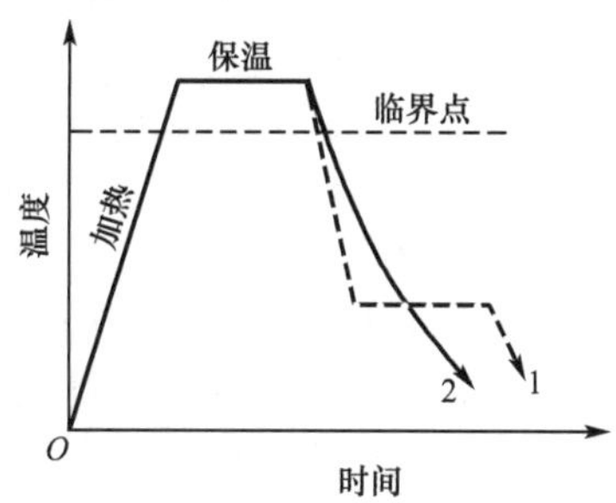

图 8-5 两种冷却方式对比

8.2.1 过冷奥氏体的等温转变

奥氏体冷却到温度 A_1 以下时，处于不稳定状态，有自发转变为稳定状态的倾向，这种暂时存在的非稳定奥氏体称为过冷奥氏体。过冷奥氏体在不同温度下发生等温转变，所生成的产物组织与性能完全不同。转变规律用等温转变曲线描述，表示奥氏体在不同温度下的保温过程中，转变产物与时间之间的关系。它利用过冷奥氏体在不同温度下发生等温转变时所引起的物理、化学、力学等一系列性能变化，用热分析法、膨胀法、磁性法、金相硬度法等测定等温转变过程。

1. 过冷奥氏体等温转变曲线

(1)过冷奥氏体等温转变曲线的建立

过冷奥氏体等温转变曲线又称为等温转变图。现以共析钢为例来说明其建立过程。

首先准备几组共析钢薄片小试样，在同样加热条件下进行奥氏体化；然后把各组试样分别迅速放入 A_1 以下的不同温度(如 720 ℃，700 ℃，680 ℃，650 ℃，600 ℃，550 ℃，500 ℃，450 ℃，300 ℃……)的恒温盐浴中保温，使过冷奥氏体发生等温转变；之后每隔一定时间从恒温槽中取出一片试样水冷后观察金相试样的组织，白色代表未转变的奥氏体(奥氏体水冷变成与它成分相同的马氏体)，暗色代表奥氏体已经转变成的其他产物。记录各个等温温度下的转变开始时间和转变终了时间，并画在"温度-时间(对数)"坐标系中，将各转变开始点和转变终了点用光滑曲线连接起来，即可得到过冷奥氏体等温转变曲线。该曲线形状像字母 C，所以又称 C 曲线，也称 TTT 曲线，如图 8-6(a)所示。

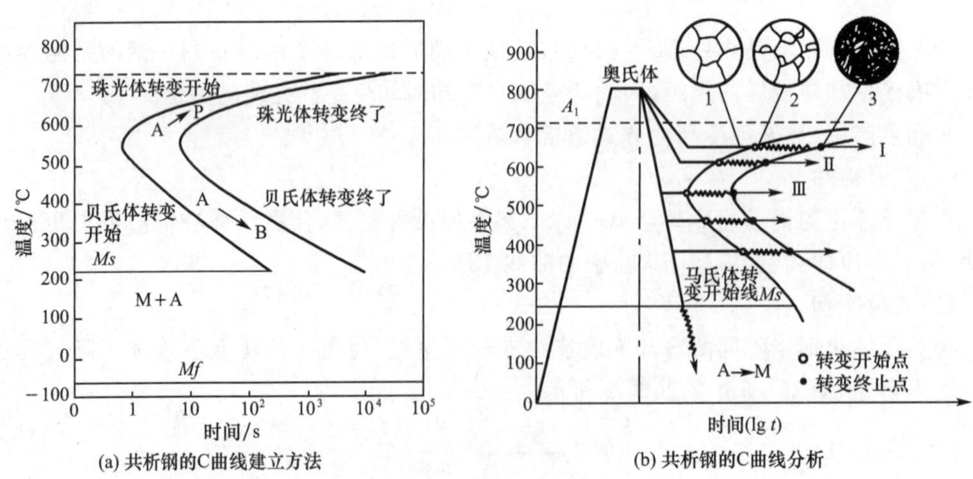

(a) 共析钢的C曲线建立方法

(b) 共析钢的C曲线分析

图 8-6　共析钢的 C 曲线

(2)过冷奥氏体等温转变曲线的分析

①C 曲线图中各线的分析　如图 8-6(b)所示，左边的 C 曲线为过冷奥氏体转变开始线；右边的 C 曲线为过冷奥氏体转变终了线；C 曲线上部的水平线 A_1 表示奥氏体向珠光体转变的临界温度线；C 曲线下面的两条水平线 Ms 和 Mf 分别表示马氏体转变开始线和马氏体转变终了线。

②C 曲线图中各区的分析　A_1 线以上为奥氏体稳定区；A_1 线以下、马氏体转变开始线以左为过冷奥氏体区，也称为过冷奥氏体孕育区。A_1 线以下、马氏体转变终了线以右为转变产物区；两条 C 曲线之间为过冷奥氏体和转变产物共存区；下面的两条水平线之间为马氏体和过冷奥氏体的共存区。

③孕育期　过冷奥氏体在转变开始线以左，处于尚未转变而准备转变阶段，这段时间称为"孕育期"（过冷奥氏体转变开始线与纵坐标之间的水平距离）。孕育期越长，过冷奥氏体越稳定，反之越不稳定。共析钢在 550 ℃左右（C 曲线的"鼻尖"）孕育期最短，过冷奥氏体最不稳定，转变速度最快。在高于或低于 550 ℃时，孕育期由短变长，即过冷奥氏体稳定性增强，转变速度变慢。

2. 过冷奥氏体等温转变产物的组织与性能

在 A_1 线以下不同温度区间，共析钢过冷奥氏体会发生三种不同的转变，即珠光体转变、贝氏体转变和马氏体转变。

（1）珠光体转变（高温转变）

共析钢过冷奥氏体在 A_1～550 ℃将转变为珠光体型组织，它是铁素体与渗碳体片层相间的机械混合物。转变温度越低，层间距越小。按层间距离的大小，珠光体组织可分为珠光体（P）、索氏体（S）和托氏体（T）。它们并无本质区别，也没有严格界限，只是形态上不同。珠光体较粗，索氏体较细，托氏体最细，如图 8-7 所示。

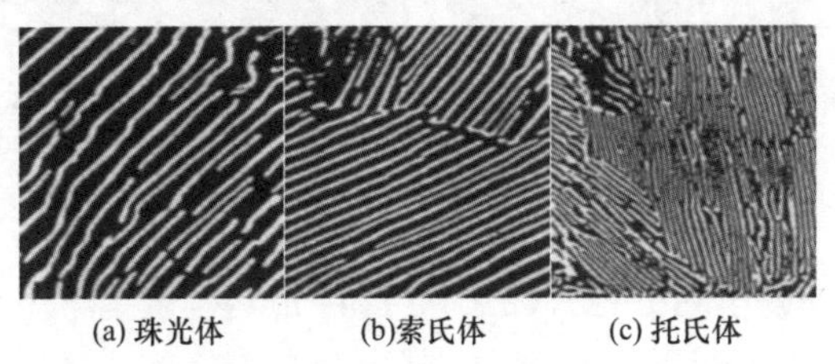

(a) 珠光体　　(b)索氏体　　(c) 托氏体

图 8-7　过冷奥氏体高温转变产物的组织（8 000×）

珠光体组织中的层间距越小，相界面越多，强度和硬度越高。同时由于渗碳体变薄，因此塑性和韧性也有所改善。过冷奥氏体高温转变产物的形成温度和性能见表 8-1。

表 8-1　过冷奥氏体高温转变产物的形成温度和性能

组织名称	表示符号	形成温度范围/℃	HBS(HRC)	放大倍数
珠光体	P	A_1～650	170～200(～20)	＜500×
索氏体	S	650～600	230～320(25～35)	＞1 000×
托氏体	T	600～550	330～400(35～40)	＞2 000×

珠光体转变是一种扩散型转变，其转变过程是一个形核和长大过程。渗碳体晶核首先在奥氏体晶界上形成，在长大过程中，其两侧奥氏体的碳质量分数下降，促进了铁素体形核，两者相间形核并长大，形成一个珠光体团。此过程反复进行，奥氏体就逐渐转变为铁素体和渗碳体片层相间的珠光体组织，如图 8-8 所示。

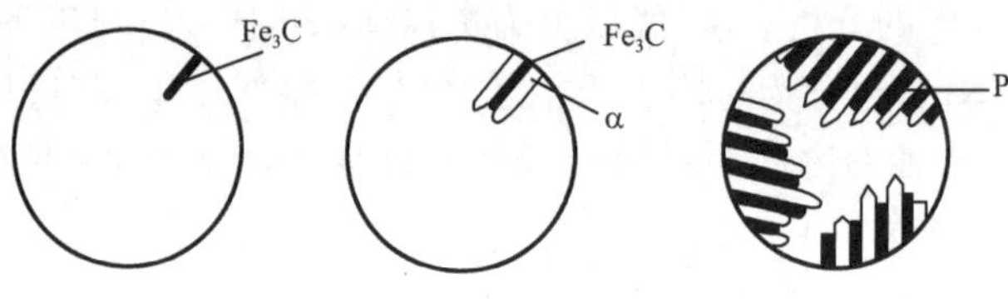

图 8-8 珠光体转变过程

(2)贝氏体转变(中温转变)

共析钢过冷奥氏体在 550 ℃～Ms 将转变为贝氏体型组织,用符号 B 表示。贝氏体是由含过饱和碳的铁素体和碳化物组成的非层状两相混合物。根据其组织形态不同,可分为上贝氏体($B_{上}$)和下贝氏体($B_{下}$)两种。

上贝氏体的形成温度为 550～350 ℃,在光学显微镜下呈羽毛状,在电子显微镜下会看到平行生长的铁素体条由奥氏体晶界伸向晶内,其间分布着粒状或短棒状的渗碳体,如图 8-9 所示。

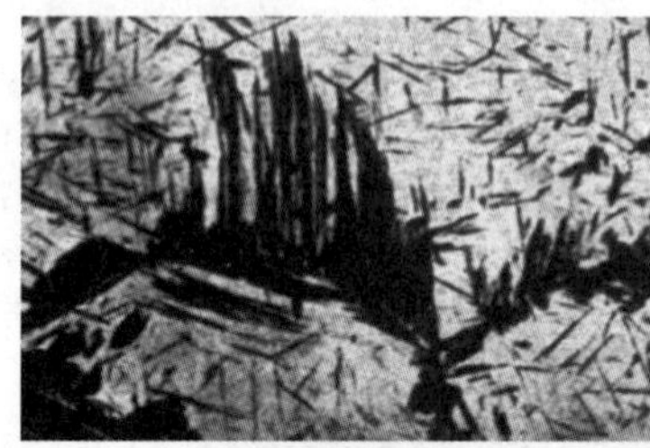

(a) 光学显微照片(500×)

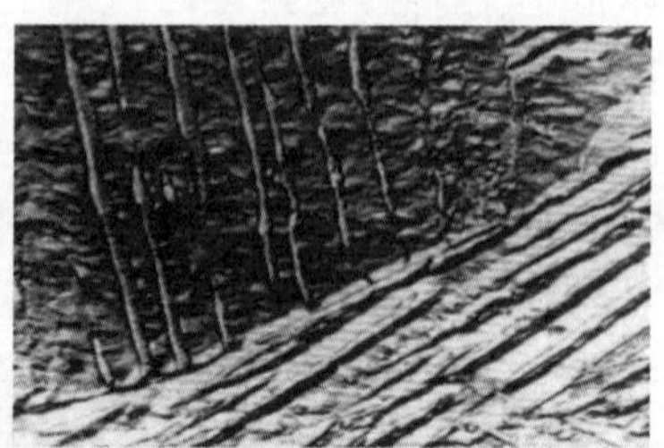

(b) 电子显微照片(5 000×)

图 8-9 上贝氏体组织

下贝氏体的形成温度为 350～Ms(230 ℃),在光学显微镜下呈黑色针叶状,在电子显微镜下会看到过饱和的细小针片状铁素体,其上分布着极细小颗粒状或细片状的碳化物,如图 8-10 所示。

(a) 光学显微照片 (500×)

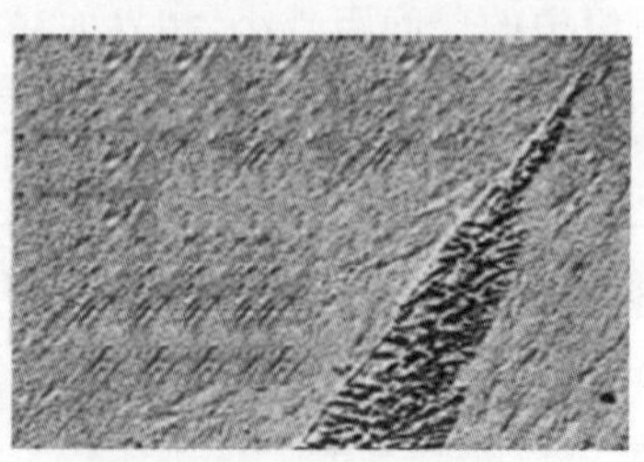

(b) 电子显微照片 (12 000×)

图 8-10 下贝氏体组织

贝氏体的力学性能与其形态有关。上贝氏体强度和塑性都较低,而且脆性大,无实用价值,生产上很少采用。下贝氏体不仅强度、硬度高,塑性韧性也较好,即具有良好的综合力学性能。实际生产中常采用等温淬火来获得下贝氏体。

贝氏体转变是一种半扩散型转变,即只有碳原子扩散而铁原子不扩散,其转变过程也是形核和长大的过程。当转变温度较高(550～350 ℃)时,首先在奥氏体中的贫碳区形成铁素体晶核;然后从奥氏体晶界向晶内沿一定方向成排长大。铁素体片长大时,它能扩散

到周围的奥氏体中，使其富碳；最后在铁素体条间析出 Fe_3C 短棒，形成上贝氏体，如图 8-11 所示。当转变温度较低(350～230 ℃)时，首先在奥氏体晶界或晶内某些晶面上生成铁素体晶核；然后沿奥氏体的一定晶向呈针状长大。铁素体片长大时，由于碳原子扩散能力低，不能长距离扩散，只能在一定晶面上以断续碳化物粒子的形式析出，形成下贝氏体，如图 8-12 所示。

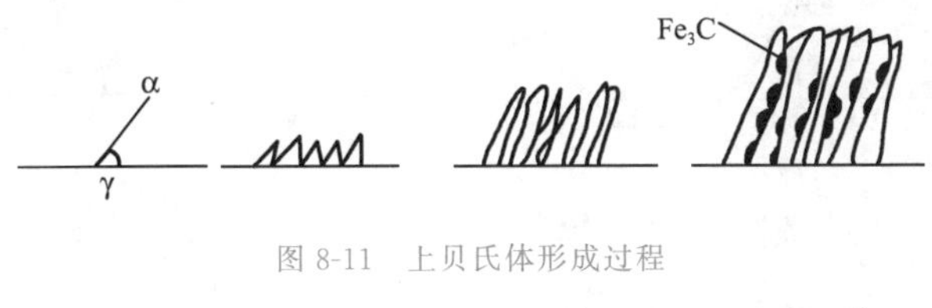

图 8-11　上贝氏体形成过程

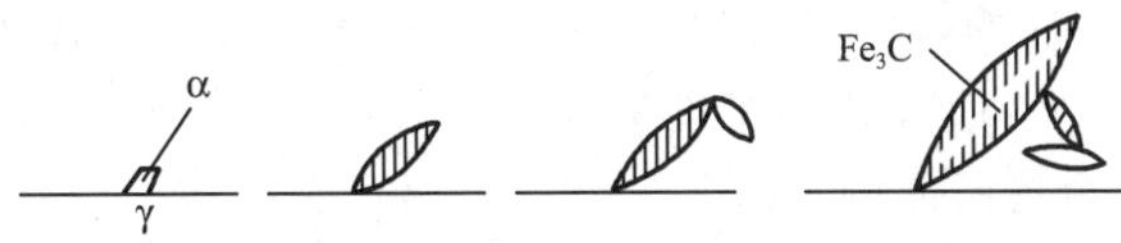

图 8-12　下贝氏体形成过程

(3)马氏体转变

共析钢过冷奥氏体被快速冷却到 Ms 点以下时，将转变为马氏体型组织，用符号 M 表示。马氏体是碳在 α-Fe 中的过饱和间隙固溶体。根据其组织形态不同，可分为板条状和针状两大类，如图 8-13 所示。

(a) 板条状马氏体(600×)

(b) 针状马氏体(400×)

图 8-13　马氏体的显微组织

马氏体的形态主要取决于奥氏体的碳质量分数。如图 8-14 所示，当奥氏体中的碳质量分数小于 0.2% 时，转变后的组织几乎全部是板条马氏体；而当碳质量分数大于 1.0% 时，则几乎全部是针状马氏体；当碳质量分数为 0.2%～1.0%时，则为板条状与针状的混合组织。

马氏体的硬度主要取决于其碳含量，如图 8-15 所示。随着碳质量分数的增大，马氏体的硬度升高，当碳质量分数超过 0.6%后，硬度的提高趋于平缓。合金元素对马氏体硬度的影响不大。马氏体的塑性和韧性也与其碳含量有关。针状马氏体脆性大，而板条马氏体具有较好的塑性和韧性。

马氏体转变是一种非扩散型转变。由于转变温度很低，碳原子和铁原子的动能很小，均不能扩散，所以转变是通过铁原子的移动来完成由 γ-Fe 向 α-Fe 的晶格改组的。

马氏体的形成速度极快。过冷奥氏体冷却到 Ms 点以下时，即刻开始瞬时(无孕育期)转变为马氏体。随着温度下降，马氏体转变量增加，降温停止，马氏体转变也停止。

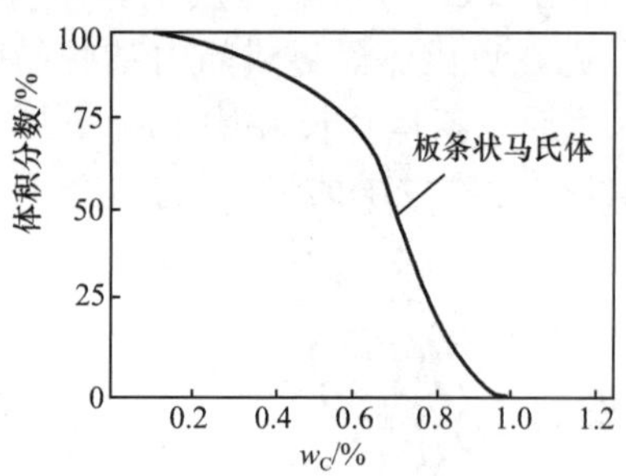

图 8-14 马氏体形态与碳质量分数的关系

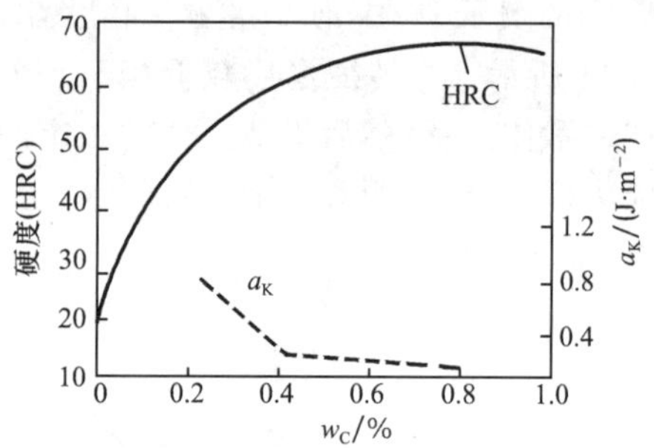

图 8-15 碳质量分数对马氏体力学性能的影响

马氏体转变是不彻底的，总要残留少量的奥氏体，称为残余奥氏体。残余奥氏体量与奥氏体中的碳质量分数有关，奥氏体中的碳质量分数越高，残余奥氏体量越多。当碳质量分数小于0.5%时，残余奥氏体可忽略。

3. 影响 C 曲线的因素

影响 C 曲线位置和形状的主要因素是奥氏体的成分与奥氏体化条件。

(1)碳质量分数

在正常热处理条件下，亚共析钢的 C 曲线随奥氏体碳含量的增大右移，过共析钢的 C 曲线随含奥氏体碳质量分数的增大左移。共析钢的过冷奥氏体最稳定，C 曲线最靠右。*Ms* 与 *Mf* 线则随碳质量分数增大而下降。与共析钢相比，亚共析钢和过共析钢 C 曲线的上部还各多出了一条先共析相的析出线，如图 8-16 所示。它表示在发生珠光体转变之前，亚共析钢中要先析出铁素体，过共析钢中要先析出渗碳体。

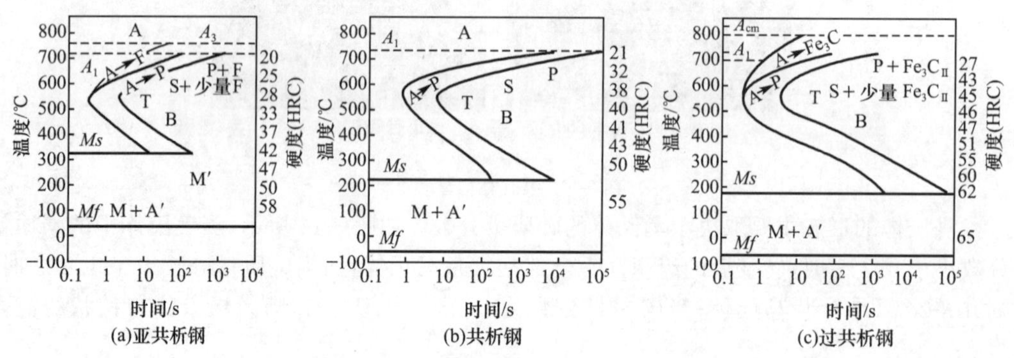

图 8-16 碳钢的 C 曲线比较

(2)合金元素

除钴以外，所有合金元素溶入奥氏体后都能使 C 曲线右移。而且形成碳化物的元素如铬、钼、钨、钒、钛等，不仅使 C 曲线右移，还能使 C 曲线的形状发生变化。除钴和铝外，所有合金元素都能使 *Ms* 与 M_f 线下降。如图 8-17 所示。

(3)加热温度和保温时间

奥氏体化温度越高，保温时间越长，碳化物溶解越完全，奥氏体成分越均匀，这些都不利于过冷奥氏体的转变，从而增强了它的稳定性，使 C 曲线右移。

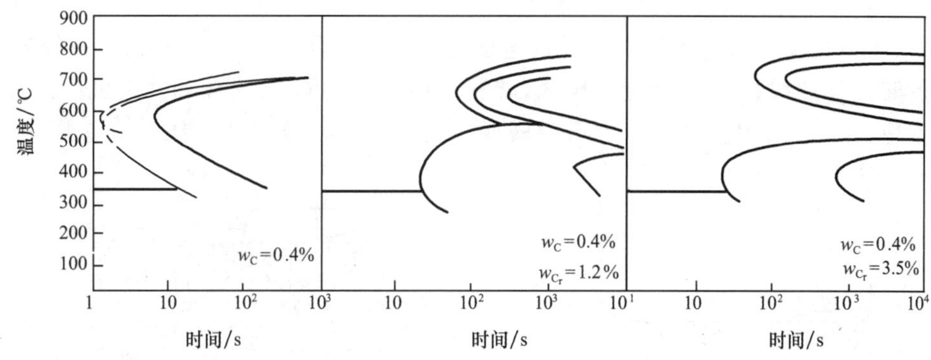

图 8-17 铬对 C 曲线的影响

8.2.2 过冷奥氏体的连续冷却转变

在实际生产中，奥氏体的转变大多采用连续冷却方法。所以，钢的连续冷却转变曲线（又称 CCT 曲线）对于确定热处理工艺及选材更具有实际意义。

1. 过冷奥氏体的连续冷却转变曲线

（1）过冷奥氏体的连续冷却转变曲线的建立

首先将钢加热到奥氏体状态，然后以不同速度冷却，记录奥氏体转变起点和终点的温度和时间，并画在“温度-时间（对数）”坐标系中，并将各转变起点和转变终点用光滑曲线连接起来，即可得到图 8-18 所表示的连续冷却转变曲线。

（2）过冷奥氏体的连续冷却转变曲线的分析

图 8-18 中 P_s 线为过冷奥氏体向珠光体转变开始线，P_f 线为过冷奥氏体向珠光体转变终了线，两线之间为转变的过渡区。KK'线为过冷奥氏体向珠光体转变中止线，它表示当冷却到达此线时，过冷奥氏体中止向珠光体转变，剩余的奥氏体则一直保持到 Ms 线温度以下转变为马氏体。v_K 为上临界冷却速度，它是获得全部马氏体组织的最小冷却速度。v_K 越小，钢在淬火时越容易获得马氏体组织。v_K'为下临界冷却速度，它是保证奥氏体全部转变为珠光体的最大冷却速度。v_K'越小，退火所需的时间越长。

2. 连续冷却转变曲线和等温转变曲线的比较

如图 8-19 所示，实线为共析钢的等温转变曲线，虚线为连续冷却转变曲线。由图可知：

（1）连续冷却转变曲线位于等温转变曲线的右下侧，且只有等温转变曲线的上半部分，没有下半部分。表明连续冷却转变时，得不到贝氏体组织。

（2）过冷奥氏体连续冷却得到的转变产物不完全是单一、均匀的组织。

3. 连续冷却转变曲线和等温转变曲线的应用

由于连续冷却转变曲线测定比较困难，所以常用等温转变曲线定性、近似地分析过冷奥氏体连续冷却时的组织转变。以共析钢为例，将冷却速度线绘在等温转变曲线上，根据与等温转变曲线交点的位置来说明连续冷却转变的产物，如图 8-19 所示。v_1 相当于随炉冷却的速度（退火），与等温转变曲线相交于 700～650 ℃，转变产物为珠光体；v_2 和 v_3

相当于不同的空冷速度(正火),与等温转变曲线相交于 650～600 ℃,转变产物为细珠光体(索氏体和托氏体);v_4 相当于油冷的速度(油中淬火),在达到 550 ℃以前与等温转变曲线的转变开始线相交,并通过 Ms 线,转变产物为托氏体、马氏体和残余奥氏体;v_5 相当于水冷的速度(水中淬火),不与等温转变曲线相交,直接通过 Ms 线冷至室温,转变产物为马氏体和残余奥氏体。

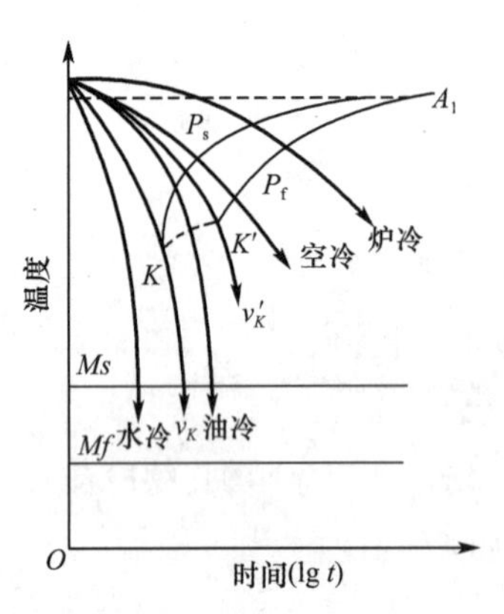

图 8-18　共析钢过冷奥氏体连续冷却转变曲线

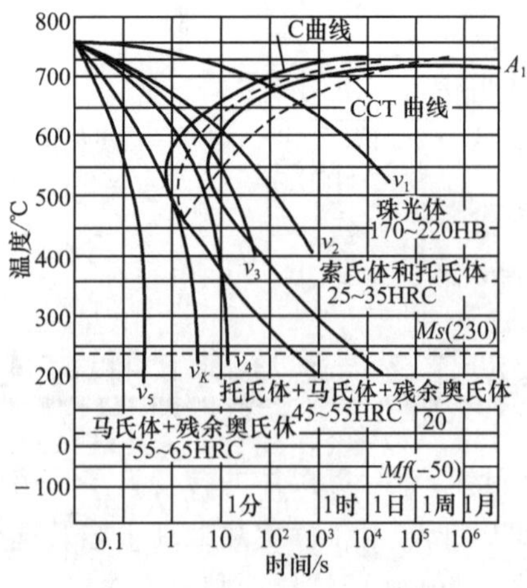

图 8-19　共析钢 CCT 曲线和 C 曲线比较

8.3　钢的退火与正火

钢的退火与正火是常用的两种热处理工艺,主要作为预备热处理,用来处理工件毛坯,为后续切削加工和最终热处理做组织准备。一些对性能要求不高的机械零件或工程构件,退火和正火亦可作为最终热处理。

8.3.1　退　火

退火是将钢加热到适当温度,保温一定时间后缓慢冷却(一般为随炉冷却),从而获得接近平衡组织的热处理工艺。

1. 退火目的

(1)调整硬度以便于切削加工

工件经铸造或锻造等热加工后,硬度常偏高或偏低,切削加工性能较差。经适当退火后,工件硬度可调整在 170～250HBS,这是最适合切削加工的硬度范围。

(2)消除残余内应力

退火可稳定工件尺寸,防止后续加工中的变形和开裂。

(3)改善工件的化学成分及组织的不均匀性

退火可以提高工艺性能和使用性能。

(4)细化晶粒

退火可提高力学性能,为最终热处理(淬火、回火)做好组织准备。

2. 退火工艺及应用

退火的种类很多，常用的有完全退火、不完全退火、等温退火、球化退火、均匀化退火、去应力退火、扩散退火及再结晶退火等。各种退火及正火的加热温度范围及热处理工艺曲线如图 8-20 所示。

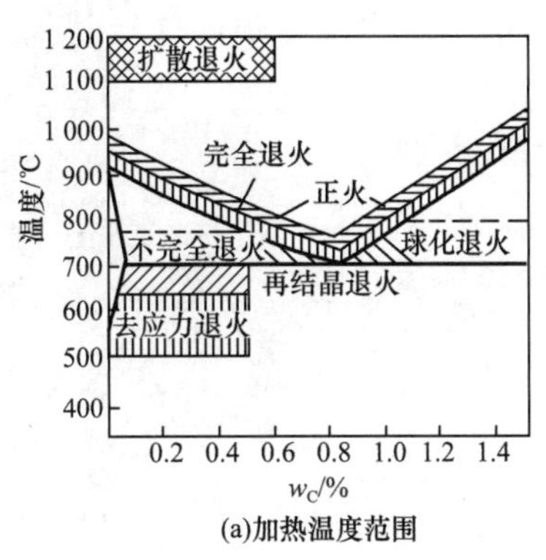

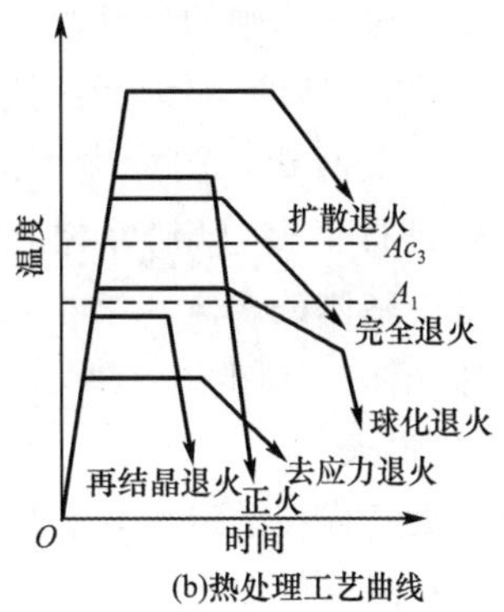

图 8-20　各种退火及正火的加热温度范围及热处理工艺曲线

(1)完全退火

完全退火是将钢件加热到 Ac_3 以上 30～50 ℃，保温一定时间后缓慢冷却(随炉或埋入石灰和砂中冷却)，以获得接近平衡组织的一种热处理工艺。

完全退火主要用于亚共析钢，一般是中、高碳钢及低、中碳合金结构钢的铸件、锻件及热轧件，有时也用于它们的焊接构件。其目的是细化晶粒、均匀组织、消除内应力、降低硬度以利于切削加工。低碳钢完全退火后硬度偏低，不利于切削加工，所以不适用于完全退火；过共析钢完全退火后，会有网状二次渗碳体沿奥氏体晶界析出，使钢的强度和韧性显著降低，脆性加大，也不适用于完全退火。

(2)等温退火

等温退火是将钢件加热到高于 Ac_3 以上 30～50 ℃ (亚共析钢)或 Ac_1 以上 10～20 ℃(共析钢、过共析钢)，保持适当时间后较快地冷却到珠光体转变区的某一温度，保温一定时间，使奥氏体转变为珠光体组织，然后在空气中冷却的热处理工艺。

等温退火的目的与完全退火相同，但转变容易控制，所用时间比完全退火大大缩短，能有效提高生产率，并且能获得均匀的组织与性能，如图 8-21 所示。

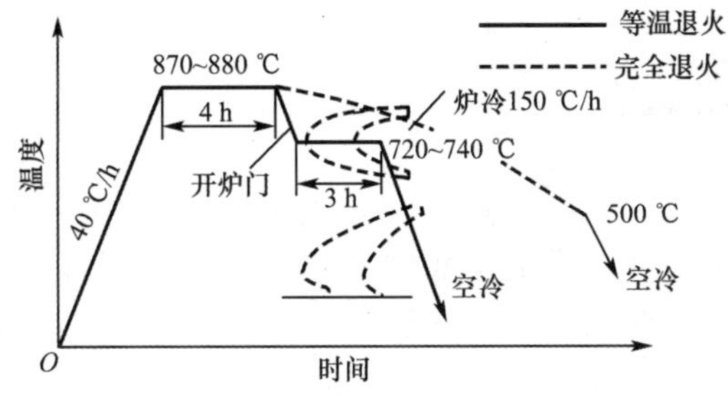

图 8-21　高速钢等温退火与普通退火的比较

(3)球化退火

球化退火是将钢件加热到 Ac_1 以上 10～20 ℃,保温一定时间后随炉缓慢冷却至室温,或者快速冷却到 Ac_1 以下 20 ℃左右进行长时间保温,使珠光体中的渗碳体球状化,然后出炉空冷的热处理工艺。球化退火主要用于共析钢和过共析钢,如工具钢、滚珠轴承钢等。目的是使珠光体中的层状渗碳体和钢中的网状二次渗碳体球状(粒状)化,以降低硬度,改善切削加工性能,并为后续热处理作组织准备。

对于含有大量网状二次渗碳体的过共析钢,在球化退火前应先进行正火,以消除网状碳化物。球化退火后的组织是由基体铁素体和细小均匀的球状渗碳体组成的球状珠光体。如图 8-22 所示。

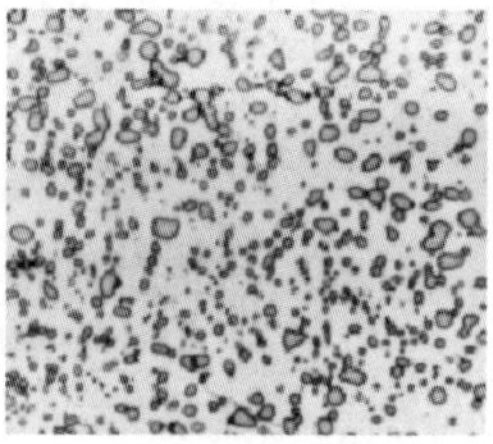

图 8-22　球状珠光体的显微组织(500×)

(4)均匀化退火

均匀化退火又称扩散退火,它是将钢锭、铸钢件或锻坯加热到固相线温度以下 100～200 ℃,长时间保温(一般为 10～15 h),然后缓慢冷却,以获得化学成分和组织均匀化的热处理工艺。均匀化退火主要用于质量要求高的优质高合金钢的铸锭和铸件,目的是消除铸造中产生的枝晶偏析现象。

均匀化退火后钢的晶粒非常粗大,需要再进行完全退火或正火处理。均匀化退火生产周期长、能量消耗大、生产成本高,一般很少采用。

(5)去应力退火

去应力退火又称低温退火,它是将钢件加热到 Ac_1 以下某一温度(一般为 500～650 ℃),保温一定时间,然后随炉冷却的热处理工艺。

去应力退火主要用于消除钢件在冷加工以及铸造、锻造和焊接过程中产生的残余内应力,提高其尺寸稳定性,防止后续加工或使用中的变形和开裂。钢件在去应力退火的加热及冷却过程中无相变发生。去应力退火不能完全去除内应力,只是部分去除,故可有效降低内应力的有害作用。

(6)再结晶退火

再结晶退火是用于经过冷变形加工的金属及合金的一种退火方法。目的是使金属内部组织变为细小的等轴晶粒,消除形变硬化,恢复金属或合金的塑性和形变能力(回复和再结晶)。

8.3.2　正　火

正火是将钢件加热到 Ac_3(亚共析钢)或 Ac_{cm}(过共析钢)以上 30～50 ℃,保温适当时间,在空气中冷却的热处理工艺。加热到 Ac_1 以上 100～150 ℃的正火称为高温正火。

1. 正火目的

(1)作为最终热处理

正火可以细化奥氏体晶粒,均匀组织,提高钢的力学性能,对使用性能要求不高的普

通结构零件或某些形状复杂、大型的零件，正火可作为最终热处理。

(2)改善切削加工性能

低碳钢或低碳合金钢退火后硬度太低，在切削加工时易产生“粘刀”现象，切削加工性能差。正火可提高其硬度，改善切削加工性能。

(3)作为预先热处理

对于过共析钢，正火可消除网状的渗碳体，为球化退火做好组织准备；对于中碳结构钢制作的重要零件，正火可消除组织缺陷，为最终热处理做好组织准备。

2. 退火与正火的选用

正火冷却速度比退火快，得到的是索氏体组织，比退火组织(珠光体)细薄，所以强度和硬度稍高一些。

(1)从改善钢的切削加工性能方面考虑

一般认为，钢的硬度在170～250HBS时具有良好的切削加工性能。低碳钢宜采用正火；中碳钢既可采用正火，也可采用退火；对于碳质量分数为0.45%～0.77%的中高碳钢则必须采用完全退火；过共析钢采用正火消除网状渗碳体后再用球化退火。

(2)从经济性方面考虑

由于正火比退火生产周期短，工艺简便，生产成本低，因此，在满足各种性能的前提下，应优先考虑正火。

8.4 钢的淬火

淬火是将钢加热到临界温度(Ac_3或Ac_1以上)，保温使钢奥氏体化后，快速冷却以获得马氏体组织的热处理工艺。淬火的目的是获得马氏体组织，提高钢的硬度和强度。淬火是钢的最主要的强化方法之一。

8.4.1 淬火工艺

1. 淬火温度

淬火温度即钢的奥氏体化温度。为了防止奥氏体晶粒粗化，淬火温度不能过高。非合金钢的淬火温度可利用铁-碳合金相图来确定。

(1)亚共析钢

亚共析钢的淬火温度为Ac_3以上30～50 ℃，如图8-23所示。

亚共析钢淬火后的组织为细小均匀的马氏体。加热温度过低(Ac_1～Ac_3)，淬火后的组织为马氏体加铁素体，使钢的强度硬度降低；加热温度过高，造成奥氏体晶粒长大，淬火后得到粗大的马氏体，使钢的性能下降。

(2)共析钢和过共析钢

共析钢和过共析钢的淬火温度为Ac_1以上30～50 ℃，如图8-23所示。

共析钢淬火后的组织为细小的马氏体和少量残余奥氏体；过共析钢淬火后的组织为

细小的马氏体加颗粒状渗碳体和少量残余奥氏体。渗碳体比马氏体硬，有利于改善钢的硬度和耐磨性。加热温度过低，淬火后得到非马氏体组织，钢的硬度达不到要求；加热温度过高（Ac_{cm} 以上），奥氏体晶粒粗大，渗碳体溶解过多，淬火后马氏体晶粒也粗大，且淬火钢中残余奥氏体量增多，使钢的硬度、耐磨性下降，变形开裂倾向增加。

（3）合金钢

大多数合金元素有阻碍奥氏体晶粒长大的作用。为了使合金元素完全溶于奥氏体中，淬火温度可以比非合金钢高一些，一般为临界温度以上 50～100 ℃。

2. 加热时间

一般将淬火加热升温与保温所需的时间合在一起考虑，统称为加热时间。升温阶段是指钢件装炉后炉温达到淬火温度所需的时间，保温时间是指钢件从达到淬火温度到烧透并完成奥氏体化所需的时间。

加热时间与钢件成分、尺寸和形状、加热介质及装炉方式等因素有关，可根据热处理手册中的经验公式来估算，也可由试验来确定。

3. 冷却介质

冷却是决定淬火质量最关键的工序，它必须保证工件获得马氏体组织，同时又不造成变形和开裂。符合这一要求的理想冷却速度应是图 8-24 所示的“慢—快—慢”，即不需要在整个冷却过程中都进行快速冷却，在 C 曲线鼻尖附近，即 650～400 ℃要快速冷却，以保证全部奥氏体不会转变成其他组织；在 650 ℃以上及 400 ℃以下，过冷奥氏体较稳定，需要缓慢冷却，以减小因形成马氏体而产生的内应力。实际生产中，还没有找到一种淬火冷却介质能符合这一理想冷却速度的要求。

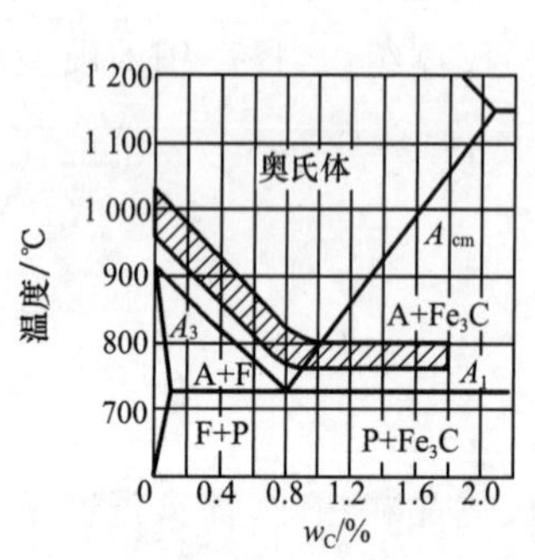

图 8-23 非合金钢的淬火温度范围

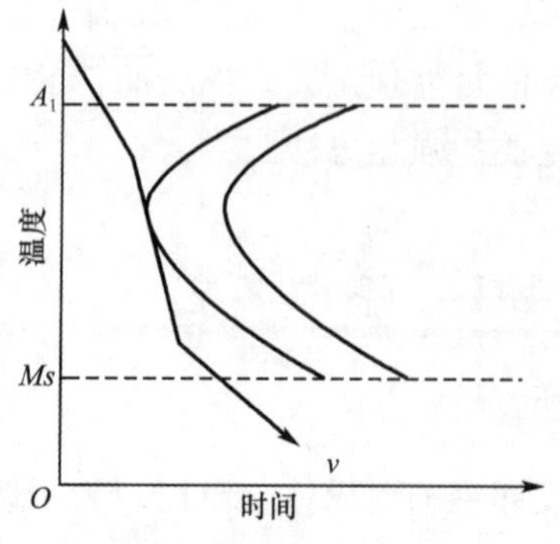

图 8-24 理想的淬火冷却速度

生产中常用的冷却介质是水和油。

（1）水

水是冷却能力较强且很经济的冷却介质。水主要用于形状简单、截面尺寸较大的非合金钢工件，而且温度要控制在 30 ℃以下。水的缺点是在 650～400 ℃冷却能力不够强，而在 300～200 ℃冷却能力又太强，易造成工件的变形和开裂。提高水的温度会降低其冷却能力。水中加入某些物质如 NaCl，NaOH，Na_2CO_3 和聚乙烯醇等，能改变其冷却能力以适应一定淬火用途的要求。

(2)油

常用的油类冷却介质有各种矿物油(如机油、变压器油等)。油一般用于合金钢或小尺寸非合金钢工件的淬火。油在 300～200 ℃冷却能力低,仅为水的 1/4,有利于减少工件的变形和开裂。但它在 650～550 ℃冷却能力也非常低,不利于工件的淬硬,使用时油温不能太高。

熔融的碱和盐也常用作淬火介质,称碱浴或盐浴。它们的冷却能力介于水和油之间,使用温度范围多为 150～500 ℃。这类介质只适用于形状复杂和变形要求严格小型件的分级淬火和等温淬火。

4. 淬火方法

尽管人类在不断探索新型淬火冷却介质,但目前为止还没有一种理想的冷却介质能完全满足要求,所以需要从淬火方法上来保证淬火质量。常用的淬火方法有以下四种:

(1)单介质淬火

工件奥氏体化后,在一种介质中连续冷却到室温,如图 8-25 中的曲线 1 所示。例如非合金钢在水中淬火,合金钢在油中淬火。

单介质淬火操作简单,容易实现机械化。但它不符合理想冷却速度的要求,水淬易变形和开裂,油淬易淬不硬。单介质淬火主要用于形状简单的工件。

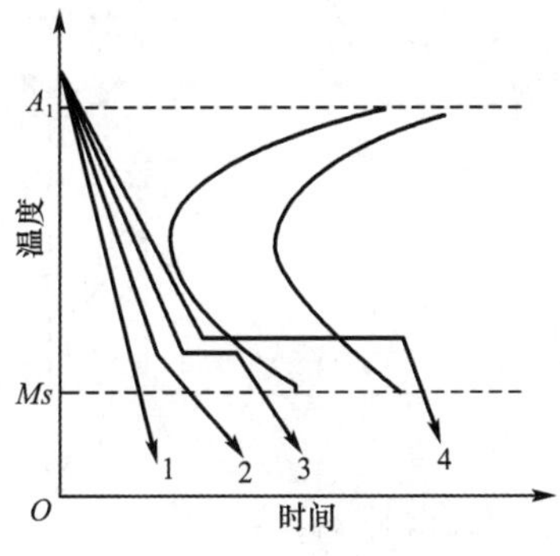

图 8-25 常用的淬火冷却方法

(2)双介质淬火

工件奥氏体化后,先浸入冷却能力较强的介质中,冷却到 300 ℃左右时,立即转入另一种冷却能力较弱的介质中发生马氏体转变,如图 8-25 中的曲线 2 所示。例如将工件先水淬后油冷,或先油淬后空冷等。双介质淬火产生的内应力小,工件不易变形开裂,且容易淬硬,但是操作复杂,技术要求高。双介质淬火主要用于形状复杂的非合金钢工件和较大尺寸的合金钢工件。

(3)分级淬火

工件奥氏体化后,迅速浸入温度稍高于 Ms 点的盐浴或碱浴中,保温适当时间,待钢件内外层都达到介质温度后出炉空冷,如图 8-25 中的曲线 3 所示。

分级淬火操作简单,产生的热应力和相变应力小,工件不易变形和开裂,但是盐浴或碱浴的冷却能力较小。分级淬火主要用于尺寸比较小且形状复杂的工件。

(4)等温淬火

工件奥氏体化后,浸入温度稍高于 Ms 线的盐浴或碱浴中,保温足够长的时间,使奥氏体完全转变为下贝氏体,然后出炉空冷,如图 8-25 中的曲线 4 所示。

等温淬火产生的内应力小,工件不易变形和开裂,但生产周期较长,生产率低。等温淬火主要用于形状复杂且要求有较高强韧性的小型模具及弹簧。

8.4.2 钢的淬透性

淬透性是钢的主要热处理性能,是机械零件选材和制定热处理工艺的重要依据之一。

1. 淬透性的概念

淬透性是指钢在淬火时获得马氏体的能力。若工件从表面到心部都能得到马氏体,则说明工件已淬透。但大的工件表面冷却速度大于 v_K,得到的是马氏体组织,而越往心部冷却速度越小,得到的是非马氏体组织,说明工件未淬透。如图 8-26 所示。

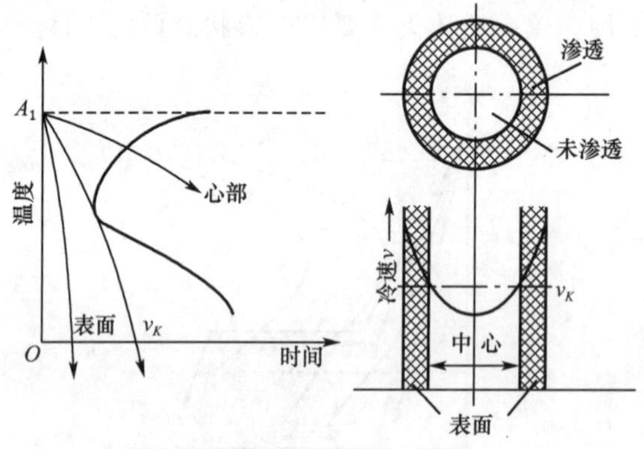

图 8-26 钢的淬透性

淬透性的大小用规定条件下的淬透层深度表示。理论上,淬硬层深度应是工件整个截面全部淬成马氏体的深度。实际上,当钢的淬火组织中有少量非马氏体组织时,硬度变化不明显;当淬火组织中非马氏体达到一半时,硬度发生显著变化。因此,淬硬层深度为工件表面至半马氏体区(马氏体与非马氏体组织各占一半处)的深度。不同的钢在同样条件下淬硬层深度不同,说明它们的钢淬透性不同。淬硬层越深,钢的淬透性越好。

淬透性是钢的一种固有属性,与工件尺寸和冷却介质无关,但硬层深度与工件的尺寸和冷却介质有关。工件尺寸越小,介质冷却能力越强,淬硬层越深。

钢的淬透性和淬硬性是两个不同的概念。淬硬性是指钢淬火后所能达到的最高硬度,即硬化能力。钢的淬硬性主要决定于马氏体的碳含量。淬透性和淬硬性并无必然联系，淬透性好，淬硬性不一定好；同样的，淬硬性好，淬透性也不一定好。如过共析钢的淬硬性高，但淬透性低；而低碳合金钢的淬硬性虽然不高，但淬透性很好。

2. 影响淬透性的因素

影响淬透性的因素主要是C曲线的位置。C曲线右移，淬火临界冷却速度减小，淬透性提高。具体影响因素如下：

(1)碳质量分数

对于碳钢，钢中碳质量分数越接近共析成分，其C曲线越靠右，临界冷却速度越小，则淬透性越好。共析钢的临界冷却速度最小，其淬透性在非合金钢中最好。

(2)合金元素

除Co以外，所有合金元素都能使C曲线右移，使钢的淬透性增加，因此合金钢的淬透性比非合金钢好。

(3)奥氏体化条件

提高奥氏体化温度、延长保温时间，使奥氏体晶粒长大、成分均匀，从而降低了过冷奥氏体转变的形核率，增强了奥氏体的稳定性，使钢的淬透性提高。

3. 淬透性的实际意义

力学性能是机械设计中选材的主要依据，而钢的淬透性又直接影响其热处理后的力学性能。淬透性不同的钢材，淬火后沿截面的组织和机械性能差别很大。图8-27所示为淬透性不同的钢制成直径相同的轴，经调质后机械性能的对比。图8-27(a)所示为钢全部淬透，力学性能均匀，强度高，韧性好；图8-27(b)所示为仅表面淬透，尽管硬度比较高，但强度和冲击韧性都较低。

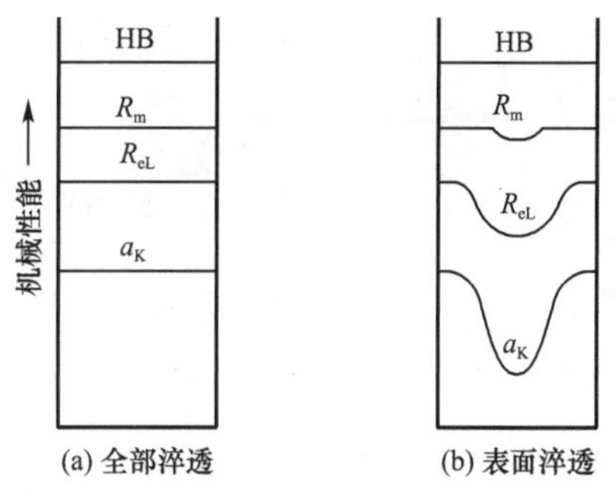

图8-27 钢的淬透性与力学性能的关系

对于截面尺寸较大、形状复杂的重要零件，要求截面力学性能均匀的零件，如连杆、锻模、锤杆等，应选用高淬透性的钢制造，并要求全部淬透。对于承受弯曲和扭转的零件，如轴、齿轮，由于应力在工件截面上的分布是不均匀的，其外层受力较大，心部受力较小，故可选用淬透性较低的钢种，不必全部淬透。

8.5 钢的回火

回火是将淬火钢重新加热到 A_1 以下的某一温度，保温一定时间，然后冷却到室温的热处理工艺。

8.5.1 回火目的

1. 减小或消除淬火内应力

工件淬火后存在很大内应力，为防止工件变形甚至开裂，淬火后必须回火。

2. 稳定工件尺寸

工件淬火后获得的马氏体和残余奥氏体都是不稳定的组织，有自发向平衡组织转变的倾向，进而导致工件的尺寸形状改变，这对于精密零件是不允许的。回火可使淬火组织转变为平衡组织，保证工件不再发生形状和尺寸的变化。

3. 获得工艺所要求的力学性能

淬火钢大部分硬度高、脆性大，通过适当的回火可获得所要求的强度、硬度和韧性，以满足各种工件的不同使用要求。

钢未经淬火而直接回火是没有意义的。钢淬火后不回火不能直接使用，所以钢淬火后必须及时回火。

8.5.2 回火转变

1. 组织转变

淬火钢中的马氏体及残余奥氏体都是不稳定的组织，具有自发向稳定组织转变的倾向。随着回火温度的升高，钢的组织将发生以下转变：

(1)马氏体分解(200 ℃以下)

在 200 ℃以下加热时，马氏体开始分解，析出极细微的 ε 碳化物，使马氏体中碳的过饱和度降低。这一阶段的回火组织为过饱和度较低的马氏体和 ε 碳化物组成的混合组织，称为回火马氏体，如图 8-28(a)所示，用 $M_{回}$ 表示。此阶段内应力有所减小。

(2)残余奥氏体分解(200～300 ℃)

当温度升至 200～300 ℃时，马氏体继续分解。由于马氏体的分解，降低了残余奥氏体的压力，使其转变为下贝氏体。这一阶段的回火组织为下贝氏体和回火马氏体，亦可视为回火马氏体。此阶段内应力进一步减小，但硬度并未明显降低。

(3)碳化物转变(250～400 ℃)

随着温度继续升高,碳原子的扩散能力增大,过饱和固溶体很快转变成 F,形态仍保留着原马氏体的针状;同时亚稳定的 ε 碳化物也逐渐转变成极细的稳定的渗碳体。这一阶段的回火组织为针状铁素体和极细小粒状渗碳体的混合组织,称为回火托氏体,如图 8-28(b)所示,用 $T_回$ 表示。此阶段内应力基本消除,硬度有所下降,塑性、韧性得到提高。

(4)渗碳体的聚集长大和铁素体的再结晶(400 ℃以上)

回火温度高于 400 ℃时,极细小的渗碳体逐渐聚集长大,形成较大的粒状渗碳体。温度高于 450 ℃时,针状铁素体再结晶为多边形铁素体。这一阶段的回火组织为多边形铁素体基体上分布着粗粒状渗碳体,称为回火索氏体,如图 8-28(c)所示,用 $S_回$ 表示。此阶段内应力和晶格畸变完全消除。

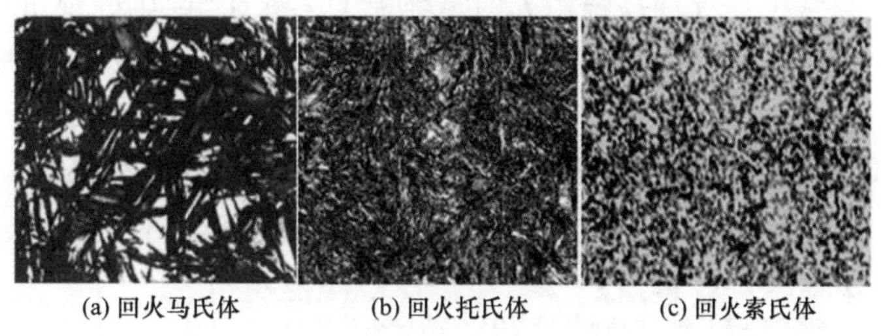

图 8-28 回火显微组织(500×)

2. 性能变化

淬火钢回火时的组织变化必然导致性能的变化。随着回火温度的升高,钢的强度、硬度降低,塑性、韧性提高。如图 8-29 所示。

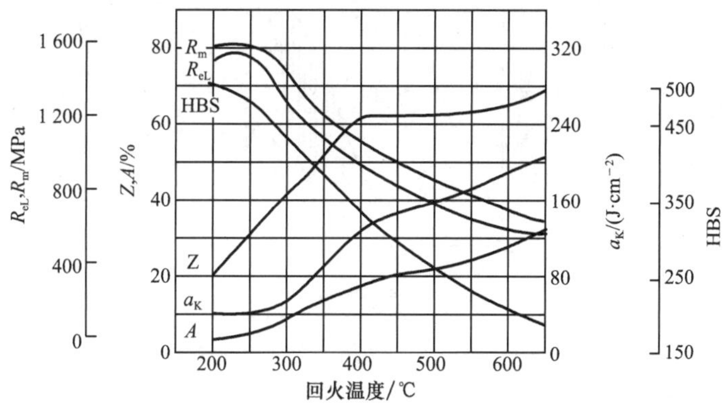

图 8-29 35 钢力学性能与回火温度的关系

8.5.3 回火的种类及应用

淬火钢回火后的组织和性能取决于回火温度。根据工件的不同性能要求,按其回火

温度范围,可将回火分为以下三种:

1. 低温回火(150～250 ℃)

回火后的组织为回火马氏体。其目的是降低淬火内应力和脆性,保持淬火组织的高硬度和高耐磨性,主要用于高碳钢、合金工具钢制造的刃具、量具、冷作模具、滚动轴承及渗碳件、表面淬火件等。低温回火后硬度可达 58～64HRC。

2. 中温回火(350～500 ℃)

回火后的组织为回火托氏体。其目的是大幅降低淬火内应力,提高工件的弹性极限和屈服强度,并使其具有一定的塑性和韧性,主要用于各种弹簧及锻模等。中温回火后硬度可达 35～50HRC。

3. 高温回火(500～650 ℃)

回火后的组织为回火索氏体。其目的是使工件获得强度、硬度、塑性和韧性都较好的综合力学性能。通常把淬火加高温回火的热处理工艺称作"调质处理",主要用于各种重要的结构零件,如轴、连杆、螺栓及齿轮等。高温回火后硬度可达 25～35HRC。

调质处理可作为最终热处理。由于调质处理后钢的硬度不高,便于切削加工,并能得到较好的表面质量,因此也可作为表面淬火和化学热处理的预备热处理。

8.5.4 回火脆性

钢回火时,随着温度的升高,通常强度、硬度下降,塑性、韧性提高,但钢的韧性并不总是随回火温度的升高而提高的,在某些温度范围内,反而出现冲击韧性下降的现象,称作回火脆性。钢的冲击韧性变化规律如图 8-30 所示。

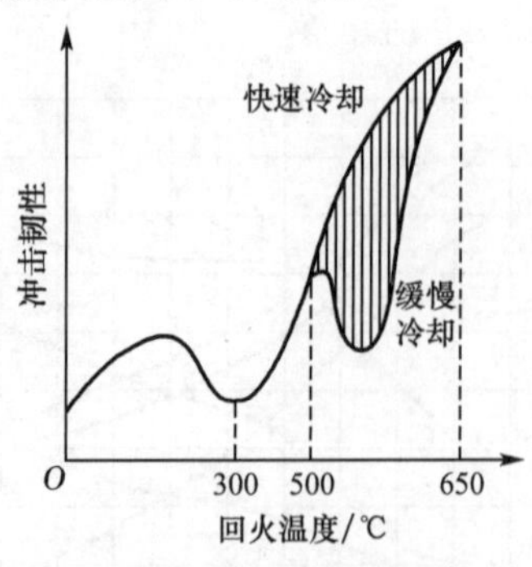

图 8-30 钢的冲击韧性随回火温度的变化

根据回火脆性出现的温度范围,可将其分为两类:

1. 低温回火脆性(第一类回火脆性)

低温回火脆性发生在 250～400 ℃,几乎所有的钢都存在这类脆性,它是不可逆的。只要在此温度范围内回火就会出现脆性,有效的防止办法是避免钢在此温度范围内回火。

2. 高温回火脆性(第二类回火脆性)

高温回火脆性发生在 450～650 ℃,具有可逆性,与加热、冷却条件有关。如果回火后快速冷却,就不会出现脆性。如果高温回火脆性已经发生,只要将工件再加热到原来的回

火温度，重新回火并快速冷却，则可完全消除。这类回火脆性主要发生在含 Cr，Mn，Ni 等合金元素的结构钢。有效的防止办法是尽量减少钢中杂质元素的含量，或者加入 W，Mo 等能抑制杂质在晶界偏聚的合金元素。

8.6 钢的表面热处理和化学热处理

生产中有些零件如齿轮、套筒、凸轮、活塞销等，是在扭转和弯曲等交变载荷及冲击载荷作用下工作的，它们的表面承受着比心部更高的应力，在有摩擦的场合，表面层还不断被磨损。因此，要求这类零件表面要具有高的强度、硬度、耐磨性和疲劳极限，而心部仍保持足够的塑性和韧性来抵抗冲击载荷，即要"外硬内韧"。要达到上述要求，仅通过选材及普通热处理很难解决，通常采取的方法是对零件进行表面热处理和化学热处理。

8.6.1 表面热处理

表面热处理又称表面淬火，是仅对工件表层进行淬火以改变表层组织和性能的热处理工艺。具体原理是将工件表面快速加热到淬火温度，在心部尚处于较低温度时迅速予以冷却，使表面被淬硬成为马氏体，而心部仍保持为未淬火状态的组织，即原来塑性、韧性较好的退火、正火或调质状态的组织。

1. 表面淬火方法

表面淬火的方法很多，有感应加热表面淬火、火焰加热表面淬火、激光加热表面淬火、电接触加热表面淬火及电解液加热表面淬火等，最常用的是前两种。

(1)感应加热表面淬火

感应加热表面淬火如图 8-31 所示。工作时，感应线圈中通以一定频率交变电流，在其内部和周围产生交变磁场。置于感应线圈内的工件中就会产生一定频率的感应电流（涡流）。这种感应电流在工件中的分布是不均匀的，表面电流密度大，心部几乎为零。通入线圈的电流频率越高，电流集中的表面层越薄，这种现象称为集肤效应。感应电流的集肤效应，使工件表层被快速加热至奥氏体化，随后快速冷却，在工件表面就可获得一定深度的淬硬层。

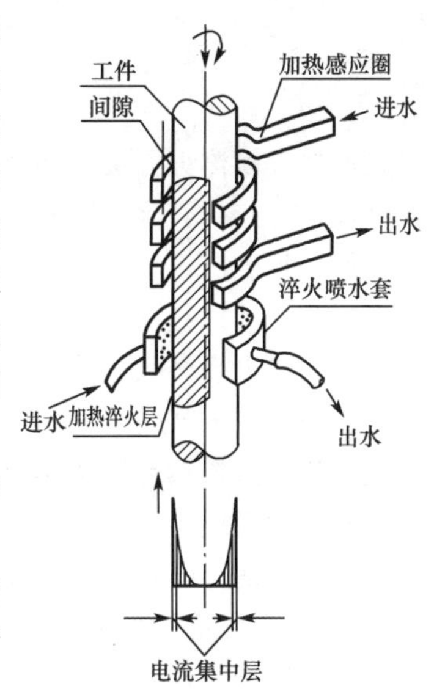

图 8-31 感应加热表面淬火

根据电流频率不同，感应加热表面淬火又可分为三类：

①高频感应加热表面淬火　常用电流频率为 250～300 kHz，淬硬层深度为 0.5～2.0 mm，适用于中小模数的齿轮和中小尺寸的轴类等。

②中频感应加热表面淬火　常用电流频率为

2 500～8 000 Hz,淬硬层深度为 2～10 mm,适用于大中模数的齿轮和直径较大轴类等。

③工频感应加热表面淬火　电流频率为 50 Hz,淬硬层深度可达 10～15 mm,适用于较大直径零件或大直径零件的穿透加热。

感应加热表面淬火的特点:

①加热速度快(一般只需几秒至几十秒),加热温度高(高频感应淬火为 Ac_3 以上 100～200 ℃)。

②淬火后其组织为细的隐晶马氏体,硬度比普通淬火提高 2～3HRC,且脆性较低。

③淬火时马氏体体积膨胀,在工件表面造成较大的残余压应力,具有较高的疲劳强度。

④加热时间短,工件不易氧化和脱碳,工件变形小。

⑤加热温度和淬硬层厚度容易控制,便于实现机械化和自动化。

上述特点使感应加热表面淬火在生产中得到了广泛的应用,但其设备较贵,维修、调整比较困难。另外形状复杂零件的感应器不易制造,所以感应加热表面淬火不适用于单件生产,仅适用于大批量生产。

(2)火焰加热表面淬火

如图 8-32 所示,火焰加热表面淬火是将乙炔-氧或煤气-氧的混合气体燃烧的高温火焰喷射在工件表面上,使工件快速加热到淬火温度,然后立即喷水冷却的热处理工艺。其淬硬层深度一般为 2～8 mm。

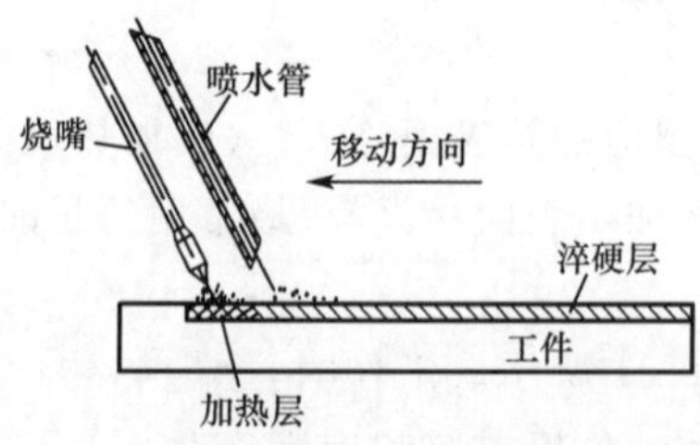

图 8-32　火焰加热表面淬火

火焰加热表面淬火方法简便,设备简单、成本低、灵活性大。但工件表面易过热,淬火质量不稳定,生产率低,因而限制了它在机械制造业中的广泛应用。火焰加热表面淬火主要用于单件小批生产,以及大型件的表面淬火。

2. 表面淬火后的热处理

工件表面淬火后必须进行低温回火方能使用。回火的目的是降低内应力,并保持表面淬火后的高硬度和高耐磨性。经表面淬火加低温回火后,工件的表层组织为回火马氏体,心部组织不变,依然为预备热处理后的组织。

3. 表面淬火用钢

表面淬火最适宜的钢种是中碳钢和中碳合金钢,如 40,45,40Cr,40MnB 等。碳含量过高,会使工件心部的韧性下降;碳含量过低,会使工件表面的硬度、耐磨性降低。此外,表面淬火还可用于铸铁、低合金工具钢、高碳工具钢等。

一般表面淬火前应对工件进行正火或调质处理,目的是为表面淬火做好组织准备,并获得最终的心部组织,以保证心部有良好的塑性和韧性。

8.6.2 化学热处理

化学热处理是将工件置于适当的活性介质中加热、保温，使一种或几种元素渗入它的表面，以改变表层化学成分、组织和性能的一种热处理工艺。

化学热处理的方法很多，随渗入元素的不同，工件表面具有不同的性能。其中渗碳及碳氮共渗可提高钢的硬度、耐磨性及疲劳强度；渗氮、渗硼及渗铬使工件表面特别硬，可显著提高耐磨性和耐蚀性；渗铝可提高耐热抗氧化性；渗硫可提高减摩性；渗硅可提高耐酸性等。在机械工业中，最常用的是渗碳、渗氮和碳氮共渗等。

1. 渗碳

渗碳是将工件放入渗碳介质中，加热到 900～950 ℃并保温，使工件表面层渗入碳原子的一种化学热处理工艺。

(1)渗碳目的及渗碳用钢

渗碳的目的是提高工件表层碳含量，使低碳(w_C=0.10%～0.25%)工件表面变为高碳(w_C=1.0%～1.2%)表面。工件经过渗碳及随后的淬火及和回火处理后，可提高表面的硬度、耐磨性和疲劳强度，而心部仍保持良好的塑性和韧性。因此渗碳主要用于同时受严重磨损和较大冲击载荷的零件，例如各种齿轮、活塞销、套筒等。

渗碳用钢一般都是碳质量分数为 0.10%～0.25%的低碳钢和低碳合金钢，如 15，20，20Cr，20CrMnTi 等。因此低碳钢又称为渗碳钢，低碳合金钢又称为合金渗碳钢。

(2)渗碳方法

根据渗碳剂的状态不同，渗碳方法可分为固体渗碳、气体渗碳和液体渗碳三种。目前气体渗碳应用最广泛，液体渗碳极少采用。

(3)渗碳温度和渗碳后的组织

渗碳温度一般在 900～950 ℃。由 $Fe\text{-}Fe_3C$ 相图可知，奥氏体的溶碳能力较强。因此渗碳温度必须在 Ac_3 以上。温度越高，渗碳速度越快，渗碳层越厚，生产率也越高。但温度过高，容易引起奥氏体晶粒显著长大，且易使零件在渗碳后的冷却过程中变形。

工件渗碳后表层的碳质量分数通常为 0.85%～1.05%，并从表层到中心碳质量分数逐渐降低，中心为原低碳钢的碳质量分数。渗碳后缓冷到室温的组织从表层到心部依次是过共析组织(珠光体和二次渗碳体)、共析组织(珠光体)、过渡组织(珠光体和铁素体)，心部为原低碳钢组织(珠光体和铁素体)，如图 8-33 所示。

一般规定，从表面到过渡层的一半处为渗碳层深度。渗碳层深度取决于工件尺寸和工作条件，一般为 0.5～2.5 mm。

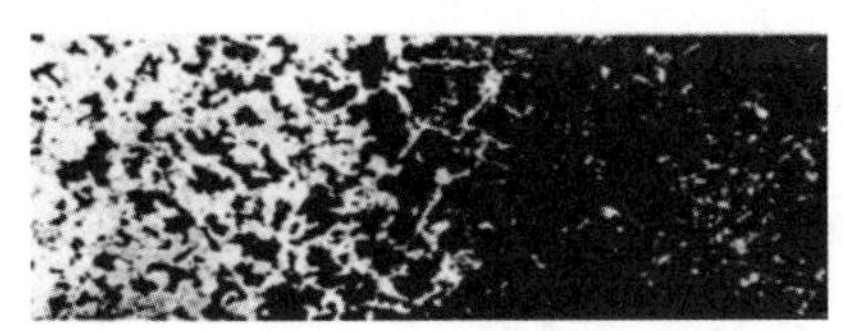

图 8-33 低碳钢渗碳缓冷组织(500×)

(4)渗碳后热处理

为了充分发挥渗碳层的作用,使渗碳件表面获得高硬度和高耐磨性,心部保持一定强度和较高的韧性。工件在渗碳后必须进行热处理,常用的热处理方法有三种:

①直接淬火　工件渗碳后直接淬火或预冷到 830～850 ℃后淬火,预冷是为了减少淬火变形,如图 8-34(a)所示。直接淬火适用于本质细晶粒钢或性能要求较低的零件。

②一次淬火　工件渗碳缓慢冷却之后,重新加热到淬火温度进行淬火,如图 8-34(b)所示。加热温度应兼顾表层和心部要求。心部性能要求较高时,加热温度略高于 Ac_3;心部性能要求不高,而表面性能要求较高时,加热温度可选在 Ac_1～Ac_3,使表层晶粒细化,而心部组织和性能无大的改善,因此该方法只适用于细晶粒钢种。

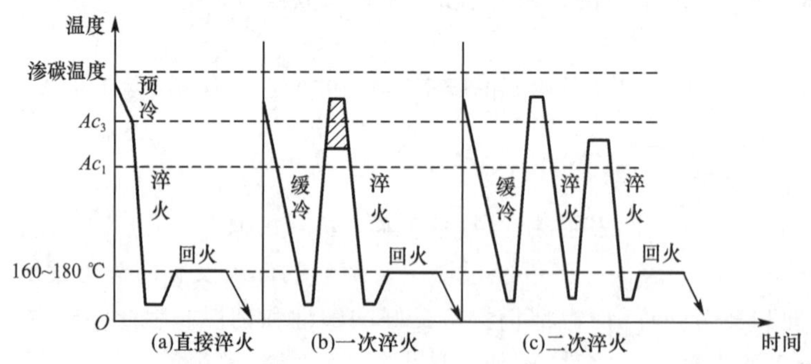

图 8-34　渗碳后的热处理

③二次淬火　工件渗碳缓慢冷却之后,进行两次加热淬火,如图 8-34(c)所示。第一次淬火加热温度为 Ac_3 以上 30～50 ℃,目的是改善心部组织并消除表层网状渗碳体;第二次淬火加热温度为 Ac_1 以上 30～50 ℃,目的是细化表层组织,获得细马氏体和均匀分布的粒状二次渗碳体。二次淬火工艺复杂,生产率低,成本高,且会增大工件的变形及氧化与脱碳,因此现在生产上很少应用。

2. 渗氮

渗氮是向工件表面渗入氮元素的热处理工艺。

(1)渗氮目的及渗氮用钢

渗氮的目的在于提高工件表面的硬度、耐磨性、疲劳强度及耐蚀性。

常用的渗氮用钢是指含有 Al,Cr,Mo,W,V,Ti 等合金元素的合金钢,如 35CrAlA,38CrMoAlA,38CrWVAlA 等,这些合金元素在渗氮过程中能形成高硬度稳定的氮化物,弥散分布在渗氮层中,使工件表面获得极高的硬度和耐磨性。

(2)渗氮方法

目前常用的渗氮方法有气体渗氮和离子渗氮两种。

①气体渗氮　将氨气通入装有工件的密封炉内加热,使其分解出活性氮原子,被工件表面吸收而形成固溶体和氮化物。氮原子逐渐向工件内部扩散,形成一定的渗氮层。气体渗氮温度不高,通常为 500～570 ℃,低于调质的回火温度,因此渗氮件的变形很小,但渗氮所需的时间很长。如需获得 0.4～0.6 mm 厚的渗氮层,一般需要 40～70 h。

②离子渗氮　在真空容器内使氨气电离出氮离子,氮离子高速冲击工件并渗入工件表面,并逐渐向工件内部扩散,形成一定的渗氮层。离子渗氮速度快,生产周期短,仅为气体渗氮的 1/4～1/3,工件变形小,渗氮层质量高,对材料的适应性强,在生产上有广泛的应用。

(3)渗氮后的热处理

工件经渗氮后表层具有高硬度和高耐磨性,所以无须再进行热处理。为了保证工件心部的综合力学性能,在渗氮前应进行调质处理。对于形状复杂或精度要求高的零件,在渗氮前、精加工后还要进行消除内应力的退火,以减少氮化时的变形。

渗氮的特点是渗氮件的表面硬度和耐磨性比渗碳件高,同时渗氮层体积胀大,在工件表层形成较大的残余压应力,疲劳强度大大提高,表层形成的氮化物薄膜具有良好的耐腐蚀性,渗氮需要的温度低,一般为500～600 ℃,且渗氮后不需要淬火,因此工件变形小,通常无须再加工。渗氮的缺点是工艺复杂,生产周期长,成本高,氮化层薄。因而渗氮钢主要用于耐磨性及精度均要求很高的零件,或要求耐热、耐磨及耐蚀的零件。如精密机床丝杠、镗床主轴、汽轮机阀门和阀杆、精密传动齿轮和轴、发动机汽缸和排气阀以及热作模具等。

3. 碳氮共渗

碳氮共渗是向工件表面同时渗入碳原子和氮原子的化学热处理工艺,也称氰化。碳氮共渗主要有液体碳氮共渗和气体碳氮共渗两种。目前应用较广泛的是低温气体碳氮共渗和中温气体碳氮共渗。

低温气体碳氮共渗以渗氮为主,又称为软氮化,一般加热到500～570 ℃的共渗温度。其目的在于提高钢的耐磨性和抗咬合性,但渗层硬度提高不多。

中温气体碳氮共渗以渗碳为主。工艺过程为将工件放入密封炉内,加热到共渗温度830～850 ℃,向炉内滴入煤油,同时通以氨气,经保温后工件表面形成一定深度的共渗层。其目的在于提高钢的硬度、耐磨性和疲劳强度。中温气体碳氮共渗后的工件需进行淬火加低温回火。淬火后得到含氮马氏体,硬度较高,其耐磨性比渗碳件好。共渗层比渗碳层有更高的压应力,其耐疲劳性能和耐蚀性更为优越。

碳氮共渗不仅适用于渗碳钢,也可用于中碳钢和中碳合金钢。与渗碳相比,碳氮共渗具有时间短、变形小、表面硬度高、生产率高等优点。但共渗层较薄,主要用于形状复杂、要求变形小、受力不大的小型耐磨零件。

8.7 钢的热处理新技术与表面处理新技术

为了提高零件的机械性能和表面质量,降低成本,提高经济效益,减少或防止环境污染等,发展了许多热处理新技术及表面处理新技术,这里分别介绍其中的几种。

8.7.1 热处理新技术

1. 可控气氛热处理

为了达到某一目的,向热处理炉内通入某种经过制备的气体介质,这些气体介质总称为可控气氛。工件在可控气氛中进行的热处理,称为可控气氛热处理。常用的可控气氛主要由一氧化碳、氢、氮及微量的二氧化碳、甲烷等气体组成。按其所起的作用,分为渗碳性、还原性和中性气氛等。可控气氛热处理的主要目的是减少和防止工件加热时的氧化和脱碳;提高工件尺寸精度和表面质量,节约钢材;控制渗碳时渗层中碳质量分数,而且可使脱碳工件重新复碳。根据气体制备的特点,可控气氛分为以下几种类型:吸热式气氛、放热式气氛、放热-吸热式气氛、滴注式气氛等。

2. 真空热处理

这里的真空是指压强远低于一个大气压的气态空间。在真空中进行的热处理称为真空热处理，它包括真空淬火、真空退火、真空回火和真空化学热处理等。真空热处理具有以下特点：

(1)热处理变形小

因真空加热缓慢而且均匀，故热处理变形小。

(2)减少和防止氧化

真空中氧的分压很低，金属表面氧化很轻，几乎难于察觉。

(3)净化表面

在高真空中，表面的氧化物发生分解，工件可得到光亮的表面。洁净光亮的表面不仅美观，而且可提高工件表面力学性能，延长工件使用寿命。

(4)节省能源

减少污染，劳动条件好。

(5)设备造价高

目前多用于模具、精密零件的热处理。

3. 形变热处理

形变热处理是将塑性变形和热处理有机结合起来，以获得形变强化和相变强化的综合热处理工艺。这种工艺既可提高钢的强度，又可改善钢的塑性和韧性。因为在金属同时受到形变和相变时，奥氏体晶粒细化，位错密度增高，晶界发生畸变，碳化物弥散效果增强，从而可获得单一强化方法不可能达到的综合强韧化效果。钢件形变热处理后，一般都可提高强度10%～30%，提高塑性40%～50%，提高冲击韧性1～2倍，并使钢件具有高的抗脆断能力。该工艺广泛用于结构钢、工具钢工件，用于锻后余热淬火、热轧淬火等。

8.7.2 表面处理新技术

1. 热喷涂技术

将金属或非金属固体材料加热至熔化或半熔软化状态，然后将它们高速喷射到工件表面上，形成牢固涂层的表面加工方法称为热喷涂技术。

(1)热喷涂技术的分类

根据热源不同，热喷涂技术可分为火焰喷涂、等离子喷涂、电弧喷涂、激光喷涂等。

(2)热喷涂技术的主要特点

①涂层和基体材料广泛，基体可以是金属或非金属，喷涂材料可以是金属、硬质合金、塑料及陶瓷等。

②热喷涂工艺灵活方便，不受工件形状限制，喷涂层、喷焊层的厚度可以在较大范围内变化。

③热喷涂时基体受热程度低，一般不会影响基体材料的组织和性能。

④涂层性能多种多样，可以形成具有耐磨、耐蚀、隔热、抗氧化、绝缘、导电、防辐射等多种特殊功能的涂层。

⑤热喷涂有着较高的生产率，成本低，效益显著。

(3)应用

热喷涂可用于各种材料的表面保护、强化及修复；可以在设备维修中修旧利废，使报废的零部件“起死回生”；也可以在新产品制造中进行强化和预保护，使其“益寿延年”。

2. 气相沉积技术

气相沉积技术是指在真空下用各种方法获得的气相原子或分子在基体材料表面沉积以获得薄膜的技术。它既适用于制备超硬、耐蚀、耐热、抗氧化的薄膜，又适用于制备磁记录、信息存储、光敏、热敏、超导、光电转换等功能薄膜，还可用于制备装饰性镀膜。气相沉积技术可分为化学气相沉积(CVD)和物理气相沉积(PVD)两大类。

化学气相沉积是使挥发性化合物气体发生分解或化学反应，并在工件上沉积成膜的方法。利用多种化学反应，可得到不同的金属、非金属或化合物镀层。

物理气相沉积包括真空蒸发、溅射、离子镀三种方法。因为它们都是在真空条件下进行的，因此又称为真空镀膜法。

气相沉积镀层的特点是附着力强、均匀、快速、质量好、公害小、选材广，可以得到全包覆的镀层。在满足现代技术提出的越来越高的要求方面，这种方法比常规方法有许多的优越性。它能制备各种耐磨膜(如 TiN，W_2C，Al_2O_3 等)、耐蚀膜(如 Al，Cr，Ni 及某些多层金属等)、润滑膜(如 MoS_2，WS_2、石墨及 CaF_2 等)、磁性膜、光学膜，以及其他功能性薄膜。因此，它在机械制造、航天、原子能、电气、轻工等部门得到了广泛的应用。

3. 激光表面改性

激光表面改性是将激光束照到工件的表面，以改变材料表面性能的加工方法。激光束能量密度高(1×10^6 W/cm^2)，可在短时间内将工件表面快速加热或融化，而心部温度基本不变。当激光辐射停止后，由于散热速度快，又会产生“自激冷”。

(1)激光表面改性的特点

①高功率密度　激光能量集中，与工件表面作用时间短，适用于局部表面处理，对工件整体热影响小，因此热变形很小。

②工艺操作灵活简便，柔性大　改性层有足够厚度，适用于工程要求。

③结合良好　改性层内部、改性层和基体间呈冶金结合，不易剥落。

(2)激光束表面改性的应用

激光束表面改性技术主要应用于以下几方面：

①激光表面淬火(激光相变硬化)　利用激光辐照使铁-碳合金材料表层迅速升温并奥氏体化，而基体仍保持冷却状态。光束移去后，由于热传导的作用，此局部区域内的热量迅速传递到工件其他部位，冷却速度可达 1×10^5℃/s 以上，使该局部区域在瞬间进行自冷淬火，从而达到表面硬化的目的。激光表面淬火件硬度高(比普通淬火高 15%～20%)、耐磨、耐疲劳，变形极小，表面光亮，已广泛用于发动机缸套、滚动轴承圈、机床导轨及冷作模具等。

②激光表面合金化　激光表面合金化是指在高能激光束作用下，将一种或多种合金元素与基材表面快速熔凝，使材料表层获得具有预定的高合金特性的技术。该方法具有层深、层宽可精密控制，合金用量少，对基体影响小，可将高熔点合金涂敷到低熔点合金表面等优点，已成功用于发动机阀座和活塞环、涡轮叶片等零件的性能和寿命的改善。

(3)激光表面熔覆

激光表面熔覆是指利用激光加热基材表面以形成一个较浅的熔池，同时送入预定成分的合金粉末一起熔化后迅速凝固，或者是将预先涂敷在基材表面的涂层与基材一起熔化后迅速凝固，以得到一层新的熔覆层。

4. 离子注入表面改性技术

离子注入表面改性技术是将几万到几十万电子伏的高能束流离子注入固体材料表面，从而改变材料表面层的物理、化学和机械性能的一种新的原子冶金方法。

离子注入表面改性技术与其他表面强化技术相比，具有以下显著优点：

①离子注入后的零件，能很好地保持原有的尺寸精度和表面粗糙度，不需要再做其他表面加工处理，很适用于航空轴承等精密零件生产的最后一道工序。

②可注入任何元素，不受固溶度和热平衡的限制，对基体材料的选择也可以适当放宽，从而可节省贵重的高合金钢材和其他贵重金属材料。

③注入层与基体材料结合牢固可靠、无明显界面。

④离子注入是一个非高温过程，可以在较低的温度下完成，零件不会发生回火、变形和表面氧化。

⑤可同时注入多种元素，也可获得两层或两层以上性能不同的复合层。

离子注入表面改性技术可提高材料的耐磨性、耐蚀性、抗疲劳性、抗氧化性及电、光等特性。目前它在微电子技术、生物工程、宇航及医疗等高技术领域获得了比较广泛的应用，尤其在工具和模具制造工业的应用效果突出。

思考题

8-1 说明共析钢C曲线各个区域、各条线的物理意义，并指出影响C曲线形状和位置的主要因素。

8-2 将ϕ5 mm的T8钢加热至760 ℃并保温足够时间，请问采用什么样的冷却工艺可得到如下组织：珠光体、索氏体、托氏体、上贝氏体、下贝氏体、托氏体＋马氏体、马氏体＋少量残余奥氏体？试在C曲线上绘出工艺曲线。

8-3 判断下列说法是否正确，并说明原因：

(1)共析钢加热转变为奥氏体，冷却时得到的组织主要取决于钢的加热温度。

(2)低碳钢或高碳钢为便于进行机械加工，可预先进行球化退火。

(3)钢的实际晶粒度主要取决于钢在加热后的冷却速度。

(4)过冷奥氏体的冷却速度越快，钢冷却后的硬度越高。

(5)同一钢材在相同的加热条件下，水淬比油淬的淬透性好，小件比大件的淬透性好。

8-4 常用的淬火方法有哪几种？说明它们的主要特点及应用范围。

8-5 说明45钢试样(ϕ10 mm)经下列不同温度的加热、保温并在水中冷却得到的室温组织：700 ℃，760 ℃，840 ℃，1 100 ℃。

8-6 指出下列工件的淬火及回火温度，并说明其回火后获得的组织和大致的硬度：45钢小轴(要求综合机械性能)、60钢弹簧、T12钢锉刀。

8-7 淬透性与淬硬层深度两者有何联系和区别？影响钢淬透性的因素有哪些？影响钢制零件淬硬层深度的因素有哪些？

8-8 表面淬火的目的是什么？常用的表面淬火方法有哪几种？比较它们的优缺点及应用范围。

8-9 化学热处理包括哪几个基本过程？常用的化学热处理方法有哪几种？

8-10 通过热处理改变材料性能这一现象，理解事物表象和本质的关系，举出现实生活中的其他实例加以说明。

第9章 金属连接成形

在制造金属结构和机器的过程中，经常要把两个或两个以上构件组合起来，才能完成预定的功能，而构件之间的组合必须通过一定的连接方式实现。金属连接方式分为两大类，即可拆连接和不可拆连接。常用的金属连接有焊接、机械连接（如螺纹连接、铆钉连接、销钉连接等）和胶接等，其中，焊接、铆接、胶接为不可拆连接，螺纹连接、销钉连接为可拆连接。

9.1 焊接

9.1.1 焊接技术简介

焊接是在使用或不使用填充金属的条件下，通过加压或加热或既加压又加热的手段，将两个或多个待连接工件加热到焊接温度后形成永久性接合的一种连接方式。焊接在现代化工业生产中具有十分重要的作用，广泛应用于机械制造中的毛坯生产和制造各种金属结构件，如建筑构件、锅炉与受压容器、汽车生产、桥梁等。

与机械连接相比较，焊接具有以下优点：

(1)节约材料，减轻结构质量。

(2)接头的密封性好，可承受高压。

(3)适应性好，可实现不同材料间的连接成形。

(4)简化加工与装配工序，缩短生产周期，易于实现机械化和自动化生产。

但是，由于焊接是一个不均匀加热和冷却的过程，焊件在焊接后往往容易产生应力、变形和裂纹。此外,焊缝附近热影响区对组织和性能也有很大的影响,焊缝外还会产生其他焊接缺陷。因此,在焊接过程中要采取适当的工艺措施来防止各种缺陷的产生。

金属的焊接,按其工艺过程的特点,分为熔焊、压焊和钎焊三大类,下面分别介绍三类焊接的原理、特点及应用。

9.1.2 熔 焊

熔焊是利用局部加热的方法,将两工件接合处加热到熔化状态,形成共同的熔池,凝固冷却后,使分离的工件牢固接合的焊接方法。熔焊适合于各种金属材料任何厚度工件的焊接,且焊接强度高。主要类型有电弧焊、气焊、电渣焊、激光焊等。

1. 电弧焊

电弧焊是指以电弧为热源,利用空气放电的物理现象,将电能转换为焊接所需的热能和机械能,从而达到连接金属的目的的焊接方法。通常,电弧可通过两种方法产生:一种方法是电弧发生在一个可消耗的金属电焊条和金属材料之间,焊条在焊接过程中逐渐熔化,由此提供必需的填充材料而将结合部填满;另一种方法是电弧发生在工件材料和一个非消耗性的钨极之间,钨极的熔点应比电弧温度要高,填充材料则必须另行提供。电弧焊是应用最广泛、最重要的熔焊方法。

电弧焊通常要对金属熔池加以保护,其保护方法有很多种。例如,用适当的焊剂覆盖在消耗性的焊条之上;用颗粒的焊剂粉末或稀有气体来形成保护层或气体屏障。

电弧焊的主要方法有手工电弧焊、埋弧焊、气体保护焊等。

(1)手工电弧焊

利用电弧作为热源,用手工操作焊条进行焊接的电弧焊方法,称为手工电弧焊。手工电弧焊是利用焊条与工件之间产生的电弧热量,将焊条和工件局部熔化,从而获得牢固接头的工艺方法,因此也称为焊条电弧焊。手工电弧焊的工作原理如图 9-1 所示。

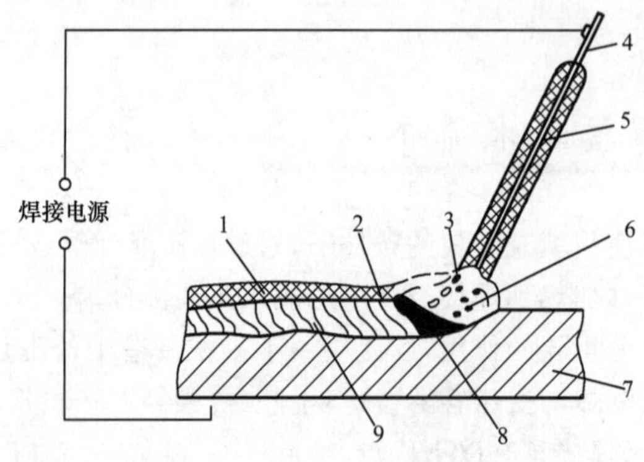

图 9-1 手工电弧焊的工作原理

1—熔渣;2—熔融渣;3—保护气体;4—焊芯;5—药皮;6—熔滴;7—工件;8—熔池;9—焊缝

①焊接原理

焊接前,将电焊机的输出端分别与工件和焊钳相连,然后在焊条和被焊工件之间引燃电弧,电弧热使工件和焊条同时熔化成熔池,焊条药皮也随之熔化形成熔渣覆盖在焊接区

的金属上方，药皮燃烧时产生大量二氧化碳气流围绕于电弧周围，熔渣和气流可防止空气中的氧、氮侵入，起保护熔池的作用。随着焊条的移动，焊条前的金属不断熔化，焊条后的金属则冷却凝固成焊缝，使被焊工件连接成整体，即完成整个焊接过程。

手工电弧焊机是供给焊接电弧燃烧的电源，常用的电弧焊机有交流电弧焊机、直流电弧焊机和整流电弧焊机等。直流电弧焊机的输出端有正、负极之分，焊接时电弧两端的极性不变。因此直流电弧焊机的输出端有两种不同的接线方法：将工件接电焊机的正极，焊条接其负极称为正接；反之则称为反接。正接用于较厚或高熔点金属的焊接，反接用于较薄或低熔点金属的焊接。当采用碱性焊条焊接时，应采用直流反接，以保证电弧稳定燃烧。当采用酸性焊条焊接时，一般采用交流电弧焊机。

手工电弧焊的特点是设备简单，操作灵活，能进行全位置焊接，能焊接不同类型的接头、不规则焊缝。但其生产率低，焊接品质不够稳定，对焊工操作技术要求较高，劳动条件差。手工电弧焊多用于单件小批生产和修复，一般适用于 2 mm 以上各种常用金属的焊接。

②焊条

手工电弧焊中最主要的要素是焊条，焊条质量直接影响到焊接质量。焊条能够在焊件之间产生稳定电弧以提供焊接时所需的热量，同时又是填充焊缝的金属材料。

a. 焊条的组成

焊条由焊芯和药皮两部分组成：

●焊芯。焊芯采用焊接专用金属丝，它在焊接时起两个作用：一是作为电源的一个电极，传导电流，产生电弧；二是熔化后作为填充材料，与母材（基本材料）一起形成焊缝金属。焊接时，焊缝金属的 50%～70% 来自焊芯，焊芯的品质直接影响了焊缝的品质。因此焊芯都采用焊接专用的金属丝。结构钢焊条的焊芯常用的牌号为 H08，H08MnA，其中："H"是"焊"字的汉语拼音首字母；"08"表示焊丝平均碳质量分数为 0.08%；"Mn"表示锰质量分数为 0.30%～0.60%；"A"表示高级优质钢。焊芯的直径称为焊条直径，焊芯的长度就是焊条的长度。常用的焊条直径为 2.0 mm，2.5 mm，3.2 mm，4.0 mm 和 5.0 mm 等，焊条长度为 250～450 mm。

●药皮。焊芯表面的涂料称为药皮，它是决定焊缝品质的主要因素之一，在焊接过程中，药皮的主要作用是提高电弧燃烧的稳定性，防止空气对融化金属的有害作用，保证焊缝金属的脱氧和加入合金元素，以提高焊缝的力学性能。药皮主要由稳弧剂、造渣剂、造气剂、脱氧剂、合金剂、黏结剂等按一定比例混合而成，涂在焊芯上，经烘干后制成。稳弧剂的原料是碳酸钾、碳酸钠、硝酸钾等，其作用是在电弧高温下易产生钾、钠等的离子，帮助电子发射，有利于引弧和使电弧稳定燃烧。造渣剂的原料是钛铁矿、赤铁矿、锰矿、金红石等，其作用是焊接时形成熔渣，对金属起保护作用。碱性渣还可以起脱硫、脱磷作用。造气剂的原料是淀粉、木屑、纤维素和大理石等，其作用是产生一定量的气体，以隔绝空气，保护焊接熔滴与熔池。脱氧剂的原料是锰-铁、硅-铁、钛-铁、铝-铁和石墨等，其作用是对熔池金属起脱氧作用，锰还具有脱硫作用。合金剂的原料是硅-铁、铬-铁、钒-铁、锰-铁和钼-铁等，其作用是使焊缝金属获得必要的合金成分。黏结剂的原料是钾水玻璃和钠水玻璃，其作用是将药皮牢固地粘在焊芯上。

我国生产的焊条按其用途分为结构钢焊条(J)、耐热钢焊条(R)、不锈钢焊条(G 或 A),堆焊焊条(D)、铸铁焊条(Z)、镍及镍合金焊条(N)、低温钢焊条(W)、铜及铜合金焊条(T),铝及铝合金焊条(L)和特殊用途焊条(T)十大类。其中,结构钢焊条应用最广泛。

根据 GB 5117－2012《非合金钢及细晶粒钢焊条》和 GB 5118－2012《热强钢焊条》的规定,非合金钢及细晶粒钢焊条和热强钢焊条型号的标识形式为"E××××-×",其中:"E"表示焊条;第一、二位数字表示熔敷金属抗拉强度的最低值;第三、四位数字表示药皮类型、焊接位置和电流类型;"-"后面的字母、数字或字母和数字的组合表示熔敷金属的化学成分分类代号。例如:E4215-2C1M 所表示的焊条,熔敷金属抗拉强度的最低值为 420 MPa,适用于全位置焊接,药皮类型为低氢钠型,应采用直流反接焊接。

焊条的种类很多,其选择直接影响焊接结构的品质、生产率和生产成本。通常应根据焊接结构的化学成分、力学性能、抗裂性、耐腐蚀性以及高温性能等要求选用相应的焊条种类。再考虑焊接结构形状、受力情况、工作条件和焊接设备等选用具体的型号与牌号。

b. 选择焊条时应遵循的原则

●考虑焊缝金属的力学性能和化学成分:对于普通结构钢,通常要求焊缝金属与母材等强度,应选用熔敷金属抗拉强度等于或稍高于母材的焊条。对于合金结构钢,有时还要求合金成分与母材相同或接近。在焊接结构刚性大、接头应力高、焊缝易产生裂纹的不利情况下,应考虑选用比母材强度低的焊条。当母材中碳、硫、磷等元素的含量偏高时,焊缝中易产生裂纹,应选用抗裂性能好的低氢型焊条。

●考虑焊接构件的使用性能和工作条件:对承受动载荷和冲击载荷的焊件,除满足强度要求外,主要应保证焊缝金属具有较高的塑性和韧性,可选用塑、韧性指标较高的低氢型焊条。接触腐蚀介质的焊件,应根据介质的性质及腐蚀特征选用不锈钢类焊条或其他耐腐蚀焊条。在高温、低温、耐磨或其他特殊条件下工作的焊件,应选用相应的耐热钢、低温钢、堆焊或其他特殊用途焊条。

●考虑焊接结构特点及受力条件:对结构形状复杂、刚性大的厚大焊件,在焊接过程中,冷却速度快,收缩应力大,易产生裂纹,应选用抗裂性好、韧性好、塑性高、含氢量低的焊条,如低氢型焊条、超低氢型焊条和高韧性焊条等。

●考虑施焊条件:当焊件的焊接部位不能翻转时,应选用适用于全位置焊接的焊条。对受力不大、焊接部位难以清理的焊件,应选用对铁锈、氧化皮、油污不敏感的酸性焊条。没有直流焊机时,必须选用可交、直流两用的焊条。在狭小或通风条件差的场合,在满足使用性能要求的条件下,应选用酸性焊条或低尘焊条。

●考虑生产率和经济性:在酸性焊条和碱性焊条都可满足要求时,应尽量选用酸性焊条。对焊接工作量大的结构,有条件时应尽量选用高效率焊条,如铁粉焊条、重力焊条、底层焊条、立向下焊条和高效不锈钢焊条等。这不仅有利于生产率的提高,而且有利于焊接质量的稳定和提高。

(2)埋弧焊

埋弧焊是利用焊丝与工件之间在焊剂层下燃烧的电弧产生热量,熔化焊丝、焊剂和母材金属而形成焊缝的熔化极电弧焊方法,是当今生产率较高的机械化焊接方法之一。埋弧自动焊有单电源并列双(多)丝埋弧焊、多电源串列双(多)丝埋弧焊、热丝填丝埋弧焊等类型。多电源串列双丝埋弧焊的工作原理如图 9-2 所示。

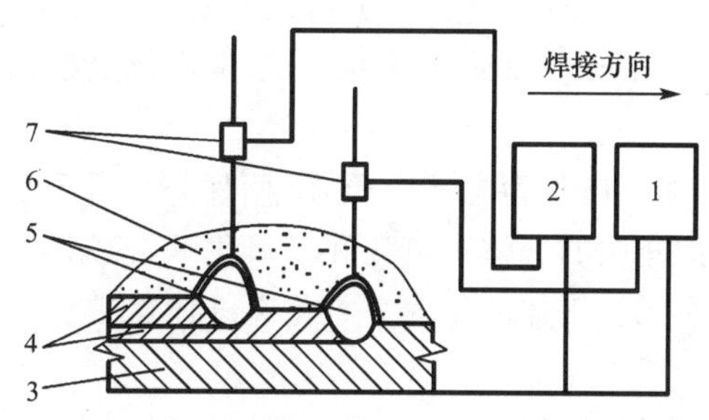

图 9-2 多电源串列双丝埋弧焊的工作原理

1,2—电源;3—焊件;4—焊缝;5—电弧;6—焊剂;7—导电嘴

①焊接原理

焊接时,送丝机构送进焊丝使之与焊件接触,焊剂通过软管均匀撒落在焊缝上,掩盖住焊丝和焊件接触处。通电以后,向上抽回焊丝而引燃电弧。电弧在焊剂层下燃烧,使焊丝、焊件接头和部分焊剂熔化,形成一个较大的熔池,并进行冶金反应。电弧周围的颗粒状焊剂被熔化成熔渣,少量焊剂和金属蒸发形成蒸气,在蒸气压力作用下,气体将电弧周围的熔渣排开,形成一个封闭的熔渣泡。它有一定的黏度,能承受一定的压力。因此,被熔渣泡包围的熔池金属与空气隔离,同时也防止了金属的飞溅和电弧热量的损失。随着焊接的进行,电弧向前移动,焊丝不断送进,熔化后的金属逐渐冷却凝固形成焊缝。熔化的焊剂覆盖在焊缝金属上形成渣壳。最后,断电熄弧,完成整个焊接过程。未熔化的焊剂经回收处理后,可重新使用。

②特点及应用

埋弧自动焊与手工电弧焊相比有以下特点:

●生产率高。埋弧自动焊的焊丝导电部分远比手工电弧焊短且外面无药皮覆盖,送丝速度又较快,因而其焊接电流可达 900 A 以上,比手工电弧焊高 6～8 倍,所以金属熔化快,焊接速度高。同时,焊丝成卷使用,节省了更换焊条的时间,因此生产率比手工电弧焊高 5～9 倍。

●焊接品质高而且稳定。埋弧自动焊时,熔渣泡对金属熔池保护严密,有效地阻止了空气的有害影响,热量损失小,熔池保持液态时间长,冶金过程进行得较为完善,气体与杂质易于浮出,焊缝金属化学成分均匀。同时焊接规范能自动控制调整,焊接过程自动进行。因此,焊接品质高,焊缝成形美观,并保持稳定。

●节省金属材料。埋弧自动焊热量集中,熔深大,厚度在 25 mm 以下的焊件都可以不开坡口进行焊接,因此降低了填充金属损耗。此外,没有手工电弧焊时的焊条头损失,熔滴飞溅很少,因而能节省大量金属材料。

●劳动条件好。由于电弧埋在焊剂之下,埋弧自动焊看不到弧光,烟雾很少,焊接过程中焊工只需预先调整焊接参数,管理焊机,焊接过程便可自动进行,所以劳动条件好。

但是埋弧自动焊的灵活性差,只能焊接长而规则的水平焊缝,不能焊短的不规则焊缝和空间焊缝,也不能焊薄的工件。焊接过程中,无法观察焊缝成形情况,因而对坡口的加工、清理和接头的装配要求较高。埋弧自动焊设备较复杂，价格高，投资大。

埋弧自动焊通常用于碳钢、低合金钢、不锈钢和耐热钢等中厚板（厚度为 6～60 mm）结构的长直焊缝及直径大于 250 mm 环缝的平焊，生产批量越大，经济效果越佳。

(3)气体保护焊

气体保护焊是将外加气体作为电弧介质，从而保护电弧和焊接区的电弧焊。在气体保护电弧焊中，用作保护介质的气体有氩气和二氧化碳，使用氩气作为保护气体的称为氩弧焊，使用二氧化碳作为保护气体的称为二氧化碳气体保护焊。

①氩弧焊

氩弧焊是使用氩气为保护气体的电弧焊。氩弧焊时，氩气从喷嘴喷出后，便形成密闭而连续的气体保护层使电弧和熔池与大气隔绝，避免了有害气体的侵入，起到了保护作用。氩弧焊按所用电极不同，分为熔化极氩弧焊和非熔化极（或钨极）氩弧焊。

●熔化极氩弧焊　利用焊丝做电极并兼做焊缝填充金属。焊接时，在氩气保护下，焊丝通过送丝机构不断地送进，在电弧作用下不断熔化，并过渡到熔池中。冷却后形成焊缝。因采用焊丝做电极，故可以采用较大的电流，适于焊接厚度为 3～25 mm 的焊件。

●非熔化极氩弧焊　非熔化极氩弧焊以高熔点的钨（或钨合金）棒作为电极，焊接时，钨棒不熔化，只起导电产生电弧的作用。焊丝只起填充金属作用，从钨棒前方向熔池中添加，焊接方式既可手工操作，也可自动化操作。钨极氩弧焊时，因为氩气和钨棒均使电弧引燃困难，如果采用同手工电弧焊一样的接触引弧，由于引弧产生的高温，钨棒会严重损耗。因此，在两极之间加一个高频振荡器，用它产生的高频高压电流引起电弧。

钨极氩弧焊时，阴极区温度可达 3 000 ℃，阳极区可达 4 200 ℃，这已超过钨棒的熔点。为了减小钨极损耗，焊接电流不能太大，通常适用于焊接厚度为 0.5～6.0 mm 的薄板。钨极氩弧焊焊接低合金钢、不锈钢、钛合金和紫铜等材料时，一般采用直流电源正接法，使钨棒为温度较低的阴极，以减少钨棒的熔化和烧损。焊接铝、镁及其合金时，一般采用直流反接法，这样便可利用钨极射向焊件的正离子撞击工件表面，使焊件表面形成的高熔点氧化物（Al_2O_3，MgO）膜破碎而去除，即“阴极破碎”作用，从而使焊接品质得以提高。但这种方式会造成钨棒消耗加快。因此，在实际生产中，焊接这类合金时，多采用交流电源。当焊件处于正极的半周内，有利于钨棒的冷却，减少其损耗；当焊件处于负极的半周内时，有利于造成“阴极破碎”作用，以保证焊接品质。

氩弧焊具有以下特点：

●焊缝品质好，成形美观。氩气是稀有气体，在高温下，它既不与金属起化学反应又不溶于液体金属中，而且氩气密度大（比空气的大 25%），排除空气的能力强，因此，对金属熔池的保护作用非常好，焊缝不会出现气孔和夹杂。此外氩弧焊电弧稳定，飞溅小，焊缝致密，表面没有熔渣，所以氩弧焊焊缝品质好，成形美观。

●焊接热影响区和变形较小。电弧在保护气流压缩下燃烧，热量集中，熔池较小，所以焊接速度快，热影响区较窄，工件焊后变形小。

●操作性能好。氩弧焊时电弧和熔池区是气流保护，明弧可见，所以便于观察、操作、可进行全位置焊接，并且有利于焊接过程自动化。

●适于焊接易氧化金属。由于用稀有气体氩保护，因此适于焊接各类合金钢、易氧化的有色金属以及锆、钽、钼等稀有金属。

●焊接成本高。氩气没有脱氧和去氧作用，所以氩弧焊对焊前的除油、去锈等准备工作要求严格。而且氩弧焊设备较复杂，氩气来源少，价格高，因此焊接成本较高。

目前，氩弧焊主要用于焊接易氧化的非铁金属（如铝、镁、铜、钛及其合金）和稀有金属，以及高强度合金钢、不锈钢、耐热钢等。

②二氧化碳气体保护焊

利用二氧化碳气体作为保护气体的电弧焊称为二氧化碳气体保护焊。它以连续送进的焊丝作为电极，靠焊丝和焊件之间产生的电弧熔化金属与焊丝，以自动或半自动方式进行焊接，焊接时焊丝由送丝机构通过软管经导电嘴送进二氧化碳气体以一定流量从环行喷嘴中喷出。电弧引燃后，焊丝末端、电极及熔池被二氧化碳气体所包围，使之与空气隔绝，起到保护作用。二氧化碳虽然起到了隔绝空气的保护作用，但它仍是一种氧化性气体。在焊接高温下，会分解成一氧化碳和氧气，氧气进入熔池，使 Fe，C，Mn，Si 和其他合金元素烧损，降低焊缝力学性能。而且生成的二氧化碳在高温下膨胀，从液态金属中逸出时，会造成金属的飞溅，如果来不及逸出，则在焊缝中形成气孔。为此，需在焊丝中加入脱氧元素 Si，Mn 等，即使焊接低碳钢也使用合金钢焊丝如 H08MnSiA，焊接普通低合金钢使用 H08Mn2SiA 焊丝。

二氧化碳气体保护焊的特点：

●焊丝自动送进焊接速度快，电流密度大，熔深大，焊后没有熔渣，节省清渣时间。因此，其生产率比手工电弧焊提高 1～4 倍。

●焊接时，有二氧化碳气体的保护，焊缝氢含量低，焊丝中锰的含量高，脱硫作用良好；电弧在气流压缩下燃烧，热量集中，焊接热影响区较小。所以，二氧化碳气体保护焊接接头品质良好。

●二氧化碳气体价格低廉，来源广，因此二氧化碳气体保护焊的成本仅为手工电弧焊和埋弧焊的 40％左右。

●二氧化碳气体保护焊是明弧焊，可以清楚地看到焊接过程，容易发现问题，及时处理。

●二氧化碳气体保护焊半自动焊像手工电弧焊一样灵活，适于各种位置的焊接。

但是，二氧化碳具有氧化性，用大电流焊接时，飞溅大，烟雾大，焊缝成形不良，容易产生气孔等缺陷。

二氧化碳气体保护焊广泛应用于造船、汽车制造、工程机械等工业部门，主要用于焊接低碳钢和低合金结构钢构件，也可用于耐磨零件的堆焊、铸钢件的焊补等。但是，二氧化碳焊不适于焊接易氧化的非铁金属及其合金。

2. 气焊

气焊是利用可燃气体与助燃气体混合燃烧生成的火焰为热源，熔化焊件和焊接材料使之达到原子间结合的一种焊接方法。助燃气体主要为氧气，可燃气体主要采用乙炔、液化石油气等。

气焊时，熔焊所需热量是通过氧气和乙炔在特制的氧炔焊炬（或焊枪）中混合燃烧而产生的。改变氧气和乙炔的比例可获得三种类型的火焰：中性焰、氧化焰（氧气过量)以及碳化焰(乙炔过量)。中性焰近乎完全燃烧,适用于焊接低碳钢、中碳钢、合金钢、纯铜和铝合金等材料。氧化焰的氧气与乙炔混合的体积比大于1.2。由于燃烧时有过剩氧气,对金属熔池有氧化作用,降低了焊缝品质,故只适用于焊接黄铜。碳化焰的氧气和乙炔混合的体积比小于1.0,由于有乙炔过剩,故适用于焊接高碳钢、硬质合金、焊补铸铁等。

气焊主要用于野外维修工作,是所有焊接方法中危险性最高的方法之一。

9.1.3 压焊

压焊是指在加热或不加热状态下对组合焊件施加一定压力,使其产生塑性变形或融化,并通过再结晶和扩散等作用,使两个分离表面的原子达到形成金属键而连接的焊接方法。压焊的类型很多,常用的有电阻焊、摩擦焊、锻焊、接触焊、气压焊、冷压焊、爆炸焊等。

1. 电阻焊

电阻焊又称接触焊,它是利用电流通过焊接接头的接触面时产生的电阻热将焊件局部加热到熔化或塑性状态,在压力下,形成焊接接头的压焊方法。

电阻焊在焊接过程中产生的热量,可以焦耳-楞次定律计算,即

$$Q=I_W^2RT_W \tag{9-1}$$

式中 Q——电阻焊时产生的电阻热,J;

I_W——焊接电流,A;

R——焊件的总电阻,包括焊件内部和焊件间接触电阻,Ω;

T_W——通电时间,s。

因为两焊件的总电阻有限,为使焊件迅速加热(0.01~9.00 s)以减少散热损失,所以需要大电流、低电压、功率大的焊机。

与其他焊接方法相比较,电阻焊具有生产率高,焊件变形小,劳动条件好,焊接时不需要填充金属,易于实现机械化、自动化等特点。但是由于影响电阻大小和引起电流波动的因素均导致电阻热的改变,因此电阻焊接头品质不稳,从而限制了在某些受力构件上的应用。此外,电阻焊设备复杂,价格昂贵,耗电量大。

电阻焊按接头形式的不同,可分为点焊、缝焊、对焊三种。

(1)点焊

点焊是指利用柱状铜合金电极,在两块搭接工件接触面之间形成焊点,而将工件连接在一起的焊接方法。点焊前将表面已清理好的工件叠合,置于两极之间预压夹紧,使被焊工件受压处紧密接触。然后接通电流,因接触面的电阻比焊件本身电阻大得多,故该处发热量最多。工件之间接触处产生的电阻热很快被导热性能好的铜电极和冷却水带走,因此接触处的温度升高有限,不会熔化。两工件接触处发出的热量则使该处的温度急速升高,将该处的金属熔化而形成熔核,熔核周围的金属则被加热到塑性状态,在压力作用下形成一紧密封闭的塑性金属环。然后断电,使熔核金属在压力作用下冷却和结晶,从而获得所需要的焊点。焊完一点后,移动工件焊下一点。焊第二点时,有一部分电流可能流经

已焊好的焊点，称之为分流现象。

点焊已广泛用于制造汽车、车厢、飞机等薄壁结构及罩壳和日常生活用品的生产之中，可焊接低碳钢、不锈钢、铜合金、铝-镁合金等，主要适用于厚度为 4 mm 以下的薄板冲压结构及钢筋的焊接。

点焊的工作原理如图 9-3 所示。

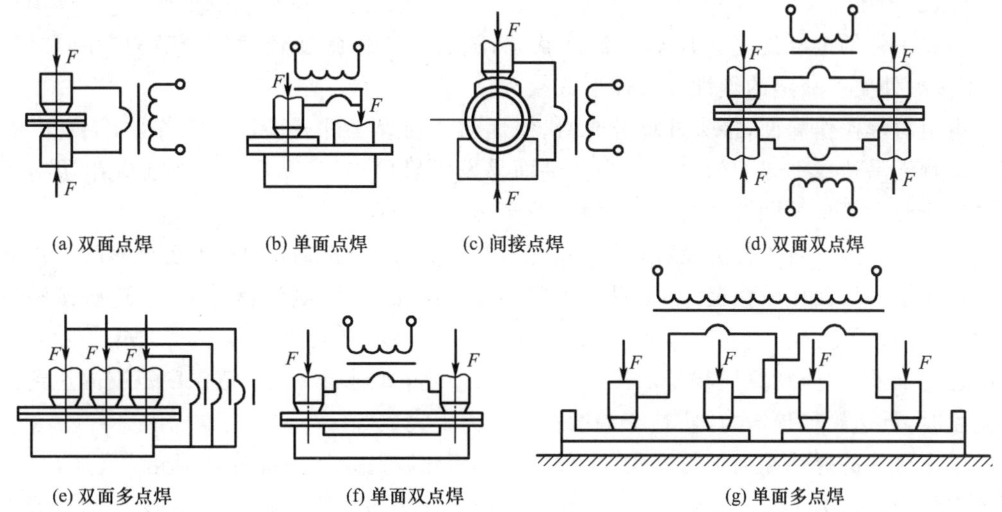

图 9-3 点焊的工作原理

(2)缝焊

缝焊的焊接过程与点焊相似，只是用转动的圆盘状电极取代点焊时所用的柱状电极。焊接时，圆盘状电极压紧焊件并转动，依靠摩擦力带动焊件向前移动，配合断续通电，形成许多连续并彼此重叠的焊点，焊点相互重叠 50％以上。缝焊的工作原理如图 9-4 所示。

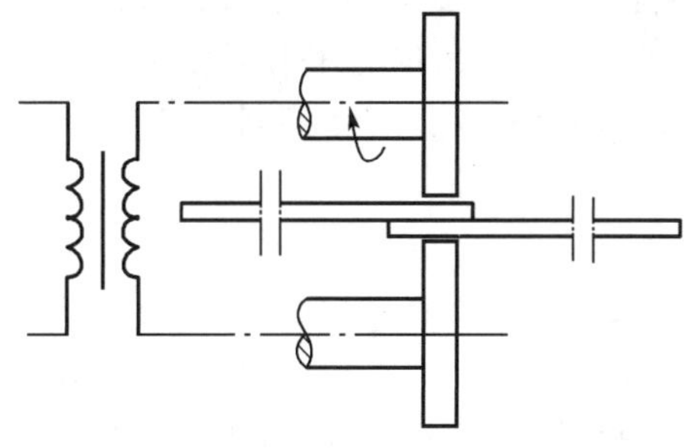

图 9-4 缝焊的工作原理

缝焊在焊接过程中分流现象严重，一般只适用于焊接厚度在 3 mm 以下的薄板工件。

缝焊件表面光滑美观，气密性好。目前主要用于制造有密封性要求的薄壁结构，如油箱、小型容器和管道等。

(3)对焊

对焊是把焊件装配成对接的接头,使其端面紧密接触,利用电阻热加热至塑性状态,然后迅速施加顶锻力完成焊接的方法。根据焊接过程不同,又可分为电阻对焊和闪光对焊。

①电阻对焊　电阻对焊时,把两个被焊工件装在对焊机的两个电极夹具上对正、夹紧,并施加预压力使两工件端面压紧,然后通电。电流通过工件和接触处时产生电阻热,将两被焊工件的接触处迅速加热至塑性状态,随后向工件施加较大的顶锻力,并同时断电,使接触处生产一定的塑性变形而形成接头。

电阻对焊操作简便,接头外形较光滑,但焊前对被焊工件表面清理工作要求较高,否则在接触面易造成加热不匀,此外,高温端面易发生氧化夹渣,品质不易保证。电阻对焊主要用于断面简单的圆形、方形等截面小的金属型材的焊接。

②闪光对焊　将工件夹持在电极夹具上,对正夹紧,先接通电源,并逐渐使两工件靠近。由于接头端面比较粗糙,开始只有少数的几个点接触,因电流密度大,故这些接触点处的金属迅速被熔化,连同表面的氧化物一起向四周喷射出火花,产生闪光现象。随着不断推进的工件,闪光现象便在新的接触点处连续产生,直到端部在一定深度范围内达到预定温度时,迅速施加顶锻力,使整个端面在顶锻力下完成焊接。

闪光对焊的焊件端面加热均匀,工件端面的氧化物及杂质一部分随闪光火花带出,一部分在最后顶锻力下随液态金属挤出,即使焊前焊件端面品质不高,焊接接头中的夹渣也较少。因此,焊接接头品质好,强度高。闪光对焊的缺陷是金属损耗多,工件尺寸需留较大余量,由于有液体金属挤出,焊后接头处有毛刺需要清理。闪光对焊常用于重要工件的焊接,既适用于相同金属的焊接,也适用于一些异种金属的焊接。被焊工件可以是直径小到 0.01 mm 的金属丝,也可以是断面大到 2×10^4 mm^2 的金属棒或金属板。

2. 摩擦焊

摩擦焊是指利用焊接接触端面之间的相对运动在摩擦面及其附近区域产生摩擦热和塑形变形热,使其附近区域温度上升到接近但一般低于熔点的温度区间,材料的变形抗力降低、塑性提高、界面的氧化膜破碎,在顶锻压力的作用下,伴随材料产生塑性变形及流动,通过界面的分子扩散和再结晶而实现焊接的固态焊接方法。

(1)焊接原理

摩擦焊的工作原理如图 9-5 所示。先把两工件同心地安装在焊机的夹头上,加一定压力使两工件紧密接触,然后使工件 2 高速旋转,工件 3 随之向工件 2 方向移动,并施加一定的轴向压力,由于两工件接触端有相对运动,摩擦产热,在压力、摩擦力的作用下,原来覆盖在焊接表面的异物迅速破碎并挤出焊接区,露出纯净的金属表面。随着焊缝区金属塑性变形的增加,焊接表面很快被加热到焊接温度,这时,利用刹车装置急速使工件 2 停转,同时给工件 3 施以较大的顶锻压力 P,使两工件的接触部位产生塑性变形而焊接起来。

(2)摩擦焊的特点及应用

①焊接接头品质好且稳定。摩擦焊过程中,焊件表面的氧化膜及杂质被清除,表面不易氧化,因此接头品质好,焊件尺寸精度高。

②焊接生产率高。由于摩擦焊操作简单,不需要添加焊接材料,因此容易实现自动控

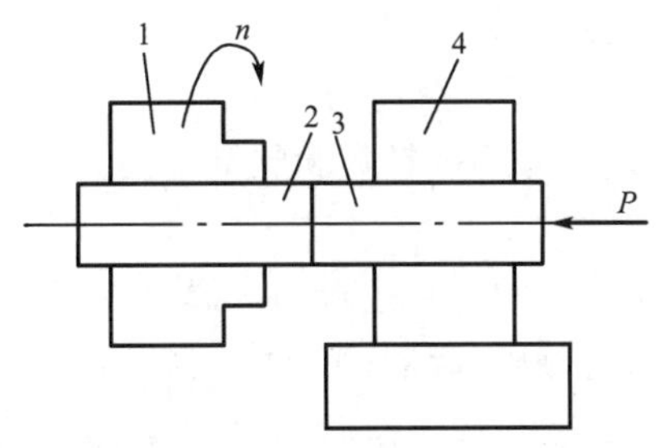

图 9-5 摩擦焊的工作原理

1—旋转夹具;2,3—工件;4—静止夹具

制,生产率高。

③可焊材料种类广泛。摩擦焊可焊接的金属范围较广,除用于焊接普通黑色金属和有色金属材料外,还适于焊接在常温下力学性能和物理性能差别较大、不适于熔焊的特种材料和异种材料。

④焊机设备简单,功率小,电能消耗少。摩擦焊和闪光焊相比,电功率和能量消耗仅为闪焊的 1/9～1/5。没有火花,没有弧光,劳动条件好。

压焊作为一种现代焊接技术,在机械制造、航空航天、石油化工等多领域中广泛应用。第一,在机械制造领域,可用于制造封闭形零件,如自行车车圈、汽车轮缘、船用锚链、钢窗等;可用于轧材接长,如钢轨、钢管、钢筋等;还可用于制造异种材料零件,以节省贵重金属,生产金属复合板以及新材料合成,制造耐热钢头部和结构钢导杆部焊成的内燃机气门等。第二,在航空航天领域,已成功地进行了 AISI4340 管与 AISI4030 锻件飞机起落架、拉杆的摩擦焊接。此外,直升机旋翼主传动轴的 Ni 合金齿轮与 18%高镍合金钢管轴的焊接、双金属飞机铆钉、飞机钩头螺栓等也采用了摩擦焊,这表明压焊技术已渗透到了飞机重要承力构件的焊接领域。第三,在石油化工领域,可用于焊接熔焊、钎焊难以满足质量要求的小型、精密、复杂容器的焊接。近年来,摩擦焊在原子能、航天、导弹等尖端技术领域中解决了各种特殊材料的焊接问题。例如在航天工业中,用摩擦焊制成的钛制品可以代替用锻件板材制成的大壳形构件。

9.1.4 钎 焊

钎焊是利用熔点比焊件金属低的钎料做填充金属,适当加热后,钎料熔化将处于固态的焊件焊接起来的一种焊接方法。

1. 焊接原理

钎焊是将表面清洗好的焊件以搭配形式装配在一起,把钎料放在装配间隙内或间隙附近,然后加热,使钎料熔化(焊件未熔化)并经由毛细作用被吸入和充满固态焊件的间隙之内,被焊金属和钎料在间隙内进行相互扩散,凝固后,即形成钎焊接头。

钎焊过程中,一般都需要使用钎剂。钎剂是钎焊时使用的熔剂,它的作用是清除被焊金属表面的氧化膜及其他杂质,改善钎料对焊件的湿润性,保护钎料及焊件免于氧化。钎焊的加热方法主要有火焰加热、电阻加热、感应加热、炉内加热、盐浴加热和烙铁加热,其中烙铁加热温度很低，一般只适用于软钎焊。

2. 分类

根据钎料熔点的不同，钎焊可分为硬钎焊和软钎焊两大类。

(1)硬钎焊

硬钎焊是使用熔点高于 450 ℃的钎料进行的钎焊。常用的硬钎料有铜基、银基、铝基合金。硬钎焊使用的钎剂主要有硼砂、硼酸、氟化物、氯化物等。

硬钎焊接头强度较高(>20 MPa)，工作温度也较高，常用于焊接受力较大或工作温度较高的焊件。如车刀上硬质合金刀片与刀杆的焊接。

(2)软钎焊

软钎焊是使用熔点低于 450 ℃的钎料进行的钎焊。常用的软钎料有锡-铅合金和锌-铝合金。软钎剂主要有松香、氧化锌溶液等。

软钎焊接头强度低，用于无强度要求的焊件，如各种仪表中线路的焊接。

3. 特点及应用

与一般焊接方法相比，钎焊只需填充金属熔化，因此焊件加热温度较低，焊件的应力和变形较小，对材料的组织和性能影响较小，易于保证焊件尺寸。钎焊还可以连接不同的金属，或金属与非金属的焊件，设备简单。钎焊的主要缺点是接头强度较低，钎焊接头工作温度不高，钎焊前对焊件的清洗和装配工作都要求较严。此外，钎料价格高，因此钎焊的成本较高。

钎焊适用于焊接小而薄且精度要求高的零件，广泛应用于机械、仪表、航空、航天等部门中。

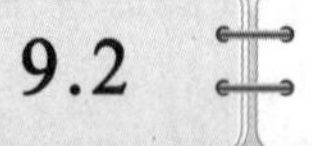

9.2 机械连接

在机械制造过程中，一些零件或部件运行一段时间后需要维护、保养或更换，有时希望与其他零部件之间的连接为可拆的连接形式，如活塞头与活塞杆、曲柄与连杆机构、离合器和制动器与轴的连接，工装夹具中的定位与夹紧元件及组合夹具中的各元件之间的连接等，这些都是典型的机械连接结构。在机械制造中机械连接也是一种重要的连接工艺。

按连接件形式的不同，机械连接可分为螺纹连接、铆钉连接、销钉连接、扣环连接等。

9.2.1 螺纹连接

螺纹连接是可拆卸连接。根据被连接零件的厚度、拆卸频度、材质等，螺纹连接主要有螺栓连接、双头螺柱连接、螺钉连接、紧定螺钉连接四种类型。螺栓连接用于连接两个较薄零件，在被连接件上开有通孔，普通螺栓的杆与孔之间有间隙，通孔的加工要求低，结构简单，装拆方便，应用广泛。双头螺柱连接用于被连接件之一较厚，不宜用于螺栓连接，较厚的被连接件强度较差，又需经常拆卸的场合。螺钉连接用于两个被连接件中一个较厚，但不需要经常拆卸，以免螺纹孔损坏。紧定螺钉连接利用拧入零件螺纹孔中的螺纹末端顶住另一零件的表面或顶入另一零件上的凹坑中，以固定两个零件的相对位置。这种连接方式结构简单，有的可任意改变零件在周向或轴向的位置，以便调整，如电器开关旋钮的固定。

常用的螺纹连接件有螺栓、螺柱、螺钉、螺母和垫圈等，如图 9-6 所示。

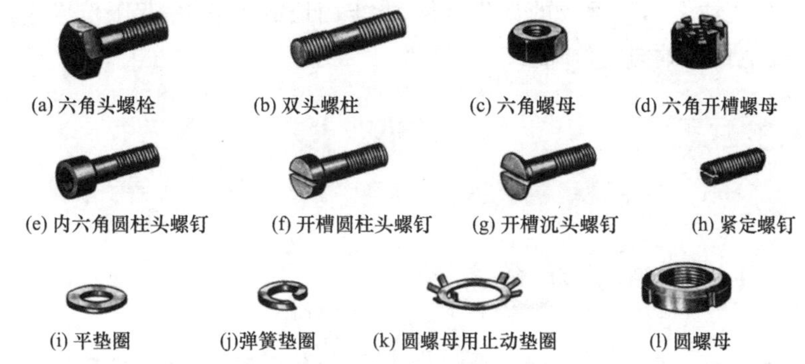

图 9-6 常用的螺纹连接件

9.2.2 铆钉连接

铆钉连接常常用于永久性连接。铆钉是用顶体部分的直径和长度来代表其规格的。铆钉帽可以采用不同的形式，以满足各种具体需要。一般用装在动力锤上的模具进行铆接，在背面的顶铁或锤跕作用下使铆钉固定就位，如图 9-7 所示。

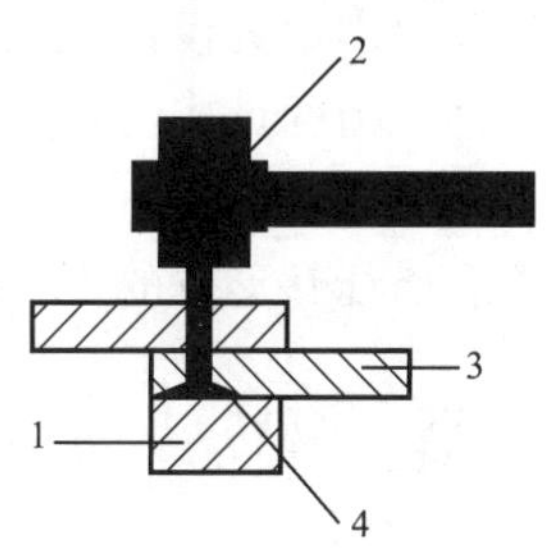

图 9-7 铆钉连接

1—顶铁或锤砧；2—动力锤；3—连接件；4—铆钉

9.2.3 销钉连接

最常用的销钉有圆柱销、圆锥销、槽销、滚销、锥形销和开口销等，起到定位、连接、保证安全等作用。

圆柱销：结构简单。制造时易于达到较高的精度，因此主要用于定位销，靠过盈配合固定在被连接零件上，不宜多次拆卸。

圆锥销：用作连接零件来传递一定扭矩，在承受横向载荷时可以自锁，同时也在定位零件，能经受多次拆卸而不影响性能。

9.2.4 扣环连接

扣环使用冲压或金属丝做成的盘状零件，能牢固地嵌入槽中，起限位或人工轴肩的作用，通常用在轴上作为轴向定位器。

9.3 胶接

9.3.1 实现胶接的条件

随着科学技术的不断发展、大量新材料和新技术的应用，冶金连接和机械连接在某些情况下难以保证构件的质量。胶接是利用胶粘剂在连接面上产生的机械结合力、物理吸附力和化学键合力而将两个胶接件连接起来的工艺方法。胶接不仅适用于同种材料，也适用于异种材料。胶接工艺简便，不需要复杂的工艺设备，胶接操作不必在高温高压下进行，因而胶接件不易产生变形，接头应力分布均匀。在通常情况下，胶接接头具有良好的密封性、电绝缘性和耐腐蚀性。

实现胶接的必要条件是胶粘剂应与被胶接物表面紧密地结合在一起，也就是通过胶粘剂能充分地浸润物体表面，并形成足够的粘合力，得到满意的接头强度。那么被胶接物体的粘合力是如何形成的呢？由物理化学中的浸润理论可知，界面张力小的液体能良好地浸润在界面张力大的固体表面。粘合力的形成主要有以下几种形式：

(1)化学键力

化学键力是胶粘剂与被胶接物表面能够形成的化学键。

(2)分子键力

次价键力作用的距离比主价键的长，一般在 0.25～0.50 mm。次价键力是界面分子间的物理作用力，包括色散力、诱导力、取向力和氢键力。

(3)机械结合力

胶接的对象是固体，任何固体表面都不是绝对平整的。胶粘剂利用它的流动性和毛细作用深入被胶接物凹凸不平的多孔表面，固化后在界面区产生啮合力，好像木箱边角的嵌接，钉子与木材的接合或树根入泥土的作用。简言之，就是把胶接看成纯粹的机械镶嵌作用。在胶接多孔材料、布、织物及纸时，机械作用力是很重要的。

(4)界面静电引力

当金属与高分子胶粘剂密切接触时，由于金属对电子的亲和力低，容易失去电子；而非金属对电子亲和力高，容易得到电子，因此电子可从金属移向非金属，使界面两侧产生接触电势，并形成双电层，双电层电荷相反，从而产生了静电引力。

(5)分子扩散形成的结合力

当塑料、橡胶采用高分子胶粘剂胶接时,由于胶粘剂分子链本身或其链段通过热运动引起相互扩散,两个物体界面上的分子相互扩散,互渗成一个过渡层,中间界面逐渐消失,固化后达到牢固地结合。

以上粘合力的形成各有千秋。各种粘合力的大小问题至今仍在研究中,但不管哪一种理论,在所有的胶接体系中范德华力是普遍存在的,其他作用仅在特殊情况下方成为粘合力的来源。

9.3.2 胶接具备的条件

1. 胶粘剂必须容易流动

两个被胶接物表面合拢后,胶接剂能自动流向凹面和镶嵌缝隙处填满凹坑,在被胶接物表面形成均匀的胶粘剂液体薄层。

2. 液体对固体表面的湿润

当液体与被胶接物在表面上接触时能够自动均匀浸润地展开,液体与被胶接物的表面浸润得越完全,两个界面的分子接触的密度越大,吸附引力越大。

3. 固体表面的粗糙化

胶接主要发生在固体和液体表面薄层,故固体表面的特征对胶接接头强度有着直接的影响。改变材料表面的物理、化学性质,如获得活性的、易于胶接的特殊表面或造成特定的表面粗糙度等。

4. 被胶接物和胶粘剂膨胀系数要小

胶粘剂本身的膨胀系数与胶层和被胶接物的膨胀系数差值越大,固化后胶接接头内的残余应力也越大,工作中对接头的破坏也越严重。因此,应设法降低被胶接物和胶粘剂膨胀系数的差值。

5. 形成粘合力

形成粘合力是建立胶接接头的一个因素。固化后胶层或被胶接物本身的内聚强度是建立胶接接头的另一个因素。胶粘剂在液相时内聚强度接近于零。因此,液相胶粘剂必须通过蒸发、冷却、聚合或其他各种交联方法固化以提高内聚强度等。

思考题

9-1 常用的焊接方法有几种?各有什么优缺点?

9-2 简述焊接技术的研究进展。

9-3 简述熔焊工艺的特点。

9-4 简述机械连接技术的种类及特点。

9-5 简述胶接技术应该具备的条件。

9-6 简述胶接技术的发展趋势。

第10章 先进成型技术

随着科学技术的进步，制造业正在经历一场深刻的变革。市场竞争迫使制造企业必须以更快的速度制造出满足人们需求的产品，因此，客观上需要一种可以直接地将设计资料快速转化为三维实体的技术，这种需求促进了先进成型技术的迅猛发展。按成型材料、成型工艺的不同，先进成型技术主要有快速成型技术、陶瓷成型技术、复合材料成型技术等。

10.1 快速成型技术

1988年，快速成型（Rapid Prototyping，RP）技术诞生于美国，迅速扩展到欧洲和日本，并于20世纪90年代初期被引进我国。它借助计算机、激光、精密传动、数控技术等现代手段，将CAD和CAM集成于一体，根据在计算机上构造的三维模型，能在很短的时间内直接制造产品样品，无须传统的刀具、夹具、模具。RP技术创立了产品开发的新模式，以前所未有的直观方式体会设计的感觉，感性地、迅速地验证和检查所设计产品的结构和外形，从而使设计工作进入一种全新的境界，改善了设计过程中的人机交流，缩短了产品开发周期，加快了产品更新换代的速度，降低了企业投资新产品的风险。

10.1.1 快速成型技术的基本原理

传统的零件加工过程是先制造毛坯，然后经切削加工，从毛坯上去除多余的材料得到零件的形状和尺寸，这种方法统称为材料去除制造。快速成型技术彻底摆脱了传统的“去除”加工法，而基于“材料逐层堆积”的制造理念，将复杂的三维加工分解为简单的材料二

维添加的组合，它能在 CAD 模型的直接驱动下，快速制造任意复杂形状的三维实体，是一种全新的制造技术。其基本过程如下：

(1)构造产品的三维 CAD 模型

快速成型系统只接受计算机构造的三维 CAD 模型，然后才能进行模型分层和材料逐层添加。因此，首先应用三维 CAD 软件(如 Pro/E，UG，SolidWorks 等)根据产品要求设计三维模型；或将已有产品的二维图转换成三维模型；或在产品仿制时，用扫面机对已有产品进行扫面，通过数据重构得到三维模型(反求工程)。

(2)三维模型的近似处理

由于产品上有一些不规则的自由曲面，加工前必须对其进行近似处理。最常用的方法是用一系列小三角形平面来逼近自由曲面。每个小三角形用三个顶点坐标和一个法向量来描述。三角形的大小是可以选择的，从而得到不同的曲面近似程度。经过上述近似处理的三维模型文件称为 STL(Stereo Lithography，STL)文件，它由一系列相连的空间三角形组成。目前，大多数 CAD 软件都有转换和输出 STL 格式文件的接口。

(3)三维模型的 z 向离散化，即分层处理

三维模型的 z 向离散化是根据有利于零件堆积制造的方位，沿成型高度方向，即 z 向，分成一系列具有一定厚度的薄片，并提取截面的轮廓信息，形成 CAD 模型。层片之间间隔的大小按精度和生产率要求选定，间隔越小，精度越高，但成型时间越长。层片间隔的范围为 0.05～0.30 mm，常用为 0.10 mm。离散化破坏了零件在 z 向的连续性，使之在 z 向产生了台阶效应。但理论上只要分层厚度适当，就可以满足零件的加工精度要求。

(4)根据层片几何信息，生成层片加工数控代码，用以控制成型机的加工运动。

(5)逐层堆积制造

在计算机的控制下，根据生成的数控指令，RP 系统中的成型头(如激光扫描头或喷头)在 xOy 平面内按截面轮廓进行扫描、固化液态树脂(或切割纸或烧结粉末材料或喷射热熔材料)，从而堆积出当前的一个层片，并将当前层与已加工好的零件部分粘合。然后，成型机工作台面下降一个层厚的距离，再堆积新的一层。如此反复进行直到整个零件加工完毕。

(6)后处理

最后对完成的模型进行处理，如深度固化、去除支撑、修磨、着色等，使之达到要求。

10.1.2 快速成型技术的典型工艺方法

自从世界上第一台快速成型机问世以来，各种不同的快速成型工艺相继出现，并逐渐成熟。目前快速成型方法有几十种，其中以光固化成型工艺、叠层实体制造工艺、选择性激光烧结工艺、熔融沉积制造工艺等的使用最为广泛和成熟。下面简要介绍几种典型的快速成型工艺的基本原理。

1. 光固化成型工艺(SLA)

光固化成型工艺(Stereo Lithography Apparatus，SLA)，也称立体光刻。该工艺是基

于液态光敏树脂的光聚合原理工作的，这种液态材料在一定波长和功率的紫外线照射下能迅速发生光聚合反应，分子量急剧增大，材料就从液态转变成固态。

SLA 的工作原理如图 10-1 所示。液槽中盛满液态光敏树脂，氦-镉激光器或氩离子激光器发出的紫外激光束在偏转镜作用下，能在液体表面进行扫描，扫描的轨迹及光线的有无均按零件的各分层截面信息由计算机控制，光点扫描到的地方液体就固化。成型开始时，可升降工作台在液面下一个确定的深度，聚焦后的光斑在液面上按计算机的指令逐点扫描，即逐点固化。当一层扫描完成后，未被照射的地方仍是液态树脂。然后可升降工作台下降一个层厚的高度，已成型的层面上又布满一层液态树脂，然后刮刀将黏度较大的树脂液面刮平，进行下一层的扫描加工，新固化的一层牢固地粘在前一层上，如此循环往复，直到整个零件制造完毕，得到一个三维实体。

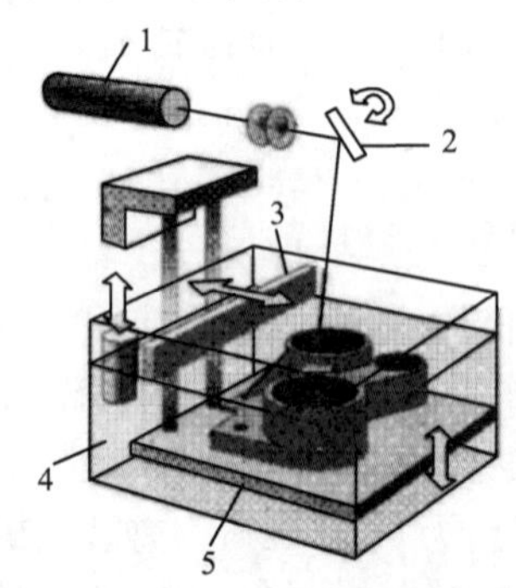

图 10-1　SLA 的工作原理

1—激光器；2—扫描系统；3—刮刀；4—液槽；5—可升降工作台

SLA 于 1984 年由 Charles Hull 提出并获美国专利，1988 年美国 3D Systems 公司推出世界上第一台商品化快速成型设备 SLA-250，它以光敏树脂为原料，通过计算机控制紫外激光使其固化成型，自动制作出各种加工方法难以制作的复杂立体形状，在制造领域具有划时代的意义。SLA 自诞生以来，在概念设计的交流、单件小批精密铸造、产品模型、快速工模具及直接面向产品的模具等方面广泛应用于汽车、航空、电子、消费品、娱乐以及医疗等行业。

SLA 具有如下优点：

①尺寸精度高。SLA 原型的尺寸精度可达±0.1 mm，是 RP 技术中最高的。

②原型表面质量优良。虽然在每层固化时侧面及曲面可能出现台阶，但上表面仍可得到玻璃状的效果。

③可以制作结构复杂、细小的模型。

④成型过程自动化程度高。SLA 系统非常稳定，加工开始后，成型过程可以完全自动化，直至原型制作完成。

⑤可以直接制作面向熔模精密铸造的具有中空结构的消失型模具。

当然，和其他几种快速成型方法相比，SLA 也存在如下缺点：

①成型过程中伴随着材料的物理和化学变化，产生收缩，并且会因材料内部的应力导致制件较易翘曲、变形。成型过程中需要支撑，否则也会引起制件变形。

②设备运转及维护成本高。由于液态光敏树脂和激光器的价格较高，并且为了使光

学元件处于理想的工作状态,需要进行定期调整,费用较高。

③需要二次固化。在大多数情况下,成型完毕的原型树脂并未完全固化,所以通常需要二次固化。

④液态树脂固化后在性能上不如常用的工业塑料,一般较脆、易断裂。

2. 叠层实体制造工艺(LOM)

叠层实体制造工艺(Laminated Object Manufacturing,LOM)也称分层实体制造工艺,采用薄片材料,如纸、塑料薄膜等,片材表面事先涂覆上一层热熔胶。LOM 的工作原理如图 10-2 所示。加工时,热粘压辊热压片材,使之与下面已成型的工件部分黏结,然后用 CO_2 激光器按照分层数据,在刚黏结的新层上切割出零件当前层截面的内、外轮廓和工件外框,并在截面轮廓与外框之间多余的区域切割出上下对齐的网格以便在成型之后能剔除废料,它们在成型中可以起到支撑和固定的作用;激光切割完成后,工作台带动已成型的工件下降一个纸厚的高度,与带状片材(料带)分离;原材料存储及送进机构转动收料轴和供料轴,带动料带移动,使新层移到加工区域,工件的层数增加一层,高度增加一个料厚;再在新层上切割截面轮廓。如此循环往复,直至零件的所有截面黏结、切割完,得到分层制造的实体零件。

LOM 只需在片材上切割出零件截面的轮廓,而不用扫描整个截面,因此成型效率高,易于制造大型零件。工件外框与截面轮廓之间的多余材料在加工中起到了支撑作用,所以 LOM 无须加支撑。

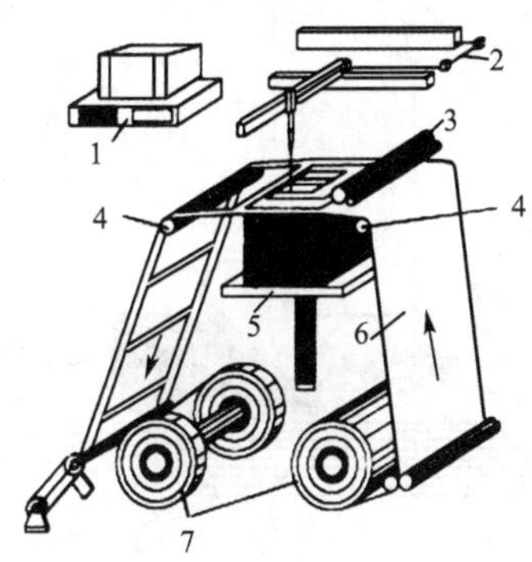

图 10-2　LOM 的工作原理

1—计算机;2—激光切割系统;3—热粘压辊;4—导向辊;5—工作台;6—原材料;7—送进机构

与其他成型工艺相比,LOM 具有如下优点:

①生产率高。由于在成型时激光束只需切割截面轮廓,而不需要对整个截面进行扫描,因此成型效率比其他快速成型工艺要高,非常适合于制作中、大型实心原型件。

②无须设计和制作支撑结构,因为纸本身可起到支撑的作用。

③后处理工艺简单,成型后废料易于剥离,且无须后固化处理。

④原材料价格便宜,原型制作成本低。

⑤制件能承受 200 ℃的高温,有较高的硬度和较好的力学性能,可以进行各种切削加工。

LOM 的不足之处在于:

①工件(尤其是薄壁件)的抗拉强度和弹性不够好。

②工件易吸湿膨胀，因此成型后应尽快做表面防潮处理。

③不能直接制作塑料工件。

④工件表面有台阶，其高度等于材料厚度，因此，成型后需进行表面打磨。

LOM虽然在精细产品和类塑料件制作方面不及SLA，但是在比较厚重的结构件模型、实物外观模型、制鞋业、砂型铸造、快速模具母模等方面的应用有其独特的优越性。

汽车工业中很多形状复杂的零部件均由精铸直接制得。采用传统的木模工手工制作，对于曲面形状复杂的母模，效率低、精度差，难以满足生产需要。采用数控加工制作，则成本太高。近几年，国内不断有模具公司采用LOM来制造汽车复杂零部件精铸用母模。

3. 选择性激光烧结工艺(SLS)

选择性激光烧结工艺(Selective Laser Sintering，SLS)，是利用粉末状材料在激光照射下烧结的原理，在计算机控制下层层堆积成型的。SLS的工作原理如图10-3所示。加工时，将材料粉末铺撒在已成型零件的上表面，并刮平；用高强度的CO_2激光器在刚铺的新层上以一定的速度和能量密度按分层轮廓信息扫描出零件截面，材料粉末在高强度的激光照射下被烧结在一起，得到零件的截面，并与下面已成型的部分连接，未扫过的地方仍然是松散的粉末；当一层截面烧结完后，铺上新的一层材料粉末，选择地烧结下一层截面，如此循环往复，直到整个零件加工完毕，得到一个三维实体。

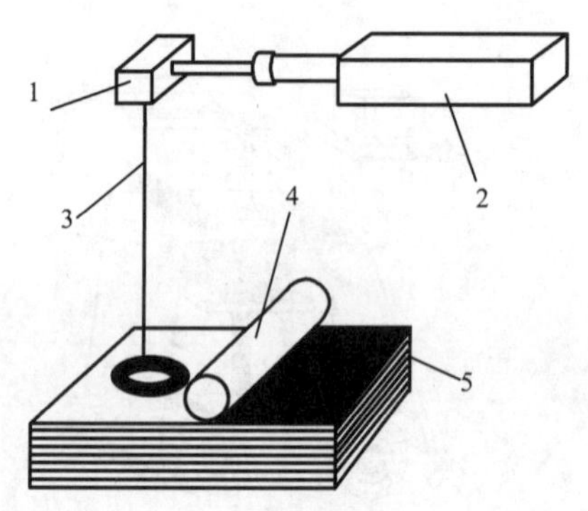

图10-3　SLS的工作原理

1—扫描镜；2—激光器；3—激光束；4—平整辊；5—粉末

SLS的特点是材料适应面广，不仅能制造塑料零件，还能制造陶瓷、蜡等材料的零件，特别是可以制造金属零件，这使SLS颇具吸引力。SLS有如下优点：

①可以采用多种材料。从原理上讲，这种方法可采用加热时黏度降低的任何粉末材料，通过材料或各类含黏结剂的涂层颗粒制造出任何造型，适应不同的需要。

②不需要支撑。由于围绕制件的粉末就构成了支撑结构，因此，SLS不需要支撑，这不仅简化了设计、制作过程，而且不会由于需要去除支撑而影响制件表面的品质。

③制件具有较好的机械性能，可直接用作功能测试或小批量使用的产品。

④材料利用率高，未烧结的粉末可以重复利用。材料价格便宜、成本低。

但是，SLS也存在如下缺点：

①成型速度较慢。

②成型精度和表面质量稍差，因此在成型要求精细结构和清晰轮廓的制件时不及 SLA。

③成型过程能量消耗高。

采用 SLS，可以直接将 CAD 模型转换成经久耐用的、功能性的塑料或金属零件和模具，所需时间只是传统加工和制模时间的很少一部分。这样就可以在很短时间内，快速制造小批量的塑料或金属零件，而不需要制造模具，大大降低了成本，缩短了周期。对于大批量的零件生产，在一两天内就可以制造出复杂的金属模具工作零件，取得更高的效益。

4. 熔融沉积制造工艺(FDM)

熔融沉积制造工艺(Fused Deposition Modeling，FDM)，是利用热塑性材料的热熔性、黏结性，在计算机控制下层层堆积成型的。FDM 的工作原理如图 10-4 所示，其所使用的材料一般是蜡、ABS 塑料、尼龙等热塑性材料，以丝状供料。材料通过送丝机构被送进带有一个微细喷嘴的喷头，并在喷头内被加热熔化。在计算机的控制下，喷头沿零件分层截面轮廓和填充轨迹运动，同时将熔化的材料挤出。材料挤出喷嘴后迅速凝固并与前一层熔结在一起。一个层片沉积完成后，工作台下降一个层厚的距离，继续熔喷沉积下一层，如此循环往复，直到完成整个零件的加工。

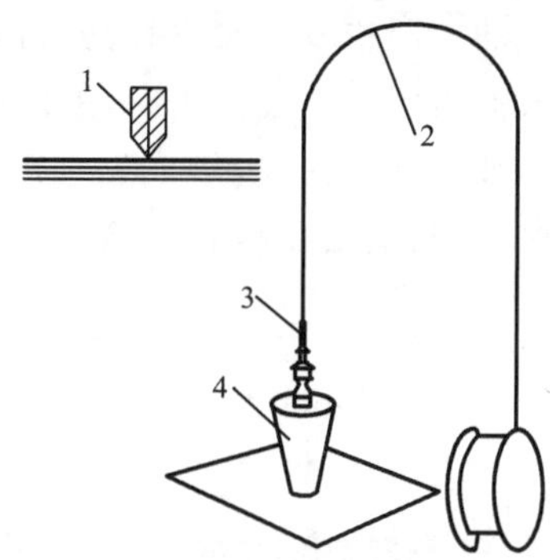

图 10-4　FDM 的工作原理

1，3—喷头；2—料丝；4—成型工件

FDM 具有以下优点：

①由于该工艺无须激光系统，因此设备结构简单，运行安全，操作维护简便，成本低，其设备成本往往只是 SLA 设备成本的 1/5。

②FDM 设备系统可以在办公室环境下使用。

③原材料在成型过程中无化学变化，制件翘曲变形小。

④当使用水溶性支撑材料时，支撑去除方便快捷，且效果极好。

当然，与其他快速型形工艺相比，FDM 也存在如下缺点：

①成型精度较低。成型件表面有台阶，其高度等于分层厚度，因此，成型后需进行表面打磨处理。

②成型时需要对整个截面进行扫描，成型时间较长。

③沿成型高度方向，制件强度比较弱。

由于 FDM 无须激光系统，因此使用、维护简单，成本低，近年来得到迅速发展和广泛应用，是 RP 技术领域的后起之秀。

FDM 已广泛应用于汽车、机械、航空航天、家电、通信、电子、建筑、医学、玩具等产品的设计开发过程，如产品外观评估、方案选择、装配检查、功能测试、用户看样订货，以及少量产品制造等。使用 FDM 制作医学模型，有助于改善外科手术方案，并有效地进行医学诊断，大大减少了手术前、中和后的时间和费用。例如，人体骨骼损伤是外科临床中最为常见的一种病例，如何对损伤的骨骼进行修复，甚至制造人工骨骼是目前生物医学工程领域研究的一个热门课题，将快速成型技术与现代医学技术和组织工程结合，为人骨制造提供了有效的途径。如图 10-5 所示，某公司利用 CT 扫描获取的骨骼层片数据，进行三维几何重构和数据处理，采用 FDM 成型工艺，成功制作出人体骨骼模型，其表面光洁度好，尺寸精确。

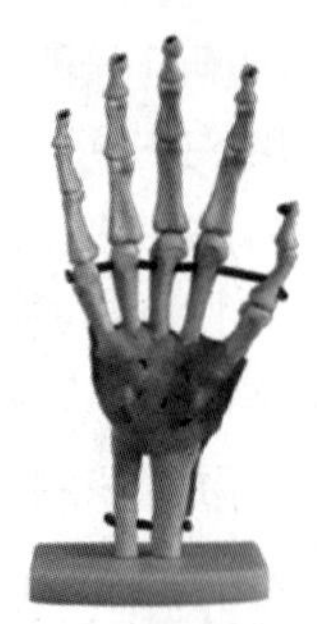

图 10-5　FDM 成型人体骨骼模型

5. 三维印刷工艺(3DP)

三维印刷工艺(Three Dimensional Printing，3DP)，是由美国麻省理工学院开发成功的，它的工作过程类似于喷墨打印机，其工作原理如图 10-6 所示。喷头在计算机的控制下，按照截面轮廓的信息，在铺好的一层粉末材料(如陶瓷粉末、金属粉末)上，有选择地喷射黏结剂，使部分粉末黏结，形成截面层。一层完成后，工作台下降一个层厚，铺粉，压实，喷黏结剂，再进行后一层的黏结，如此循环往复，形成三维产品。由此方法得到的制件强度较低，还须后处理，即先烧掉黏结剂，然后在高温下渗入金属，使零件致密化。

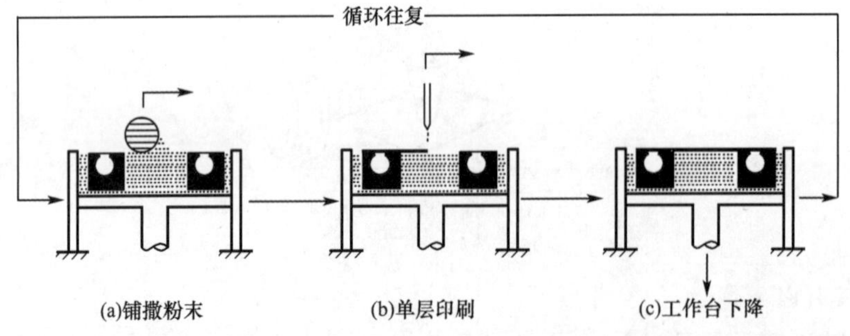

图 10-6　3DP 的工作原理

6. 弹道微粒制造工艺(BPM)

弹道微粒制造工艺(Ballistic Particle Manufacturing，BPM)，由美国 BPM 公司开发并商品化。它用一个压电喷射(头)系统来沉积融化了的热塑性塑料的微粒，如图 10-7 所示。BPM 的喷头安装在一个五轴的运动机构上，对于工件中的悬臂部分，可以不加支撑，而“不联通”部分则需要加支撑。

7. 三维焊接工艺(TDW)

三维焊接工艺(Three Dimensional Welding，TDW)，采用现有各种成熟的焊接技术、焊接设备及工艺方法，用逐层堆焊的方法制造出全部由焊缝金属组成的工件，也称熔化成型或全焊缝金属零件制造技术。

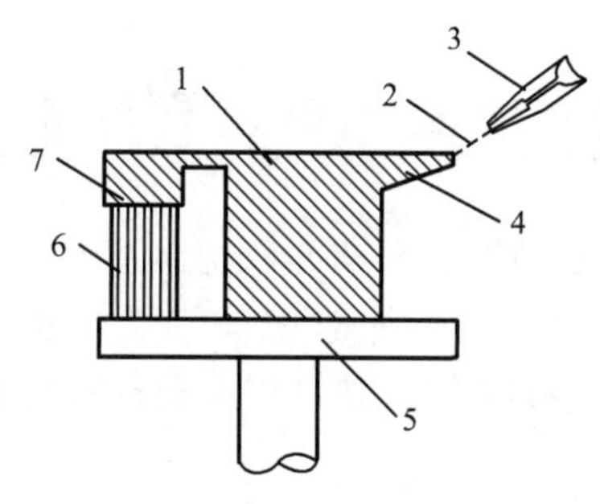

图 10-7 BPM 的工作原理

1—工件；2—材料微粒；3—压电喷射头；4—悬臂部分；5—升降台；6—支撑；7—“不连通”部分

10.1.3 快速成型技术的特点

快速成型技术在成型概念上以离散/堆积为指导思想，在控制上以计算机和数控为基础，以最大柔性为目标。因此，只有在计算机技术和数控技术高度发展的今天，才有可能产生快速成型技术。CAD 技术实现了零件的曲面或实体造型，能够进行精确的离散运算和繁杂的数据转换。先进的数控技术为高精度的二维扫描提供了必要的基础，这是精确高效堆积材料的前提。而材料科学的发展则为快速成型技术奠定了坚实的基础，材料技术的每一项进步都将给快速成型技术带来新的发展机遇。

快速成型技术的重要特点如下：

(1)高度柔性。成型过程无须专用工、模具，它将十分复杂的三维制造过程简化为二维过程的叠加，使得产品的制造过程几乎与零件的复杂程度无关，可以制造任意复杂形状的三维实体，这是传统方法无法比拟的。

(2)成型的快速性。快速成型设备类似于一台与计算机和 CAD 系统相连的“三维打印机”，将产品开发人员的设计结果即时输出为实实在在可触摸的原型，产品的单价几乎与批量无关，特别适合于新产品开发和单件小批生产。

(3)全数字化的制造技术。快速成型技术基于离散/堆积原理，采用多种直写技术控制单元材料状态，将传统上相互独立的材料制备和材料成型过程合一，建立了从零件成型信息及材料功能信息数字化到物理实现数字化之间的直接映射，实现了从材料和零件的设计思想到物理实现的一体化。

(4)无切割、噪声和振动等，有利于环保。

快速成型技术是 20 世纪 80 年代后期首先在美国产生并商品化的。快速成型技术的推广应用明显缩短了新产品的上市时间，节约了新产品开发和模具制造的费用。由于快速成型技术的快捷性和灵活性，它在航空航天、汽车外形设计、玩具、电子仪表与家用电器塑料件制造、人体器官制造、建筑美工设计、工艺装饰设计制造、模具设计制造等技术领域已展现出良好的应用前景。

10.1.4 快速成型技术的发展趋势

快速成型技术已经步入成熟期，从早期的原型制造发展出包含多种功能、多种材料、多种应用的许多工艺，在概念上正在从快速成型转变为快速制造，在功能上从完成原型制造向批量定制发展。基于这个基本趋势，快速成型设备向概念型、生产型和专用成型设备分化。

1. 材料成型

随着科学技术的发展，材料和零件要求具有很高的性能，要求实现材料和零件设计的定量化和数字化，实现材料和零件制备的一体化和集成化。麻省理工学院开发的 3DP 提出了材料的局部成分控制的概念，并且采用了有限元网格的节点上添加材料成分信息的 CAD 模型，建立了从设计、分层到制造的软硬件系统。斯坦福大学的快速成型实验室在模具快速成型制造过程的层片间嵌入传感器，通过传感器进行受力、温度等状态的在线检测和控制，使材料和零件具有更高的智能。未来在生物假体的快速成型中嵌入包括生物传感器在内的传感装置来观察细胞和假体的界面也是一个可能的应用。

2. 直写技术

直写技术对材料单元具有精确控制的能力，是快速成型技术的核心，应该加强以下几个方面的研究：

(1)开发新的直写技术，扩大适用于快速成型技术的材料范围，进入细胞等活性材料领域。

(2)进一步研究直写技术，对材料在直写过程中的状态变化有更深刻的认识，以控制更小的材料单元，提高控制的精度，解决精度和速度的矛盾。

(3)对快速成型工艺进行建模、计算机仿真和优化，从而提高快速成型技术的精度，实现真正的净成型。

(4)随着快速成型技术进入如生物材料的功能性材料的成型领域，材料在直写过程中的物理、化学变化尤其应得到重视，有些应该防止，如扩散，有些可能得到利用，如化学合成。

直写技术用来创造一种由活的细胞、蛋白质、DNA 片段、抗体等组成的三维工程机构，将在生物芯片、生物电气装置、探针探测、更高柔性的快速成型工艺、柔性电子装置、生物材料加工和操纵自然生命系统、培养变态和癌细胞等方面发挥不可估量的作用。其最大的作用在于利用制造的概念和方法完成活体成型，突破了千百年来禁锢人们思想的枷锁——制造与生长无关，跨越了不可逾越的界限——制造与生长之界限。

3. 生物制造和生长成型

21 世纪是生命科学的世纪，生物技术和生物医学工程学能为人类创造财富，并解决人类的健康保健问题。如何制造能够改变或者复现生命体或其一部分功能的“生物零件”正是生物制造要研究的问题。临床上也提出了大量的要求，从无生物活性的假体到具有再生功能的组织工程支架，生物制造通过对范围广泛的生物材料的控制进入细胞和生物大分子的层次。

快速原型在以下几个方面的特点使其非常切合生物制造的要求：首先，"生物零件"应该为每个个体的人设计和制造，而快速成型能够成型任意复杂的形状，提供个性化服务；其次，快速原型能够直接操纵材料状态，使材料状态与物理位置匹配；最后，快速成型技术可以直接操纵数字化的材料单元，为信息直接转换为物理实现提供了最快的方式。快速成型技术能够兼顾结构和功能的需要，同时建立了从概念信息到物理实现的最直接的方式。

另外，当我们处理的材料，如细胞、基因片段等具有活性，承载着一定的生长信息时，我们就必须对生长成型进行讨论。生长成型要解决的问题是如何在快速原型的信息处理中考虑到每个材料单元所发生的生长的情况，解决生长的机理并充分利用和模拟生长现象，提炼出最少和最关键的材料单元的控制量来制造出最终的产品。

4. 计算机外设和网络制造

快速成型技术是全数字化的制造技术，快速成型设备的三维成型功能和普通打印机具有共同的特性。小型的桌面快速成型设备有潜力作为计算机的外设而进入艺术和设计工作室、学校和教育机构甚至家庭，成为设计师检验设计概念、学校培养学生创造性的设计思维、家庭进行个性化设计的工具。

随着信息技术的发展，网络已经进入千家万户，基于网络的信息交流将更加畅通。企业提供在线个性化设计的平台，能够和用户交互地进行产品的外包装、装饰等定制。每个人可以将自己的设计方案放置在网上供其他人交流和下载，通过快速成型技术物理实现。家庭和企业都成为展示个性的快速原型服务站，制造的概念从原来由生产厂家的集中式制造发展为分散到每个家庭的分布式制造。新的设计思想通过网络进行交互和交流，使每个人都能深切感受到自己创造和改变生活的乐趣。

5. 快速成型与微纳米制造

微纳米制造是制造科学中的一个热点问题。根据快速成型的原理和方法，微机电系统(MEMS)制造是一个有潜力的方向。目前，常用的微加工技术方法从加工原理上属于通过去除材料而"由大到小"的去除成型工艺，难于加工三维异形微结构，深宽比的进一步增大受到了限制。而快速原型根据离散/堆积的降维制造原理，能制造任意复杂形状。已有采用快速成型工艺如 3DP、SLS 制备微细结构的报道。如美国南加州大学采用 LOM 原理加工出一条 290 μm 宽的金属链，其每一层的形状通过电化学方法获得。日本科学家采用激光技术，用合成树脂制成了长 10 μm、高 7 μm 的牛。另外，快速成型对异质材料的控制能力也可以制造复合材料或功能梯度型微机械。

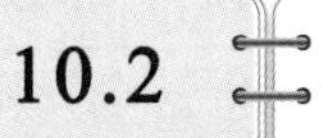

10.2 陶瓷成型技术

10.2.1 陶瓷成型概述

随着现代高新技术的发展，先进陶瓷已逐步成为新材料的重要组成部分，成为许多高技术领域发展的关键材料，备受各工业发达国家的极大关注，其发展在很大程度上也影响着其他工业的发展和进步。由于先进陶瓷特定的精细结构和其高强、高硬、耐磨、耐腐蚀、耐高温、导电、绝缘、磁性、透光、半导体及压电、铁电、声光、超导、生物相容等一系列优良性能，被广泛应用于国防、化工、冶金、电子、机械、航空、航天、生物医学等国民经济的各个领域。先进陶瓷的发展是国民经济新的增长点，其研究、应用、开发状况是体现一个国家国民经济综合实力的重要标志之一。

粉末成型是陶瓷材料或制品制备过程中的重要环节。粉料成型技术的目的是使坯体内部结构均匀、致密，它是提高陶瓷产品可靠性的关键步骤。成型过程就是将分散体系（粉料、塑性物料、浆料）转变为具有一定几何形状和强度的块体，也称素坯。陶瓷材料的成型除将粉末压成一定形状外，还可以外加压力，使粉末颗粒之间相互作用，并减小孔隙度，使颗粒之间的接触点产生残余应力（外加能量的储存）。这种残余应力在烧结过程中，是固相扩散物质迁移致密化的驱动力。没有经过冷成型压实的粉末，即使在很高的温度下烧结，也不会产生致密化的制品。经烧结后即可得到致密无孔的陶瓷，可见成型在陶瓷烧结致密化中的重要作用。

10.2.2 陶瓷成型方法

不同形态的陶瓷粉体应用不同的成型方法。如何选择适宜的成型方法，主要取决于对陶瓷材料的性能要求和陶瓷粉体的自身性质（如颗粒尺寸、分布、表面积），下面简要介绍几种常用的陶瓷材料成型方法。

1. 挤压成型

挤压成型是将粉料、黏结剂、润滑剂等与水均匀混合，然后将塑性物料挤压出刚性模具，进而可得到管状、柱状、板状以及多孔柱状成型体。其缺点主要是物料强度低且容易变形，并可能产生表面凹坑和起泡、开裂以及内部裂纹等缺陷。挤压成型用的物料以黏结剂和水做塑性载体，尤其需用黏土以提高物料相容性，故其广泛应用于传统耐火材料，如炉管以及一些电子材料的成型生产。

2. 注射成型

注射成型是借助高分子聚合物在高温下熔融、低温下凝固的特性来进行成型的，成型之后再把高聚物脱除。注射成型的优点：可成型形状复杂的部件，并且具有高的尺寸精度和均匀的显微结构。缺点：模具设计加工成本和有机物排除过程中的成本比较高。

目前，注射成型新技术主要有水溶液注射成型和气相辅助注射成型。

(1)水溶液注射成型

水溶液注射成型采用水溶性的聚合物作为有机载体，很好地解决了脱脂问题。水溶液注射成型技术的优点：自动化控制水平高，而且成本低。

(2)气体辅助注射成型

气体辅助注射成型是把气体引入聚合物熔体中而使成型过程更容易进行，适用于腐蚀性流体和高温高压下流体的陶瓷管道成型。

3. 流延成型

流延成型是将粉料与塑化剂混合得到流动的黏稠浆料，然后将浆料均匀地涂到转动着的基带上，或用刀片均匀地刷到支撑面上，形成浆膜，干燥后得到一层薄膜，薄膜厚度一般为 0.01～1.00 mm。流延成型用于铁电材料的浇注成型。此外，它还被广泛用于多层陶瓷、电子电路基板、压电陶瓷等器件的生产中。

4. 凝胶注模成型

凝胶注模成型是一种胶态成型工艺，它将传统陶瓷工艺和化学理论有机结合起来，将高分子化学单体聚合的方法灵活地引入陶瓷的成型工艺，通过将有机聚合物单体及陶瓷粉末颗粒分散在介质中制成低黏度、高固相体积分数的浓悬浮体，并加入引发剂和催化剂，然后将浓悬浮体(浆料)注入非多孔模具，通过引发剂和催化剂的作用使有机物聚合物单体交联聚合成三维网状聚合物凝胶，并将陶瓷颗粒原位黏结而固化成坯体。凝胶注模成型作为一种新型的胶态成型方法，可净尺寸成型形状复杂、强度高、微观结构均匀、密度高的坯体，烧结成瓷的部件较干压成型的陶瓷部件有更好的电性能。目前已广泛应用于电子、光学、汽车等领域。

5. 压延成型

压延成型是指将准备好的坯料伴以一定量的有机黏结剂置于两辊之间进行辊压，然后将压好的坯片经冲切工序制成所需的坯件。压延成型时坯料只是在厚度和前进方向上受到碾压，宽度方向受力较小。因此，坯料和黏结剂会出现定向排列。干燥烧结时横向收缩大，易出现变形和开裂，坯体性能会出现各向异性。另外，对厚度小于 0.08 mm 的超薄片，压延成型是难以压制的，质量也不易控制。

6. 注浆成型

注浆成型根据所需陶瓷的组成进行配料计算，选择适当的方法制备陶瓷粉体进行混合、塑化、造粒等，才能应用于成型。注浆成型适用于制造大型的、形状复杂的、薄壁的陶瓷产品。对料浆性能也有一定的要求，如：流动性好，黏度小，利于料浆充型，稳定性好，料浆能长时间保持稳定，不易沉淀和分层，含水量和含气量尽可能小等。注浆成型的方法有空心注浆和实心注浆。为提高注浆速度和坯体质量，可采用压滤注浆、离心注浆和真空注浆等新方法。注浆成型工艺成本低，过程简单，易于操作和控制，但成型形状粗糙，注浆时间较长，坯体密度、强度也不高。在传统注浆成型的基础上，相继发展产生了新的压滤注浆和离心注浆成型工艺，借助于外加压力和离心力的作用，来提高素坯的密度和强度，避免了注射成型中复杂的脱脂过程，但由于坯体均匀性差，因而不能满足制备高性能、高可靠性陶瓷材料的要求。

7. 气相成型

利用气相反应生成纳米颗粒，能使颗粒有效而且致密地沉积到模具表面，累积到一定厚度即成为制品，或者先使用其他方法制成一个具有开口气孔的坯体，再通过气相沉积工艺将气孔填充致密，用这种方法可以制造各种复合材料。由于固相颗粒的生成与成型过程同时进行，因此可以避免一般超细粉料中的团聚问题。在成型过程中不存在排除液相的问题，从而避免了湿法工艺带来的种种弊端。

10.3 复合材料成型技术

10.3.1 复合材料成型概述

复合材料是指将两种或多种成分和性质不同的材料，用物理或化学的方法复合而成的一种新材料。它既保留了原组成材料的主要特性，又通过复合效应获得了原组成材料所不具备的优越的综合性能。与传统单一材料相比，它具有比强度和比模量高、抗疲劳性好、减振能力强、耐热性和耐腐蚀性好等优点，得到人们的极大重视。目前，复合材料在航空航天、汽车、船舶、通信、电子、机械设备、建筑、体育用品等方面应用越来越多，是 21 世纪极具发展潜力的工程材料。

复合材料的复合不是组成材料的简单组合，而是一种包括物理、化学、力学，甚至生物学的相互作用的复杂过程。影响复合材料性能的因素很多(如基材性能、增强体特征、组成物比例、成型方法和工艺参数等)，虽然不同的复合材料复合的原则有所不同，但目的都是获得最佳的物理和力学性能(如强度、刚度、韧性等)。

复合材料的成型理论正在不断完善，成型技术也在不断提高。其成型特点之一是材料制备与制品成型同时完成，即复合材料的制备过程通常就是复合材料制品的成型过程，特别是形状复杂的大型制品往往能一次整体成型，因而大大简化了工艺，缩短了生产周期，降低了生产成本。由于减少甚至取消了接头，应力集中显著减小，制品重量减轻，制品的刚度和耐疲劳性提高。其另一特点是材料性能的可设计性，即可以根据构件的载荷分布和使用要求，选择相应的基体材料和增强材料并使它们占有合适的比例；可以同时设计合理的排列方向和层数，选用合适的复合工艺和参数，以使材料和制品结构合理、安全可靠且有较好的经济性，从而为材料和结构实现最优化设计。

10.3.2 典型复合材料成型工艺

复合材料成型工艺是复合材料工业的发展基础和条件。随着复合材料应用领域的拓宽，复合材料工业得到迅速发展，传统的成型工艺日臻完善，新的成型方法不断涌现。目前聚合物基复合材料的成型方法已有 20 多种。

典型复合材料成型工艺有手糊成型工艺、喷射成型工艺、树脂传递模塑成型工艺(RTM)、模压成型工艺(GMT、SMC)、真空导流成型工艺等。

1. 手糊成型工艺

手糊成型工艺又称接触成型工艺，是手工作业把玻璃纤维织物和树脂交替铺在模具上，然后固化成型为玻璃钢制品。手糊成型工艺流程如图 10-8 所示。

(1)糊制与固化糊制

手工铺层糊制分为干法和湿法两种。

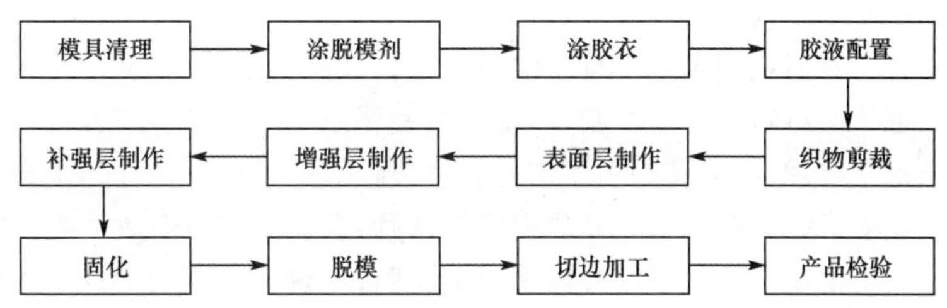

图 10-8　手糊成型工艺流程

①干法铺层　先将预浸布按样板裁剪成胚料，铺层时加热软化，然后再一层一层地紧贴在模具上，并注意排除层间气泡，使铺层密实。

②湿法铺层　直接在模具上将增强材料浸胶，一层一层地紧贴在模具上，扣除气泡，使铺层密实。

(2)固化

制品固化分为硬化和熟化两个阶段：从凝胶到三角化一般要 24 h，此时固化度达 50%～70%，可以脱模，脱后在自然环境条件下固化 1～2 周才能使制品具有力学强度，称熟化，其固化度超过 85%。加热可促进熟化过程。

(3)脱模和修整脱模

脱模要保证制品不受损伤。脱模方法有如下几种：

①顶出脱模　在模具上预埋顶出装置，脱模时转动螺杆，将制品顶出。

②压力脱模　模具上留有压缩空气或水入口，脱模时将压缩空气或水(0.2 MPa)压入模具和制品之间，同时用木锤和橡胶锤敲打，使制品和模具分离。大型制品(如船)可借助千斤顶、起重机和硬木楔等工具，复杂制品可采用手工脱模方法。修整分为两种：

●尺寸修整　成型后的制品，按设计尺寸切去超出多余部分。

●缺陷修补　包括穿孔修补、气泡、裂缝修补、破孔补强等。

手糊成型工作场地要求清洁、干燥、通风良好，环境温度应保持在 15～35 ℃，要设有抽风除尘和喷水装置。配制树脂胶液时要注意：

●防止胶液中混入气泡。

●配胶量不能过多，每次配量要保证在树脂凝胶前用完。

手糊成型工艺优点：成型不受产品尺寸和形状限制，适用于尺寸大、批量小、形状复杂的产品的生产；设备简单、投资少、见效快，有利于中小企业的发展；工艺简单，生产技术易掌握，只需经过短期培训即可进行生产；易于满足产品设计需要，可在产品不同部位任意增补增强材料；制品的树脂含量高，耐腐蚀性能好。缺点：生产率低，速度慢，生产周期长，不适用于大批量生产；产品质量不易控制，性能稳定性不高；产品力学性能较低；生产环境差，气味大，加工时粉尘多，易对施工人员造成伤害。

2. 喷射成型工艺

喷射成型工艺是手糊成型工艺的改进，属于半机械化成型工艺。喷射成型工艺在复合材料成型工艺中所占比例较大。喷射成型工艺是将混有引发剂和促进剂的两种聚酯分别从喷枪两侧喷出，同时将切断的玻纤粗纱由喷枪中心喷出，使其与树脂均匀混合，沉积到模具上，当沉积到一定厚度时，用辊轮压实，使玻纤浸透树脂，排除气泡，固化后成制品。

(1)喷射成型工艺流程

①生产准备　喷射成型场地要特别注意环境排风。

②材料准备　原材料主要是树脂(不饱和聚酯树脂)和无捻玻纤粗纱。

③模具准备　清理、组装及涂脱模剂等。

④设备　喷射成型机分为泵式和压力罐式两种:泵式供胶喷射成型机,是将树脂引发剂和促进剂分别由泵输送到静态混合器中,充分混合后再由喷枪喷出;压力罐式供胶喷射机,是将树脂胶液分别装在压力罐中,依靠进入罐中的气体压力,使胶液进入喷枪连续喷出。

(2)喷射成型工艺的优点

喷射成型工艺已广泛用于加工浴盆、机器外罩、整体卫生间,汽车车身构件及大型浮雕制品等。其优点如下:

①用玻纤粗纱代替织物,可降低材料成本。

②生产率比手糊成型工艺高 2~4 倍。

③产品整体性好,无接缝,树脂含量高,抗腐蚀,耐渗漏性好。

④可减少飞边、裁布屑及剩余胶液的消耗。

⑤产品尺寸、形状不受限制。喷射成型效率达 15 kg/min,故适用于大型船体制造。

3. 树脂传递模塑成型工艺

树脂传递模塑成型工艺(Resin Transfer Molding,RTM),是在手糊成型工艺基础上改进的一种闭模成型技术。在国外属于这一工艺范畴的还有树脂注射工艺和压力注射工艺。

(1)RTM 的特点

①可以制造两面光的制品。

②成型效率高,适用于中等规模的玻璃钢产品生产(20 000 件/a 以内)。

③闭模操作,不污染环境,不损害工人健康。

④增强材料可以任意方向铺放,容易实现按制品受力状况铺放增强材料。

⑤原材料及能源消耗少。

⑥适用范围很广,目前已广泛用于建筑、交通、通信、卫生、航空航天等工业领域。已开发的产品有汽车壳体及部件、娱乐车构件、螺旋桨、8.5 m 长的风力发电机叶片、天线罩、机器罩、浴盆、沐浴间、游泳池板、座椅、水箱、电话亭、电线杆、小型游艇等。

(2)RTM 成型设备的分类

RTM 成型设备主要是树脂压注机和模具。

①树脂压注机　树脂压注机由树脂泵、注射枪组成。树脂泵是一组活塞式往复泵,最上端是一个空气动力泵。当压缩空气驱动空气泵活塞上下运动时,树脂泵将桶中树脂经过流量控制器、过滤器定量地抽入树脂贮存器,侧向杠杆使催化剂泵运动,将催化剂定量地抽至贮存器。压缩空气充入两个贮存器,产生与泵压力相反的缓冲力,保证树脂和催化剂能稳定的流向注射枪头。注射枪口后有一个静态紊流混合器,可使树脂和催化剂在无气状态下混合均匀,然后经枪口注入模具。

②模具　模具分为玻璃钢模具、玻璃钢表面镀金属模具和金属模具。玻璃钢模具容

易制造，价格较低，聚酯玻璃钢模具可以使用 2 000 次，环氧玻璃钢模具可以使用 4 000 次。表面镀金属的玻璃钢模具可使用 10 000 次以上。金属模具在 RTM 中很少使用，一般来讲，RTM 的模具费仅为 SMC 的 2%～16%。

RTM 用的原材料有树脂体系、增强材料和填料。树脂体系：RTM 用的树脂主要是不饱和聚酯树脂。增强材料：一般 RTM 的增强材料主要是玻璃纤维，其质量分数为 25%～45%；常用的增强材料有玻璃纤维连续毡、复合毡及轴向布。填料：填料对 RTM 很重要，它不仅能降低成本，改善性能，而且能在树脂固化放热阶段吸收热量。常用的填料有氢氧化铝、玻璃微珠、碳酸钙、云母等。

4. 模压成型工艺

模压成型工艺是复合材料生产中古老而又富有活力的一种成型方法。它是将一定量的预混料或预浸料加入金属对模内，经加热、加压固化成型的方法。

模压成型工艺的主要优点：

(1)生产率高，便于实现专业化和自动化生产。

(2)产品尺寸精度高，重复性好。

(3)表面光洁，无须二次修饰。

(4)能一次成型结构复杂的制品。

(5)批量生产，价格相对低廉。

随着金属加工技术、模压机制造水平及合成树脂工艺性能的不断改进和发展，模压机吨位和台面尺寸不断增大，模压料的成型温度和压力也相对降低，使得模压成型制品的尺寸逐步向大型化发展，目前已能生产大型汽车部件、浴盆、整体卫生间组件等。

5. 真空导流成型工艺

真空导流成型工艺是在真空状态下排除纤维增强体中的气体，利用树脂的流动、渗透，实现对织物的浸渍，并在室温下固化，形成一定树脂/纤维比例的工艺。

真空导流成型工艺分为湿法和干法两种。湿法是将手糊或者喷射成型未固化的制品，加盖一层真空袋膜，制品处于薄膜和模具之间，密封周边，抽真空(0.07 MPa)，排除制品中的气泡和挥发物。干法是将增强玻纤铺放到模具上，将真空袋膜与模具周边密封，在抽真空的同时将树脂从模具的另一端由管路导入模具，将增强玻纤浸润。两种工艺的区别在于干法的玻纤含量可以做得更高。

真空导流成型工艺的特点：可以制造单面光的制品；成型效率一般，适合于中等规模的玻璃钢产品生产(1 000 件/a)；闭模操作，不污染环境，不损害工人健康；增强材料可以任意方向铺放，容易实现按制品受力状况例题铺放增强材料；存在一次性耗材较多、垃圾回收等问题，成本相对较高。

真空导流成型工艺过程中，不需要注射设备，只需要一台真空泵就可以了；模具只需要单模，一般模腔内是负压 0.1 MPa ，真空导流成型工艺所用的原材料有树脂体系、增强材料，不添加填料。该工艺用的树脂主要是要求黏度要低，在 180～300 cP 左右。增强材料主要是玻璃纤维，其质量分数为 50%～65%；常用的增强材料有玻璃纤维短切毡、复合毡及方格布等。

综上所述，复合材料的成型过程中，材料的性能必须根据制品的使用要求进行设计，因此在选择材料、设计配比、确定纤维铺层和成型方法时，都必须满足制品的物化性能、结构形状和外观质量要求等。一般热固性复合材料的树脂基体，成型前是流动液体，增强材料是柔软纤维或织物，因此用这些材料生产复合材料制品，所需工序及设备要比其他材料简单得多，对于某些制品仅需一套模具便能生产。随着航空航天领域对材料轻质高强性能的迫切需求，包含纤维增强复合材料在内的多种热塑性复合材料便相继发展起来。

思考题

10-1 简述快速成型技术的工作原理。

10-2 简述快速成型技术的特点。

10-3 简述陶瓷成型工艺的种类和特点。

10-4 简述陶瓷成型工艺的发展趋势。

10-5 简述复合材料成型工艺的种类。

第3篇 常用的工程材料

第11章

工业用钢

浅谈钢的合金化

非合金钢和合金钢

工业用钢占据工程材料的主导地位，其中碳素钢应用较广。但由于碳素钢不能满足工业生产中对材料的性能要求，通过向其加入某些合金元素形成合金钢来提高钢力学性能，改善其工艺性能等。

11.1 钢的分类及牌号

11.1.1 钢的分类

为了便于生产、使用和管理，可采用不同方法对工业用钢进行分类。在某些情况下，还可以混合使用几种分类方法。下面介绍工业用钢的常见分类方法。

1. 按照钢的化学成分分类

按化学成分不同，钢可分为碳素钢和合金钢。碳素钢根据碳质量分数分为低碳钢（$w_C<0.25\%$）、中碳钢（$w_C=0.25\%\sim0.60\%$）、高碳钢（$w_C>0.60\%$）。合金钢根据合金元素总质量分数分为低合金钢（$w_{Me}<5\%$）、中合金钢（$w_{Me}=5\%\sim10\%$）、高合金钢（$w_{Me}>10\%$）。

2. 按照钢的质量分类

根据钢中磷、硫的质量分数可将钢分为普通质量钢、优质钢、高级优质钢和特级优质钢。

3. 按照钢的用途分类

按用途不同，钢可分为结构钢、工具钢和特殊性能钢。

4. 按钢的金相组织分类

根据退火组织不同,可将钢分为亚共析钢、共析钢和过共析钢;根据正火组织不同,可将钢分为珠光体钢、贝氏体钢、马氏体钢、奥氏体钢、莱氏体钢等。

5. 按钢的冶炼方法分类

根据冶炼所用炼钢炉不同,可将钢分为平炉钢、转炉钢、电炉钢;根据冶炼钢时的脱氧方法和脱氧程度不同,可将钢分为沸腾钢、镇静钢和半镇静钢。

6. 按钢的合金元素种类分类

按合金元素不同,可将钢分为锰钢、铬钢、硼钢、硅锰钢、铬镍钢等。

7. 按钢的最终加工方法分类

按最终加工方法不同,可将钢分为热轧材和冷轧材、拔材、锻材、挤压材、铸件等。

11.1.2 钢的牌号

钢的牌号简称钢号,是对每一种具体钢所取的名称。主要遵循两个原则:一是根据编号可以大致看出钢的成分;二是根据编号可大致看出钢的用途。

常用钢产品的名称和符号及其位置见表 11-1。

表 11-1 常用钢产品的名称和符号及其位置

名称	符号	位置	名称	符号	位置
碳素结构钢	Q	头	桥梁用钢	q	尾
低合金高强度钢	Q	头	锅炉用钢	g	尾
易切削钢	Y	头	焊接气瓶用钢	HP	尾
碳素工具钢	T	头	车辆车轴用钢	LZ	头
(滚珠)轴承钢	G	头	机车车轴用钢	JZ	头
焊接用钢	H	头	沸腾钢	F	尾
铆螺钢	ML	头	半镇静钢	b	尾
船用钢	A,B,C,D,E	头	镇静钢	Z	尾
汽车大梁用钢	L	尾	特殊镇静钢	TZ	尾
压力容器用钢	R	尾	质量等级	A,B,C,D,E	尾

根据《钢铁产品牌号表示方法》(GB/T 221—2008)规定,我国钢的牌号采用汉语拼音字母、化学元素符号和阿拉伯数字相结合的方法表示。即:

(1)产品名称、用途、冶炼和浇注方法等,一般采用汉语拼音缩写字母表示。

(2)化学元素采用国际化学符号表示。其中,混合稀土元素用“RE”(或“Xt”)表示。

(3)钢中主要化学元素质量分数采用阿拉伯数字表示。

由于钢的分类方式众多,因此牌号命名规则有所差异。

下面按用途分类,对常用的钢种加以介绍。

11.2 结构钢

结构钢按用途可分为工程结构用钢和机械结构用钢。前者包括碳素结构钢和低合金

高强度结构钢，这类钢冶炼简便、成本低、用量大；后者大多采用优质碳素结构钢和合金结构钢。

11.2.1 工程结构用钢

工程结构用钢大多数要进行变形加工、焊接施工等，其碳质量分数一般属于低碳钢（w_C<0.25%）。该种钢使用时一般不进行热处理，大多是在热轧状态下或热轧后正火状态下使用。供货形态多为型钢、钢带、钢板、钢管等。这类钢常用于建造锅炉、高压电线塔、车辆构架、起重机械构架、压力容器、船舶、桥梁、建筑用屋架与钢筋、地质石油钻探、铺设石油输气管线、铁道钢轨等。

1. 碳素结构钢

碳质量分数 w_C=0.06%～0.38%、用于建筑及其他工程结构的铁-碳合金称为碳素结构钢。这类钢对化学成分要求不严格，钢的 P，S 质量分数较高（$w_P \leqslant 0.045\%$，$w_S \leqslant 0.055\%$），但必须保证其力学性能。碳素结构钢冶炼简单、价格低廉，能够满足一般工程结构与普通机械结构零件性能要求，用量很大。通常以各种规格（圆钢、方钢、工字钢、钢筋等）在热轧空冷状态下供货。表 11-2 列出了碳素结构钢的牌号、力学性能和用途等。

表 11-2 常用碳素结构钢的牌号、力学性能和用途(GB/T 700—2006)

牌号	等级	力学性能			特性及应用
		R_{eL}/MPa	R_m/MPa	A/%	
Q195		195	315～390	33	具有高的塑性、韧性和焊接性，但强度较低。用于承受载荷不大的金属结构件，也在机械制造中用作铆钉、螺钉、垫圈、地脚螺栓、冲压件及焊接件等
Q215	A B	215	335～410	31	
Q235	A B C D	235	375～460	26	具有一定的强度，良好的塑性、韧性和焊接性，广泛用于一般要求的金属结构件，如桥梁、吊钩。也可制作受力不大的转轴、心轴、拉杆、摇杆、螺栓等。Q235C，Q235D 也用于制造重要的焊接结构件
Q255	A B	255	410～550	24	用于制造要求强度不太高的零件，如螺栓、销、转轴等和钢结构用各种型钢
Q275		275	490～610	20	用于强度要求较高的零件，如轴、链轮、轧辊等承受中等载荷的零件

2. 低合金高强度结构钢

低合金高强度结构钢是在碳素结构钢的基础上，加入总质量分数小于 5% 的合金元素。该钢多用于承载大、自重轻、高强度的工程结构，一般均经过塑性变形与焊接加工。常用低合金高强度结构钢的牌号及成分等列于表 11-3 中。

表 11-3　常用低合金高强度钢的牌号、成分、性能与用途（GB/T 1591—2018）

牌号	化学成分(质量分数)/%							机械性能			应用举例
	C	Mn	Si	V	Nb	Ti	其他	R_{eL}/MPa	R_m/MPa	A/%	
Q345	0.18～0.20	≤1.70	≤0.50	≤0.15	≤0.07	≤0.20	Cr≤0.30 Ni≤0.50	≥345	470～630	21～22	桥梁、车辆、船舶、压力容器、建筑结构
Q390	≤0.20	≤1.70	≤0.50	≤0.20	≤0.07	≤0.20	Cr≤0.30 Ni≤0.50	≥390	490～650	20	桥梁、船舶、起重设备、压力容器
Q420	≤0.20	≤1.70	≤0.50	≤0.20	≤0.07	≤0.20	Cr≤0.30 Ni≤0.80	≥420	520～680	19	桥梁、高压容器、大型船舶、电站设备、管道
Q460	≤0.20	≤1.80	≤0.60	≤0.20	≤0.11	≤0.20	Cr≤0.30 Ni≤0.80	≥460	550～720	17	中温高压容器，锅炉、化工、石油高压厚壁容器

3. 低合金耐候钢

低合金耐候钢是在碳素结构钢的基础上加入少量的 Cu,Cr,Ni,Mo,P 等合金元素，使其在钢表面形成一层连续致密的保护膜，耐大气腐蚀。

我国的低合金耐候钢有两类：

(1)高耐候性结构钢：如 Q295GNH($w_C \leqslant 0.12\%$，$w_{Si}=0.10\%\sim0.40\%$，$w_{Mn}=0.20\%\sim0.50\%$，$w_P=0.07\%\sim0.12\%$，$w_S \leqslant 0.020\%$，$w_{Cu}=0.25\%\sim0.45\%$，$w_{Cr}=0.30\%\sim0.65\%$，$w_{Ni}=0.25\%\sim0.50\%$)，主要用于车辆、建筑、塔架及其他耐候性要求高的工程结构件。

(2)焊接结构用耐候钢：如 Q295NH($w_C \leqslant 0.15\%$，$w_{Si}=0.16\%\sim0.50\%$，$w_{Mn}=0.30\%\sim1.00\%$，w_S 与 $w_P \leqslant 0.030\%$，$w_{Cu}=0.25\%\sim0.55\%$，$w_{Cr}=0.40\%\sim0.85\%$，$w_{Ni} \leqslant 0.65\%$)，主要用于桥梁、建筑及有耐候要求的焊接结构件。

4. 其他低合金专业用结构钢

为了满足某些专业特定工作条件的需要，国家对低合金结构钢的成分及工艺进行了调整和补充，发展了门类众多、专业范围较广、使用工业部门较多的低合金工程结构钢，许多钢号已纳入国家标准。例如，各种压力容器、低温压力容器、锅炉、船舶、桥梁、汽车、自行车、农机、矿山、石油天然气管线、铁道、建筑用钢筋等低合金工程结构钢均有标准。用户可根据构件或零件的工作条件和使用性能、工艺要求来选择合适的低合金结构钢牌号。另外还有多种低合金高强度结构钢，它们具有很高的强度，正在不断研发中。

11.2.2　机械结构用钢

机械结构用钢是指适用于制造机器和机械零件或构件的钢。这类钢均属于优质的、特殊质量的结构钢，一般经热处理后才可使用，主要包括渗碳钢、调质钢、弹簧钢、滚动轴

承钢、耐磨钢等,它们多以钢棒、钢管、钢板、钢带、钢丝等规格供货。

1. 渗碳钢

渗碳钢的碳质量分数为0.15%～0.25%,可保证心部塑性和韧性;为了强化基体,提高淬透性,保证心部强韧性,则可加入Cr,Ni,Mn,B等元素;为了防止渗碳时过热,细化晶粒,提高耐磨性,则可加入V,Ti,W,Mo等微量元素。这类钢主要用于制作承受交变载荷、大接触应力,并在冲击和严重磨损条件下工作的零件,如汽车和重型机床的齿轮、活塞销以及内燃机的凸轮轴等。这些零件要求表面硬度高且耐磨,心部则具有较高的韧性和足够的强度以承受冲击,故需要进行热处理。一般渗碳件表面渗碳层淬火后硬度≥58HRC,心部硬度为35～45HRC。

根据淬透性的不同,可将渗碳钢分为以下三类:

(1)低淬透性渗碳钢

典型钢种为20,20Cr。其水淬临界直径为20～35 mm,渗碳淬火后,心部强韧性较低,只适于制造受冲击载荷较小耐磨零件,如活塞销、凸轮、滑块、小齿轮等。

(2)中淬透性渗碳钢

典型钢种为20CrMnTi。其油淬临界直径为25～60 mm,主要用于制造承受中等载荷、要求足够冲击韧性和耐磨性的汽车、拖拉机齿轮等零件。

(3)高淬透性渗碳钢

典型钢种为18Cr2Ni4WA,20Cr2Ni4。其油淬临界直径>100 mm,主要用于制造大截面、高载荷的重要耐磨件,如飞机、坦克中的曲轴、大模数齿轮等。

常用渗碳钢的牌号及化学成分列于表11-4中。

表11-4　常用渗碳钢的牌号、化学成分(GB/T 3077—2015和GB/T 699—2015)

牌号	化学成分(质量分数)/%							
	C	Si	Mn	P	S	Cr	Ni	其他
15	0.12～0.18	0.17～0.37	0.35～0.65	≤0.035	≤0.035	≤0.25	≤0.25	
20	0.17～0.23		0.35～0.65			≤0.25	≤0.25	
20Mn2	0.17～0.24		1.40～1.80			≤0.35	≤0.35	
20MnV	0.17～0.24		1.30～1.60			≤0.35	≤0.35	V0.07～0.12
15Cr	0.12～0.17		0.40～0.70			0.70～1.00	≤0.35	
20Cr	0.18～0.24		0.50～0.80			0.70～1.00	≤0.35	
12CrNi3	0.10～0.17		0.30～0.60			0.60～0.90	2.75～3.25	
20CrMnTi	0.17～0.23		0.80～1.10			1.00～1.30	≤0.35	Ti0.04～0.10
20MnVB	0.17～0.23		1.20～1.60			≤0.35	≤0.35	V0.07～0.12 B0.000 5～0.003 5
20CrMnMo	0.17～0.23		0.90～1.20			1.10～1.40	≤0.35	Mo0.20～0.30
12Cr2Ni4	0.10～0.16		0.30～0.60			1.25～1.65	3.25～3.65	
20Cr2Ni4	0.17～0.23		0.30～0.60			1.25～1.65	3.25～3.65	
18Cr2Ni4WA	0.13～0.19		0.30～0.60			1.35～1.65	4.00～4.50	W0.80～1.20

渗碳钢的加工工艺路线如下：

下料→锻造→正火→粗加工→渗碳→预冷淬火＋低温回火→精加工。

渗碳钢在热处理时为了调整硬度，改善组织和切削加工性能，通常先进行预备热处理，一般采用正火，热处理后组织为珠光体和铁素体；再进行最终热处理，一般是渗碳后直接淬火加低温回火。热处理后，表面组织为高碳回火马氏体加颗粒细小的碳化物及少量残余奥氏体（硬度为58～62HRC）；心部组织根据钢的淬透性及工件尺寸而定，淬透时为低碳回火马氏体，未淬透为低碳铁素体加托氏体。

2. 调质钢

调质钢是指经淬火＋高温回火后的调质处理后使用的优质碳素钢和合金结构钢，统称为调质钢。

调质钢的碳质量分数为0.25%～0.50%，可保证热处理后具有足够的强度、良好的塑性和韧性。含碳量太低，强度硬度不足；含碳量太高，则塑性、韧性降低。为兼顾两者，取中碳范围。一般碳素调质钢的淬透性低，含碳量偏上限；合金调质钢淬透性好，随合金元素的增加，含碳量趋于下限，如30CrMnSi，38CrMoAl。

调质钢中的主加合金元素为Cr，Ni，Mn，Si，Al等。它们的主要作用是提高淬透性，调质处理后有良好的综合力学性能。辅加W，Mo等元素，可防止高温回火脆性，细化晶粒，提高回火稳定性。常用调质钢的牌号及化学成分见表11-5。

调质钢主要应用于受力较复杂的重要结构零件，如机床主轴、火车发动机曲轴、汽车后桥半轴等轴类零件，以及连杆、螺栓、齿轮等。这类钢要求有良好的综合力学性能，即高强度、良好塑性和韧性。

表11-5　常用调质钢的牌号及化学成分（GB/T 3077—2015和GB/T 699—2015）

牌号	化学成分（质量分数）/%								
	C	Si	Mn	P	S	Cr	Ni	Mo	其他
40	0.37～0.45	0.17～0.37	0.50～0.80	≤0.040	≤0.040	≤0.25	≤0.25	—	—
45	0.42～0.50	0.17～0.37	0.50～0.80	≤0.040	≤0.040	≤0.25	≤0.25	—	—
42Mn2V	0.38～0.45	0.20～0.40	1.60～1.90	≤0.040	≤0.040	≤0.35	≤0.35	—	V0.07～0.12
40MnVB	0.37～0.44	0.20～0.40	1.10～1.40	≤0.040	≤0.040	≤0.35	≤0.35	—	B0.001～0.004 V0.05～0.100
40Cr	0.37～0.45	0.20～0.40	0.50～0.80	≤0.040	≤0.040	0.80～1.10	≤0.35	—	—
40CrMn	0.37～0.45	0.20～0.40	0.90～1.20	≤0.040	≤0.040	0.90～1.20	≤0.35	—	—

（续表）

牌号	化学成分（质量分数）/%								
	C	Si	Mn	P	S	Cr	Ni	Mo	其他
40CrMo	0.38～0.45	0.20～0.40	0.50～0.80	≤0.040	≤0.040	0.90～1.20	≤0.35	0.15～0.25	—
40CrNi	0.37～0.44	0.20～0.40	0.50～0.80	≤0.040	≤0.040	0.45～0.75	1.00～1.40	—	—
30CrMnSi	0.27～0.34	0.90～1.20	0.80～1.10	≤0.040	≤0.040	0.80～1.10	≤0.35	—	—
35CrMo	0.32～0.40	0.20～0.40	0.40～0.70	≤0.040	≤0.040	0.80～1.10	≤0.35	0.15～0.25	—
37CrNi3	0.34～0.41	0.20～0.40	0.30～0.60	≤0.040	≤0.040	1.20～1.60	3.00～3.50	—	—
40CrNiMo	0.37～0.44	0.20～0.40	0.50～0.80	≤0.040	≤0.040	0.60～0.90	1.25～1.75	0.15～0.25	—
40CrMnMo	0.37～0.45	0.20～0.40	0.90～1.20	≤0.040	≤0.040	0.90～1.20	≤0.35	0.20～0.30	—

按淬透性的高低，调质钢大致可以分为三类：

（1）低淬透性调质钢

典型钢种为45，40Cr。这类钢的油淬临界直径为30～40 mm，广泛用于制造一般尺寸的重要零件，如轴、齿轮、连杆螺栓等。35SiMn，40MnB是为节省Cr元素而发展起来的代用钢种。

（2）中淬透性调质钢

典型钢种为40CrNi。这类钢的油淬临界直径为40～60 mm，含有较多的合金元素，用于制造截面较大、承受较重载荷的零件，如曲轴、连杆等。

（3）高淬透性调质钢

典型钢种为40CrNiMoA。这类钢的油淬临界直径为60～100 mm，大部分为铬-镍合金钢。铬、镍的适当比例，可极大地提高淬透性，并能获得比较优良的综合机械性能，故常用于制造大截面、承受重负荷的重要零件，如汽轮机主轴、压力机曲轴、航空发动机曲轴等。

以下通过实例分析热处理工艺规范：

①用40Cr制作拖拉机上的连杆，其工艺路线为：

下料→锻造→退火或正火→粗加工→调质→精加工→装配。

在工艺路线中，预备热处理采用退火（或正火）。其目的是改善锻造组织，细化晶粒，调整硬度，便于切削加工，为淬火做好组织准备。调质工艺采用830 ℃加热、油淬，可得到马氏体组织；然后在525 ℃回火水冷，水冷是为了防止第二类回火脆性，最终使用状态下的组织为回火索氏体，具有良好综合机械性能。

②45或40Cr钢制造机床主轴或齿轮，其工艺路线为：

下料→锻造→正火→粗加工→调质处理→精加工→局部表面淬火+低温回火→磨削。

3. 弹簧钢

弹簧钢是指用于制造汽车、拖拉机和火车的板弹簧或螺旋弹簧的结构件。该类结构件要求具有高弹性极限和屈强比、高疲劳强度和足够的塑性与韧性。

弹簧钢的碳质量分数为0.45%～0.70%，多数为0.60%左右，一般为中、高碳钢。含碳量升高，塑性和韧性降低，疲劳极限也下降。为了提高淬透性、强度及屈强比，常常在弹簧钢中加入Mn，Si等元素。为了进一步提高淬透性，细化晶粒，提高回火稳定性和耐热性，一般还加入W，Mo，V等元素。

表11-6列出了常用弹簧钢的牌号、化学成分、热处理及力学性能。

表11-6　常用弹簧钢的牌号、化学成分、热处理及力学性能（GB/T 1222—2016）

类别	牌号	化学成分（质量分数）/%				热处理			机械性能				
		C	Si	Mn	其他	淬火温度/℃	淬火介质	回火温度/℃	R_m/MPa	R_{eL}/MPa	A/%	$A_{11.3}$/%	Z/%
									不小于				
非合金	65	0.62～0.70	0.17～0.37	0.50～0.80	—	840	油	500	1 000	800	—	9	35
非合金	85	0.82～0.90	0.17～0.37	0.50～0.80	—	820	油	480	1 150	1 000	—	6	30
非合金	65Mn	0.62～0.70	0.17～0.37	0.90～1.20	—	830	油	540	1 000	800	—	8	30
合金	55SiMnVB	0.52～0.60	0.70～1.00	1.00～1.30	Si≤0.35 V0.08～0.16 B0.0005～0.0035	860	油	460	1 375	1 225	—	5	30
合金	60Si2Mn	0.56～0.64	1.50～2.00	0.70～1.00	—	870	油	480	1 300	1 200	—	5	25
合金	50CrVA	0.46～0.54	0.17～0.37	0.50～0.80	Cr0.80～1.10 V0.10～0.20	850	油	500	1 300	1 150	10	—	40
合金	60Si2CrVA	0.56～0.64	1.40～1.80	0.40～0.70	Cr0.90～1.20 V0.10～0.20	850	油	410	1 900	1 700	6	—	20
合金	30W4Cr2VA	0.26～0.34	0.17～0.37	≤0.40	Cr2.00～2.50 V0.50～0.80 W4～4.5	1 075	油	600	1 500	1 350	7	—	40

弹簧钢根据弹簧的加工成形方法不同，分为热成形弹簧和冷成形弹簧。一般地，截面尺寸＞ϕ10～ϕ15 mm 的弹簧采用热成形方法；截面尺寸＜ϕ10 mm 的弹簧采用冷成形方法。

(1)热成形弹簧

这类弹簧主要通过淬火加中温回火得到回火托氏体。这类弹簧多用热轧钢丝或钢板制成。

以 60Si2Mn 制造的汽车板簧为例，其工艺路线如下：

下料→加热压弯成形→淬火＋中温回火→喷丸处理→装配。

成形后采用淬火＋中温回火(350～500 ℃)，组织为回火托氏体，硬度为 39～52HRC，具有高弹性极限、屈强比和足够的韧性，喷丸处理可进一步提高疲劳强度，并且使用寿命提高 5～6 倍。

(2)冷成形弹簧

这类弹簧是用冷拉钢丝或油淬回火钢丝冷圈成形的。成形后不必淬火处理，只需进行一次去应力退火处理(250～300 ℃保温 1 h)，目的是消除内应力、稳定尺寸。由于冷拉过程中产生加工硬化，弹簧的强度大大提高。

4. 滚动轴承钢

滚动轴承钢是指用于制作各类滚动轴承的外套圈及滚动体的专用钢种，分为高铬轴承钢、不锈轴承钢、渗碳轴承钢和高温轴承钢四类，这里只介绍高铬轴承钢。

高铬轴承钢的碳质量分数为 0.95%～1.15%，以保证形成碳化物强化相，提高强度、硬度及耐磨性。高铬轴承钢主加合金元素 Cr，其目的是提高淬透性、接触疲劳抗力和细化晶粒。对于大尺寸轴承，加入 Si，Mn 等元素进一步提高淬透性。从化学成分看，滚动轴承钢属于工具钢范畴，所以这类钢也经常用于制造各种精密量具、冷冲模具、丝杠、冷轧辊和高精度的轴类等耐磨零件，其主要牌号有 GCr15，GCr15SiMn。

高铬轴承钢的热处理主要是球化退火、淬火和低温回火。采用球化退火作为预备热处理，其目的是获得球状珠光体，改善组织，降低硬度(＜210HBS)，便于切削加工。最终热处理时加热到 840 ℃，在油中淬火，并在淬火后低温回火(150～180 ℃)，得到回火马氏体加细小粒状碳化物颗粒及少量的残余奥氏体，回火后的硬度为 61～65HRC。低温回火可以保持淬火后的高硬度和高耐磨性，消除淬火应力。对精密轴承零件，为了将残余奥氏体降低到最低限度，提高尺寸稳定性，常采用淬火后冷处理并时效处理。冷处理后，恢复到室温，立即低温回火。

5. 耐磨钢

耐磨钢主要是指在冲击载荷作用下，发生冲击硬化的铸造高锰钢，共包括五个牌号：ZGMn13-1，ZGMn13-2，ZGMn13-3，ZGMn13-4 和 ZGMn13-5。高锰钢主要用于既承受严重磨损又承受强烈冲击的零件，如拖拉机、坦克的履带板，破碎机的颚板，挖掘机的铲齿和铁路的道岔等。因此，高耐磨性和韧性是对高锰钢的主要性能要求。

耐磨钢的成分主要为高碳和高锰。其碳质量分数为 0.75%～1.45%，以保证高的耐磨性。锰质量分数为 11%～14%，保证形成单相奥氏体组织，以获得良好的韧性。

高锰钢的铸态组织为奥氏体加碳化物，性能硬而脆。为此，需对其进行“水韧处理”，即把钢加热到1 100 ℃,使碳化物完全溶入奥氏体,并进行水淬,从而获得均匀的过饱和单相奥氏体。这时其强度、硬度并不高(180～200HB),但是塑性、韧性却很好。若想高锰钢具有高耐磨性,其使用工况需满足强烈的冲击或强大的压力。其原因在于冲击或压力作用下,表面奥氏体迅速加工硬化,同时形成马氏体并析出碳化物,使表面硬度提高到500～550HB,获得高耐磨性。而心部仍为奥氏体组织,具有高耐冲击能力。当表面磨损后,新露出的表面又可在冲击或压力作用下获得新的硬化层。

因高锰钢加热到250 ℃以上时有碳化物析出,使其脆性增加,故这类钢水冷后不能再受热。这类钢由于具有很高的加工硬化能力,很难切削加工。但采用硬质合金、含钴高速钢等切削工具,并采取适当的刀角及切削条件,仍然可加工。

11.3 工具钢

工具钢是指用于制造刀具、量具、模具和其他耐磨工具的钢。按用途可分为刃具钢、模具钢和量具钢。

11.3.1 刃具钢

刃具钢是指用于切削加工的工具,如车刀、刨刀、钻头等的钢种。刃具钢的种类繁多,工况条件各有特点,性能要求也各有不同。以车刀为例,由于车刀的刀刃与工件之间会发生剧烈的摩擦,造成严重的磨损,刀刃部分温度高(高速切削时,温度可达600 ℃),并且进刀时容易发生冲击与振动,故刃具钢刀具主要失效形式为磨损、崩刃、刀具折断等。因此对其性能要求是具有较高的硬度、耐磨性、热硬性、抗弯强度和足够的韧性。热硬性(又称红硬性)指刃具钢在高温下保持高硬度的能力,是衡量刃具钢使用寿命的重要指标。常用的刃具钢有三类:碳素工具钢、低合金工具钢和高速工具钢。

1. 碳素工具钢

碳素工具钢为高碳钢,其碳质量分数为0.65%～1.35%。其一般以退火状态供应,使用时再进行适当的热处理。各种碳素工具钢淬火后的硬度相近,但随着含碳量的增加,未溶渗碳体增多,钢的耐磨性增加,而韧性降低。碳素工具钢的牌号、化学成分、力学性能及用途列于表11-7中。

表11-7　碳素工具钢的牌号、化学成分、力学性能及用途(GB/T 1298—2008)

牌号	化学成分(质量分数)/%			退火状态硬度(HBS)不小于	试样淬火硬度(HRC)	用途
	C	Si	Mn			
T7 T7A	0.65～0.74	≤0.35	≤0.40	187	≥62 (800～820 ℃水淬)	承受冲击、韧性较好、硬度适当的工具,如扁铲、手钳、大锤、改锥、木工工具

（续表）

牌号	化学成分(质量分数)/%			退火状态硬度(HBS)不小于	试样淬火硬度(HRC)	用途
	C	Si	Mn			
T8 T8A	0.75～0.84	≤0.35	≤0.40	187	≥62 (700～800 ℃ 水淬)	承受冲击,较高硬度的工具,如冲头、压缩空气工具、木工工具
T8Mn T8MnA	0.80～0.90	≤0.35	0.40～0.60	187		同上,但淬透性较大,可制造截面较大工具
T9 T9A	0.85～0.94	≤0.35	≤0.40	192	≥62 (760～780 ℃ 水淬)	韧性中等、硬度高的工具,如冲头、木工工具、凿岩工具
T10 T10A	0.95～1.04	≤0.35	≤0.40	197		不受剧烈冲击,高硬度耐磨工具,如车刀、刨刀、冲头、丝锥、钻头、手锯条
T11 T11A	1.05～1.14	≤0.35	≤0.40	207		不受剧烈冲击,高硬度耐磨工具,如车刀、刨刀、冲头、丝锥、钻头
T12 T12A	1.15～1.24	≤0.35	≤0.40	207		不受冲击,要求高硬度耐磨工具,如锉刀、精车刀、丝锥、量具
T13 T13A	1.25～1.35	≤0.35	≤0.40	217		同T12,要求更耐磨的工具,如刮刀、剃刀

2. 低合金工具钢

为了克服碳素工具钢热硬性差、淬透性低、易变形开裂等缺点,在碳素工具钢的基础上加入少量的合金元素,一般质量分数不超过3%～5%,故称为低合金工具钢。

低合金工具钢的碳质量分数为0.75%～1.50%,其目的是保证高硬度,并形成足够的合金碳化物,提高耐磨性。碳素工具钢中主加合金元素Si,Mn,Cr,Mo等,其目的是达到固溶强化,提高硬度和淬透性;辅加元素为Mo,W,V等,其目的是细化晶粒,形成特殊碳化物,提高硬度和耐磨性。

常用低合金工具钢的牌号、化学成分、热处理及用途见表11-8。

表 11-8　常用低合金工具钢的牌号、化学成分、热处理及用途（GB/T 1299—2014）

牌号	化学成分(质量分数)/%					淬火			回火	用途
	C	Mn	Si	Cr	其他	温度/℃	介质	洛氏硬度(HRC)	温度/℃	
9SiCr	0.85～0.95	0.30～0.60	1.2～1.6	0.95～1.25		820～860	油	60～63	190～200	板牙、丝锥、绞刀、搓丝板、冷冲模等
CrWMn	0.9～1.05	0.80～1.10	0.15～0.35	0.9～1.2	W1.2～1.6	820～840	油	62～65	140～160	长丝锥、长绞刀、板牙、拉刀、量具、冷冲模等
CrMn	1.3～1.5	0.45～0.75	≤0.40	1.3～1.6		840～860	油	62～65	130～140	长丝锥、拉刀、量具等
9Mn2V	0.85～0.95	1.70～2.0	≤0.40	—	V0.01 0.25	780～820	油	58～63	150～200	丝锥，板牙，样板，量规，磨床主轴，中、小型模具，精密丝杠等

3. 高速工具钢

高速工具钢是高速切削用钢的代名词，是随着工业技术的不断发展，为适应高速切削的要求而发展起来的钢种。高速工具钢具有高的硬度、耐磨性和热硬性。工作温度可达600 ℃，硬度仍保持在60HRC以上，这是高速工具钢区别于其他钢种的主要特性。

高速工具钢的碳质量分数为0.70%～1.65%，属高碳钢，其目的是保证高硬度，并与W，V等形成特殊碳化物或合金渗碳体，具有高的耐磨性和良好的热硬性。高速工具钢含有大量合金元素，主要是Cr，W，Mo，V等。W元素的高含量使钢保持红硬性，提高回火抗力和淬透性。在500～600 ℃回火时产生细小而弥散分布W_2C颗粒。Cr元素可提高淬透性和回火抗力，增加抗氧化、抗脱碳、抗腐蚀能力。加入V元素可提高硬度和红硬性，细化晶粒。Mo元素主要提高热硬性。

常用的高速工具钢牌号为W18Cr4V和W6Mo5Cr4V2。其中W18Cr4V为国际钢种，但由于我国的W元素储量相对于较少，我国材料工作者经过刻苦钻研，开发出同等性能水平的W6Mo5Cr4V2钢。该钢种的研制实现我国资源的合理利用和可持续发展，并且提高了经济效益。W18Cr4V高速工具钢的过热敏感性小，磨削性好，但由于热塑性差，通常适于制造一般高速切削刀具，如车刀、铣刀、绞刀等。而W6Mo5Cr4V2高速工具钢刀具有较好的耐磨性、韧性和热塑性，适于制造耐磨性和韧性需良好配合的高速刀具，如丝锥、齿轮铣刀、插齿刀等。由于该钢种切削金属材料很锋利，被称为“锋钢”。因其淬透性好，在空气中即可实现淬火，故又名“风钢”。

现以W18Cr4V钢制盘形齿轮铣刀为例，分析高速工具钢制作刀具的工艺路线及热处理工艺的制定，该工艺路线为：

下料→锻造(反复镦粗、镦拔结合)→等温球化退火→机加工→淬火(1 280 ℃)。

(1)锻造

W18Cr4V 钢是莱氏体钢,其铸态组织为亚共晶组织,由鱼骨状粗大莱氏体及树枝状的马氏体和托氏体组成,如图 11-1 所示。

粗大碳化物的出现使得铸态高速工具钢的脆性增加,且难以用热处理来消除,必须经过反复锻造来敲碎,使敲碎的碳化物均匀地分布于基体中。

(2)球化退火

W18Cr4V 钢的球化退火在锻造后机加工前进行,属于预备热处理,其目的是降低硬度,便于切削加工。高速工具钢在 860～880 ℃加热保温,然后冷却到 720～750 ℃发生等温珠光体转变,炉冷至 550 ℃以下出炉。经过此热处理后,其硬度为 207～225HBS,组织为索氏体加细小碳化物颗粒,如图 11-2 所示。

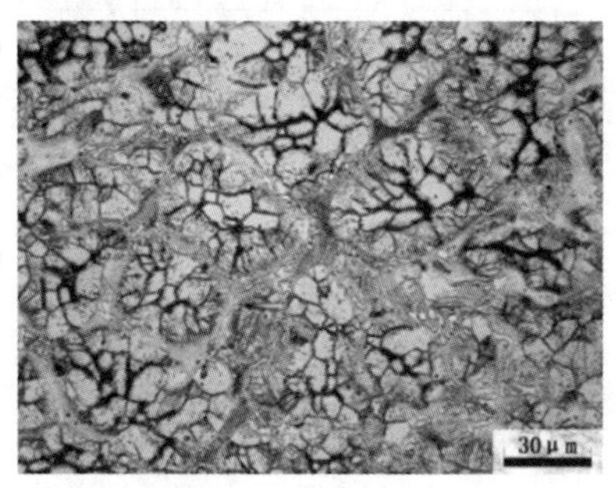

图 11-1　W18Cr4V 钢的铸态组织

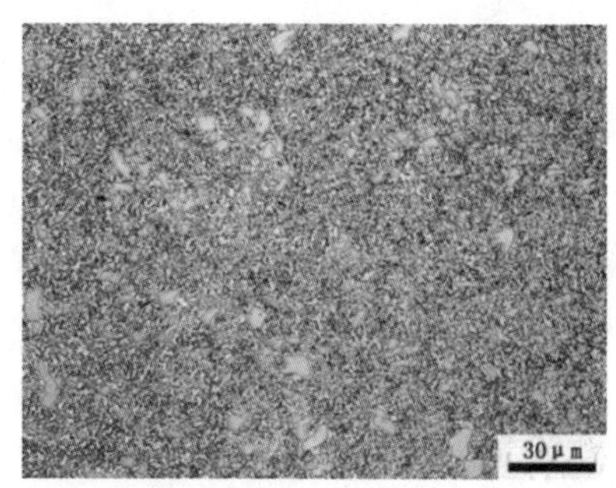

图 11-2　W18Cr4V 钢的退火组织

(3)淬火、回火

W18Cr4V 钢优异的性能必须经正确的淬火、回火才能实现,图 11-3 所示为 W18Cr4V 钢的淬火、回火组织。高速工具钢的导热性能差,为防止变形和开裂,淬火加热时应预热两次。高速工具钢的淬火温度高达 1 280 ℃,使更多的合金元素溶入奥氏体中,获得含有较多合金元素的马氏体组织。但是淬火温度也不宜过高,否则易引起晶粒粗大,降低高速工具钢力学性能。淬火冷却多采用盐浴分级淬火或油冷,以减少变形和开裂倾向。其淬火组织为隐针马氏体、颗粒状碳化物和较多的残余奥氏体(约为 30%),如图 11-4 所示。

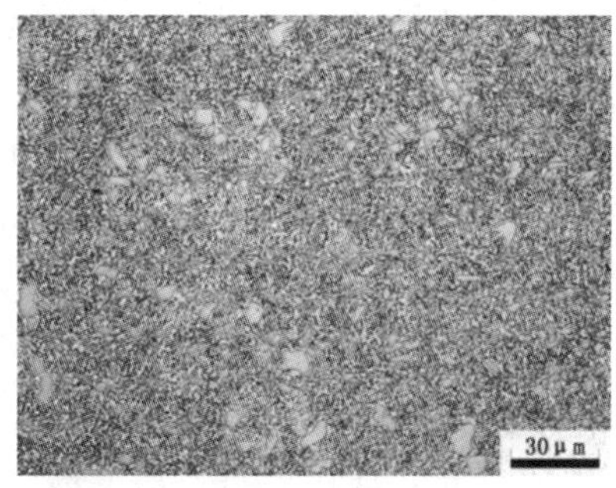

图 11-3　W18Cr4V 钢的淬火、回火组织

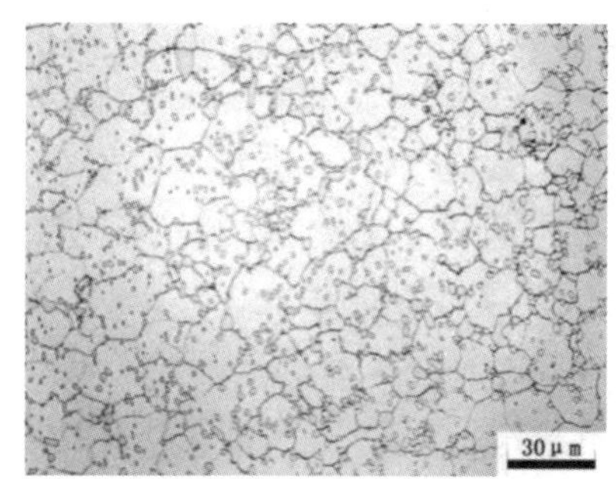

图 11-4　W18Cr4V 钢的淬火组织

高速工具钢在淬火后及时回火,常用的回火工艺是 560 ℃左右保温 1 h,重复三次。

这是由于高速工具钢淬火组织中残余奥氏体量多，一次回火不能转变完全，三次回火后才能基本完成转变，并且产生二次硬化现象。回火后的组织为回火马氏体、颗粒状碳化物及少量残余奥氏体，如图 11-5 所示，其硬度为 63～66HRC。

图 11-6 所示为回火温度对 W18Cr4V 钢硬度的影响。在 560 ℃左右时产生二次硬化现象，出现了硬度峰值。硬度峰值的出现，是因为回火时 Mo，W，V 等碳化物的弥散析出，以及每次回火冷却时发生残余奥氏体转变成马氏体的二次淬火现象。为减少回火次数，使高速工具钢中的残余奥氏体量减少到最低限度，应将回火温度确定在 560 ℃左右，同时还需进行冷处理。与其他钢种的淬火、回火工艺相比较，高速工具钢的淬火、回火可归纳为“两高一多”，即淬火温度高(1 250～1 300 ℃)，回火温度高(560 ℃)，回火次数多(三次)。

图 11-5　W18Cr4V 钢的回火组织

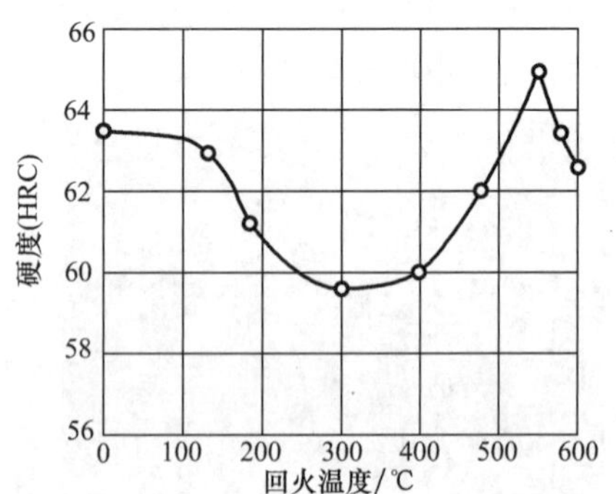

图 11-6　W18Cr4V 钢硬度与回火温度的关系

11.3.2　模具钢

用于制造各类模具的钢称为模具钢。和刃具钢相比，其工作条件不同，因而对模具钢性能要求也有所区别。模具钢可分为冷作模具钢、热作模具钢和塑料模具钢等。

1. 冷作模具钢

冷作模具钢包括拉延模钢、拔丝模钢或压弯模钢、冲裁模钢、冷镦模钢和冷挤压模钢等，均属于在室温冷态下对金属进行变形加工的模具钢，也称为冷变形模具钢。

该模具钢有碳素工具钢和低合金工具钢两类。其中对于尺寸小、形状简单、工作负荷较小的模具采用碳素工具钢，有 T8A，T10A，T12A，Cr2，9Mn2V，9SiCr，CrWMn，Cr6WV 等。碳素工具钢价格便宜，加工性能好，基本上能满足模具的工作要求，但是碳素工具钢的淬透性较差，热处理变形大；耐磨性较差，使用寿命较低。而低合金工具钢由于含有少量的合金元素，其淬透性提高。通过采用油淬火使晶粒细小，变形减小，如 9SiCr，Cr2 可用来制造滚丝模等。

冷作模具钢在冷态下冲制螺钉、螺帽、硅钢片、面盆等，被加工的金属在模具中产生很大的塑性变形，模具的工作部分承受很大的压力和强烈的摩擦，要求有高的硬度和耐磨性，通常要求硬度为 58～62HRC，从而保证模具的几何尺寸和使用寿命。冷作模具在工作时，承受很大的冲击和负荷，甚至有较大的应力集中，因此要求其工作部分有较高的强度和韧性，以保证尺寸的精度并防止崩刃。同时要求良好的工艺性能，如淬透性，热处理的变形小。

2. 热作模具钢

热作模具钢包括热锻模钢、热镦模钢、热挤压模钢、精密锻造模钢、高速锻模钢等，均属于在受热状态下对金属进行变形加工的模具钢，也称为热变形模具钢。热作模具钢碳质量分数为0.30%～0.60%。为了提高其淬透性、回火稳定性及耐磨性，常加入的合金元素有Cr，Mn，Si，Mo，W，V等。其中，Mo，W元素还能抑制第二类回火脆性，Cr，Si，W能提高热疲劳性能。

由于热作模具是在非常苛刻条件下工作的，不但承受压应力、拉应力、弯曲应力及冲击应力，还经常受到强烈的摩擦作用。因此必须具有高的强度以及良好的韧性配合，同时还要有足够的硬度和耐磨性。热作模具钢在工作时经常与炽热的金属接触，型腔表面温度高达400～600 ℃，因此必须具有高回火稳定性。工作中反复受到炽热金属的加热和冷却介质的冷却，极易引起"龟裂"现象，即"热疲劳"，因此还必须具有抗热疲劳能力。此外，由于热作模具一般尺寸较大，因而还要求热作模具钢具有高的淬透性和热导性。

热作模具钢的热处理工艺主要有预备热处理和最终热处理。预备热处理安排在反复锻造（目的是使碳化物均匀分布）之后、机加工成形之前，一般可采用完全退火或等温退火。退火后组织属亚共析钢，需加热到 Ac_3 以上完全奥氏体化。其目的是消除锻造应力，细化晶粒，降低硬度（197～241HBS），从而便于切削加工。最终热处理一般采用淬火加低温回火，最终组织为回火索氏体，硬度要求一般在39～54HRC。根据用途不同，热锻模淬火后模面中温回火、模尾高温回火；压铸模淬火后在略高于二次硬化峰值的温度多次回火，以提高热硬性。

热作模具钢的典型钢种主要有5CrMnMo，5CrNiMo和3Cr2W8V。其中5CrNiMo综合性能好，主要用于制造形状复杂、冲击载荷高的大型热锻模。5CrMnMo中以Mn元素代替Ni元素，既保证强度，价格又低，但塑性、韧性及淬透性不如5CrNiMo，故一般用于中、小型热锻模。3Cr2W8V具有高的回火稳定性，广泛用于压铸模及热挤压模的制造。

3. 塑料模具钢

工业和生活中，塑料制品的发展对模具材料的要求趋向多样化。塑料模具的工作特点要求其具有非常洁净和高光洁的表面，且耐磨、耐蚀，同时具有一定的表面硬化层、足够的强度与韧性。适合用于制作塑料制品的模具钢种称为塑料模具钢。其适用范围是：

(1)中、小型且形状不复杂的塑料模具

这种模具可采用T7A，T10A，9Mn2V，CrWMn，Cr2等钢种；若是大型复杂的塑料模具，则采用4Cr5MoSiV，Cr12MoV等钢种。

(2)复杂精密的塑料模具

这种模具常采用20CrMnTi，12CrNi3A等渗碳钢。

(3)应用于腐蚀环境下的塑料模具

采用耐蚀的马氏体不锈钢，如20Cr13，30Cr13等。

11.3.3 量具钢

量具钢分为碳素工具钢和低合金工具钢，是制造量具如卡尺、千分尺、块规、塞尺的钢种。量具在使用过程中主要是受到磨损，因此量具钢要求有很高的硬度和耐磨性，以防止在使用过程中因磨损而失效；要求组织稳定性高；在使用过程中尺寸不变，以保证高的尺寸精度；具有良好的磨削加工性。量具钢通过适当的热处理可减少变形，并提高组织稳定性。在淬火前进行调质处理，可得到回火索氏体。回火后进行冷处理，可降低奥氏体含量，以降低内应力。当经历长时间的低温回火后，马氏体更趋于稳定，可进一步降低内应力。

碳素工具钢淬透性低，常用于制作尺寸小、形状简单、精度要求低的量具。而低合金工具钢淬透性较高，采用油淬，变形小；合金元素在钢中形成的合金碳化物，可提高其耐磨性。其中，GCr15 耐磨性和尺寸稳定性都较好，因此得到广泛应用。

11.4 特殊性能钢

特殊性能钢是指具有特殊物理、化学性能的钢。本节主要介绍不锈钢和耐热钢。

11.4.1 不锈钢

通常所说的不锈钢是不锈钢和耐酸钢的总称。不锈钢是指能抵抗大气腐蚀的钢；耐酸钢是指能抵抗化学介质腐蚀的钢。常用的不锈钢根据其组织特点，可分为马氏体不锈钢、铁素体不锈钢和奥氏体不锈钢三种类型。

1. 马氏体不锈钢

马氏体不锈钢主要是 Cr13 型不锈钢。其典型的钢种有 12Cr13，20Cr13，30Cr13，40Cr13 等，碳质量分数为 0.1%～1.0%，铬质量分数为 12%～18%。随着含碳量的提高，钢的强度、硬度、耐磨性及切削性能显著提高，但是耐蚀性下降。马氏体不锈钢的淬透性好。

12Cr13 和 20Cr13 钢都是在调质状态下使用的。回火索氏体组织具有良好的综合力学性能，其基体(铁素体)铬质量分数在 11.7%以上，具有良好的耐蚀性。40Cr13 钢由于其含碳量稍高，具有较高的强度和硬度(50HRC)，应在淬火和低温回火后使用，其组织为回火马氏体。40Cr13 耐蚀性相对较差，因此常作为工具钢使用，用于制造医疗器械、刃具、热油泵轴等。

2. 铁素体不锈钢

铁素体不锈钢的碳质量分数很低，多在 0.15%以下，铬质量分数有所提高，为 12%～30%。其耐蚀性、塑性、焊接性均优于马氏体不锈钢，具有耐酸蚀、抗氧化性能强、塑性好的性能特点，但有脆化倾向。这类不锈钢使用状态组织为单相铁素体(加热或冷却时无相变发生，因此不能用热处理强化)。可通过加入 Ti，Nb 等元素形成碳化物或经冷塑性变形及再结晶来细化晶粒加以强化。铁素体不锈钢的常用牌号有 0Cr13，1Cr17，1Cr28，主要用于化工容器管道。

3. 奥氏体不锈钢

奥氏体不锈钢指铬镍不锈钢(简称 18-8 型)，是工业上应用最广泛的不锈钢。18-8 型不锈钢中的碳质量分数很低(小于 0.12%)，属于超低碳钢。这类钢具有良好耐蚀性、塑性和韧性，同时具有优良的抗氧化能力及力学性能。钢中铬质量分数约为 18%，主要作用是产生钝化，提高阳极电极电位，增加耐蚀性。镍质量分数约为 9%，主要作用是扩大奥氏体区，降低钢的 Ms 点(室温以下)，使钢在室温下具有单相的奥氏体组织。铬和镍在奥氏体中的共同作用，进一步改善了钢的耐蚀性；钛的主要作用是抑制在晶界上析出$(Cr,Fe)_{23}C_6$，消除钢的晶间腐蚀倾向，钛质量分数一般不大于0.8%，过多时会使钢出现铁素体和产生TiN夹杂，降低钢的耐蚀性。为了提高奥氏体不锈钢的性能，常用的热处理工艺有固溶处理、稳定化处理及去应力处理等。

奥氏体不锈钢的典型牌号有06Cr19Ni10，12Cr18Ni9，17Cr18Ni9，06Cr19Ni11Ti和12Cr18Ni9Ti。奥氏体不锈钢在化工和食品行业使用居多，也常常用于制造耐氧化性酸（如硝酸、有机酸）的贮槽、容器，碱或盐工业中的机械零件、医疗器械及仪器仪表等。常用铬不锈钢的牌号、化学成分、热处理、机械性能及用途见表11-9。

表11-9 常用铬不锈钢的牌号、化学成分、热处理、机械性能及用途(GB/T 1220—2007)

类别	牌号	化学成分(质量分数)/%			热处理	机械性能				用途
		C	Cr	其他		R_m/MPa	R_{eL}/MPa	A/%	硬度(HBW)	
马氏体不锈钢	12Cr13	0.08～0.15	11.5～13.5	—	900～1 000 ℃油淬火 700～750 ℃快冷	≥540	≥343	≥5	≥159	制作能抗弱腐蚀性介质、能承受冲击负荷零件，如汽轮机叶片、水压机阀、结构架、螺栓、螺帽等
	20Cr13	0.16～0.25	12.0～14.0	—	920～980 ℃油淬火 600～750 ℃快冷	≥635	≥440	≥20	≥192	制作能抗弱腐蚀性介质、能承受冲击负荷零件，如汽轮机叶片、水压机阀、结构架、螺栓、螺帽等
	30Cr13	0.26～0.35	12.0～14.0	—	920～980 ℃油淬火 600～750 ℃快冷	≥735	540	≥12	≥217	制作耐磨的零件，如热油泵轴、阀门、刃具等
	68Cr17	0.60～0.75	16.0～18.0	—	1 010～1 070 ℃油淬火 100～180 ℃快冷	—	—	—	≥54 HRC	制作具有软高硬度和耐磨性的医疗工具、量具，滚珠轴承等
铁素体不锈钢	06Cr13Al	≤0.08	11.5～14.5	Al0.10～0.30	780～830 ℃空冷或缓冷	≥410	≥177	≥20	≤183	制作汽轮机材料、复合钢材、淬火用部件
	10Cr17	≤0.12	16.0～18.0	—	780～850 ℃空冷	≥450	≥250	≥22	≤183	制作硝酸工产设备如吸收塔、热交换器、酸槽、输送管道以及食品工厂设备
	008Cr30Mo2	≤0.01	28.5～32.0	Mo1.50～2.50	900～1 050 ℃快冷	≥450	≥295	≥20	≤228	C，N含量极低，耐腐蚀性很好，制造氢氧化钠设备及有机酸设备

（续表）

类别	牌号	化学成分（质量分数）/%			热处理	机械性能				用途
		C	Cr	其他		R_m/MPa	R_{eL}/MPa	A/%	硬度(HBW)	
奥氏体不锈钢	Y12Cr8Ni9	≤0.15	17.0～19.0	P≤0.2 S≥0.15 Ni 8.0～11.0	固溶处理 1 050～1 150 快冷	≥520	≥205	≥40	≤187	提高可加工性，最适用于自动车床，制作螺栓、螺母等
	06Cr19Ni10	≤0.08	18.0～20.0	Ni 8.0～11.0	固溶处理 1 050～1 150 ℃ 快冷	≥550	≥205	≥40	≤187	作为不锈耐热钢使用最广泛，制造食用品设备、化工设备、核工业设备等
	06Cr19Ni10N	≤0.08	18.0～20.0	Ni 8.0～11.0 N 0.10～0.16	固溶处理 1 050～1 150 ℃ 快冷	≥520	≥275	≥35	≤217	钢中加入N，强度提高但塑性不降低，制作结构用钢部件
	06Cr19Ni11Ti	≤0.08	17.0～19.0	Ni 8.0～12.0 Ti $5w_C$～0.70	固溶处理 920～1 150 ℃ 快冷	≥520	≥205	≥40	≤187	制作焊芯、抗磁仪表、医疗器械、耐酸容器、输送管道

11.4.2 耐热钢

耐热钢是指在高温下具有热稳定性和热强性的特殊钢。其中，热稳定性指金属的抗氧化性，这是保证零件长期在高温下工作的重要条件。抗氧化能力的高低主要由材料的成分决定。在钢中加入足够的Cr，Si，Al等元素，可使钢件表面在高温下与氧接触时，能生成致密的高熔点氧化膜，严密地覆盖在钢的表面，保护钢件免于高温气体的继续腐蚀。例如钢中铬质量分数达到15%时，其抗氧化温度可达900 ℃；若铬质量分数达到20%～25%，则抗氧化温度可达1 100 ℃。热强性是指在高温和载荷长时间作用下，金属抵抗蠕变和断裂的能力，即材料的高温强度。通常以蠕变强度和持久强度来表征。蠕变强度是在一定温度下，规定时间内试样产生一定蠕变变形量的应力。持久强度是指在一定温度下，经过规定时间发生断裂时的应力。基于耐热钢的热稳定性和热强性，其广泛应用于热工动力、石油化工、航空航天等领域，常用来制造加热炉、锅炉、热交换器、汽轮机、内燃机、航空发动机等在高温条件下工作的构件和零件。

按照耐热钢使用温度范围和使用状态组织，其可分为珠光体耐热钢、马氏体耐热钢和

奥氏体耐热钢。

1. 珠光体耐热钢

珠光体耐热钢的碳质量分数为0.1%～0.4%，加入Cr，Mo，W，V等合金元素，其目的是强化铁素体，防止Fe_3C分解，抑制球化和石墨化倾向。珠光体耐热钢一般是在正火状态下加热到Ac_3+30 ℃，保温一段时间后空冷，随后在高于工作温度约50 ℃下进行回火，其显微组织为珠光体+铁素体。其工作温度为350～550 ℃，由于含合金元素量少，工艺性好，常用于制造锅炉、化工压力容器、热交换器、气阀等耐热构件。这类钢在长期使用过程中，不可避免地会发生珠光体的球化和石墨化，从而显著降低钢的蠕变和持久强度。

2. 马氏体耐热钢

马氏体耐热钢的铬含量高，淬透性好，其抗氧化性及热强性均高于珠光体耐热钢。常用钢种有Cr12型(12Cr11MoV，12Cr12WMoV)、Cr13型(12Cr13，20Cr13)以及4Cr9Si2等。这类钢经常在调质状态下使用，回火组织为回火索氏体，具有较高的耐热性和耐磨性，可使工作温度提高到550～580 ℃。常用于制作重型汽车的气阀、汽轮机叶片和工作温度不高于700 ℃的发动机排气阀。

3. 奥氏体耐热钢

奥氏体耐热钢是基于奥氏体不锈钢发展起来的，其性能优于珠光体耐热钢和马氏体耐热钢，具有较高的热强性、抗氧化性、塑性和冲击韧性，以及良好的焊接性和冷成形性能。为了提高钢抗氧化性和稳定奥氏体，加入了大量的Cr和Ni元素；为了强化奥氏体、形成合金碳化物和金属间化合物以及强化晶界，加入W，Mo，V，Ti，Nb，Al等合金元素。一般用于制造在600～850 ℃环境中工作的高压锅炉过热器、汽轮机叶片、叶轮、发动机气阀等。

思考题

11-1 说出Q235A，15，45，65，T8钢的钢类、碳的质量百分数，各举出一个应用实例。

11-2 奥氏体不锈钢的热处理工艺主要是什么？

11-3 高速钢为什么需要反复锻造？高速钢采用高温淬火目的是什么？

11-4 T8，T12和40钢中，哪种钢的淬透性和淬硬性更好？

11-5 为什么低合金高强钢用锰作为主要的合金元素？

11-6 试述渗碳钢和调质钢的合金化及热处理特点。

11-7 为什么合金弹簧钢以硅为重要的合金元素？为什么要进行中温回火处理？

11-8 W18Cr4V钢的Ac_1约为820 ℃，若以一般工具钢Ac_1+(30～50)℃的常规方法来确定其淬火加热温度，最终热处理后能否达到高速切削刀具所要求的性能？为什么？其实际淬火温度是多少？

11-9 试分析20CrMnTi钢和1Cr18Ni9Ti钢中Ti的作用。

11-10 试分析合金元素Cr在40Cr，GCr15，CrWMn，10Cr13，Y12Cr18Ni9Ti，4Cr9Si2等钢中的作用。

11-11 试画出正常淬火后W18Cr4V钢在回火时的回火温度与硬度的关系曲线。

第12章

铸 铁

铸铁的含义

铸铁是指碳质量分数大于 2.11%，并含有较多 Si，Mn，S，P 等元素的多元铁-碳合金，是历史上使用较早的材料，也是最便宜的金属材料之一。铸铁具有许多优良的使用性能和工艺性能，同时生产设备与工艺均简单，被广泛用于机械制造、冶金、矿山、石油化工、交通运输、建筑和国防等领域。例如机床床身、内燃机的汽缸体、缸套、活塞环及轴瓦、曲轴等都是由铸铁制造的。在各类机械中，铸铁件占机器总重量的 45%～90%。

12.1 铸铁的分类

铸铁的种类很多，分类方式也各有不同。根据铸铁的强度，可分为低强度铸铁和高强度铸铁；按照化学成分，可分为普通铸铁和合金铸铁；根据金相组织，可分为珠光体铸铁、铁素体铸铁等；根据铸铁中碳在结晶过程中析出状态及凝固后其断口颜色的不同，铸铁可分为白口铸铁、麻口铸铁和灰口铸铁。其中，白口铸铁性能硬而脆，麻口铸铁不易加工，灰口铸铁因其良好的机械性能及工艺性成为工业生产中最为常用的材料之一。

通常，灰口铸铁按照其碳的存在形式和石墨形态，可分为灰铸铁、可锻铸铁、球墨铸铁、蠕墨铸铁、特殊性能铸铁等。

1. 灰铸铁

灰铸铁的碳全部或大部分以片状石墨形式存在，一般情况下铸铁中的石墨片都比较粗大。石墨本身强度极低，大量低强度石墨存在于铸铁基体中相当于铸铁有效承载面积的减小，片状石墨对基体产生割裂作用，并在尖端处造成应力集中，故其力学性能较差。

2. 可锻铸铁

可锻铸铁的碳全部或大部分以团絮状石墨存在。它是由一定成分的白口铸铁经过长时间高温石墨化退火而形成的。可锻铸铁因团絮状石墨的存在对基体的割裂作用得以改善，应力集中减小，这点比灰铸铁好，尤其塑性、韧性更为明显，故又称其为韧性铸铁或玛铁(玛钢)。

3. 球墨铸铁

球墨铸铁的碳全部或大部分以球状石墨形式存在。它是在浇注前向铁液中加入孕育剂和球化剂经球化处理形成的。与可锻铸铁相比，球墨铸铁不仅生产工艺简单，其球状石墨亦可消除对基体的割裂和应力集中现象，进而提高了铸铁的力学性能。

4. 蠕墨铸铁

蠕墨铸铁中的碳大部分以蠕虫状石墨存在。因蠕虫状石墨端头圆滑变钝，蠕墨铸铁的强度比灰铸铁高，耐热性比球墨铸铁高。因此它在一些耐热件中得到应用，如钢锭模具、玻璃模具以及热辐射管等。

5. 特殊性能铸铁

工业上除要求铸铁有一定机械性能外，有时还要求它具有较高的耐磨性、耐热性和耐蚀性。为此，可以在普通铸铁基础上，加入一定量的合金元素来制成具有特殊性能的铸铁，又称为合金铸铁。

12.2 铸铁的石墨化

铸铁的力学性能主要取决于基体组织以及石墨的数量、形状、大小及分布特点。石墨的力学性能很低，硬度仅为 3～5HBW，抗拉强度约为 20 MPa，断后伸长率近于零。与基体相比，石墨的强度和塑性都要降低很多，故分布于金属基体中的石墨可视为裂纹和空洞，它们减小了铸铁的有效承载面积。所以铸铁的强度、塑性和韧性要比碳素钢低。

石墨的存在使铸铁的力学性能不如钢，但使其具有良好的减摩性、高消振性、低缺口敏感性以及优良的切削加工性等。此外，铸铁含碳量高，熔点比钢要低，故铸造流动性好；铸造收缩小，铸造性能优于钢，同时铸铁金属液不易氧化，熔炼设备及熔炼工艺简单。

12.2.1 Fe-Fe_3C 和 Fe-G 双重相图

铸铁中的碳除少量固溶于基体中外，大多数主要以化合态的渗碳体(Fe_3C)和游离态的石墨(G)两种形式存在。石墨是碳的单质之一，其强度、塑性、韧性几乎为零。Fe_3C 是亚稳相，在一定条件下将发生分解 $Fe_3C \rightarrow 3Fe + C$(石墨)，形成游离态石墨。因此，铁-碳合金实际存在两个相图，即 Fe-Fe_3C 相图和 Fe-C 相图，如图 12-1 所示。图中的实线表示 Fe-Fe_3C 系相图，部分实线再加上虚线表示 Fe-C 系相图。这两个相图几乎重合，只是 E，

C,S 点的成分和温度稍有变化。根据条件不同,铁-碳合金可全部或部分按其中一种相图结晶。

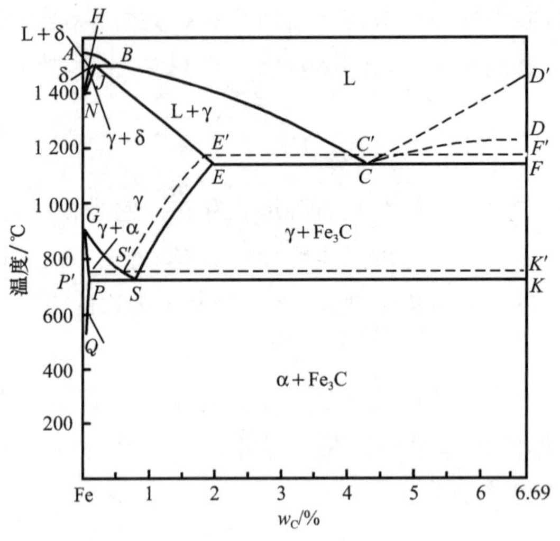

图 12-1 Fe-Fe_3C 和 Fe-C 双重相图

12.2.2 铸铁的石墨化过程

铸铁的石墨化是指铸铁液冷却过程中,溶解于铁素体外的碳原子析出并形成石墨的过程,即铸铁组织形成的基本过程就是铸铁中石墨的形成过程。石墨化过程分为三个阶段:

第一阶段石墨化:铸铁液结晶出一次石墨(过共晶铸铁)和在 1 154 ℃通过共晶反应形成共晶石墨。

第二阶段石墨化:在 1 154~738 ℃温度范围内奥氏体沿 $E'S'$线析出二次石墨。

第三阶段石墨化:在 738 ℃通过共析反应析出共析石墨。

实际生产中,由于化学成分、冷却速度等各种工艺参数不同,各阶段石墨化过程的进行程度也不同,从而可获得各种不同金属基体铸态组织,见表 12-1。

表 12-1 铸铁的石墨化程度与其组织之间的关系(以共晶铸铁为例)

石墨化进行程度		铸铁的显微组织	铸铁类型
第一阶段石墨化	第二阶段石墨化		
完全进行	完全进行	F+G	灰铸铁
	部分进行	F+P+G	
	未进行	P+G	
部分进行	未进行	L_d'+P+G	麻口铸铁
未进行	未进行	L_d'	白口铸铁

12.2.3 影响石墨化的因素

研究表明，冷却速度和化学成分是影响石墨化的两个主要因素。

1. 冷却速度的影响

一般来说，铸铁缓慢冷却有利于按照 Fe-G(石墨)稳定系状态图进行结晶与转变，充分进行石墨化；反之，则有利于按照 $Fe\text{-}Fe_3C$ 亚稳定系状态图进行结晶与转变，最终获得白口铸铁。尤其在共析阶段的石墨化，由于温度较低，冷却速度大，原子扩散阻碍大，所以一般情况下，共析阶段石墨化难以充分进行。

铸铁的冷却速度是一个综合的因素，它与浇注温度、铸型材料的导热能力以及铸件壁厚等因素有关。铸铁在高温下长时间保温，也有利于石墨化进程。图 12-2 所示为在一般砂型铸造条件下，铸件壁厚和碳、硅含量对其组织的影响。

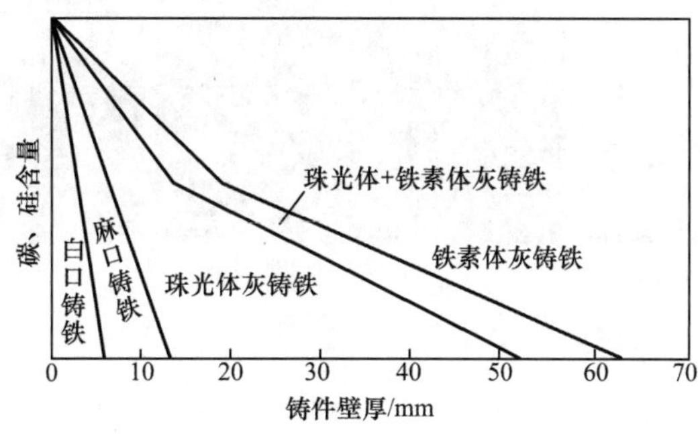

图 12-2 铸件壁厚和碳、硅含量对铸铁组织的影响

2. 化学成分的影响

铸铁中常见的元素为 C，Si，Mn，S，P 五大元素。它们对铸铁的石墨化过程影响如下：

(1)促进石墨化的元素：C 和 Si 等。3.0%的 Si 相当于 1.0%的 C 作用。C，Si 含量过低，则易出现白口组织，力学性能和铸造性能变差；C，Si 含量过高，会使石墨数量多且粗大，基体内铁素体量增多，降低铸件的性能和质量。因此，铸铁中的 C 质量分数一般为 2.5%～4.0%，Si 质量分数一般控制在 1.0%～3.0%。P 虽然可促进石墨化，但其含量高时易在晶界上形成硬而脆的磷共晶，降低铸铁的强度，只有耐磨铸铁中磷质量分数偏高(在 0.3%以上)。此外，Al，Cu，Ni，Co 等元素对石墨化也有促进作用。

(2)阻碍石墨化的元素：一般为碳化物形成元素，如 Cr，W，Mo，V，Mn，S 等元素。S 元素促进铸铁白口化，使机械性能和铸造性能恶化。

12.3 常用铸铁

12.3.1 灰铸铁

灰铸铁是价格最便宜、应用最广泛的一种铸铁，在各类铸铁的总产量中，灰铸铁占80%以上。其各成分含量分别为：$w_C=2.5\%\sim4.0\%$，$w_{Si}=1.0\%\sim3.0\%$，$w_{Mn}\approx1.0\%$，$w_P=0.05\%\sim0.50\%$，$w_S=0.02\%\sim0.20\%$。

灰铸铁的牌号以“HT+数字”表示，其中 HT 表示灰铸铁，数字为最低抗拉强度值。灰铸铁的组织是由液态铁缓慢冷却时通过石墨化过程形成的，其基体组织有铁素体、珠光体和铁素体加珠光体三种，如图 12-3 所示。

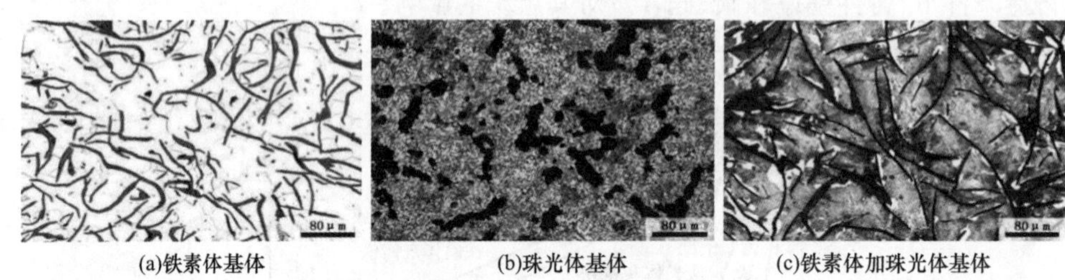

(a)铁素体基体　(b)珠光体基体　(c)铁素体加珠光体基体

图 12-3　三种不同基体的灰铸铁的显微组织

灰铸铁在缓慢冷却凝固时，析出片状石墨，片长而薄，端部较尖。其对钢基体的割裂作用和所引起的应力集中效应将导致拉伸强度稍低于其他钢材。但是正是基于灰铸铁的微观组织特性（相当于布满孔洞或裂纹），灰铸铁的耐磨性、减振性和断裂韧性得到改善。因此看待事物的优缺点，应采用辩证的观点。基于灰铸铁的特点，其主要用于制造承受压力和振动的零部件，如机床床身、各种箱体、泵体、缸体等。常用灰铸铁的牌号、力学性能、显微组织及用途见表 12-2。

表 12-2　常用灰铸铁的牌号、力学性能、显微组织及用途（GB/T 5612—2008 和 GB/T 9439—2010）

牌号	铸件壁厚/mm	抗拉强度 R_m/MPa(不小于)		显微组织		用途
		单铸试棒	附铸试棒或试块	基体	石墨	
HT100	5～40	100	—	F	粗片状	手工铸造用砂箱、盖、下水管、底座、外罩、手轮、手把、重锤等

（续表）

牌号	铸件壁厚/mm	抗拉强度 R_m/MPa(不小于)		显微组织		用途
		单铸试棒	附铸试棒或试块	基体	石墨	
HT150	5～10	150	—	F+P	较粗片状	机械制造业中一般铸件，如底座、手轮、刀架等；冶金业中流渣箱、渣缸、轧钢机托辊等；机车用一般铸件，如水泵壳、阀体、阀盖等；动力机械中拉钩、框架、阀门、油泵壳等
	10～20		—			
	20～40		120			
	40～80		110			
	80～150		100			
	150～300		90			
HT200	5～10	200	—	P	中等片状	一般运输机械中的汽缸体、缸盖、飞轮等；一般机床中的床身、机床等；通用机械承受中等压力的泵体阀体；动力机械中的外壳、轴承座、水套筒等
	10～20		—			
	20～40		170			
	40～80		150			
	80～150		140			
	150～300		130			
HT250	5～10	250	—	细P	较细片状	运输机械中薄壁缸体、缸盖、线排气歧管；机床中立柱、横梁、床身、滑板、箱体等；冶金矿山机械中的轨道板、齿轮；动力机械中的缸体、缸套、活塞
	10～20		—			
	20～40		210			
	40～80		190			
	80～150		170			
	150～300		160			
HT300	10～20	300	—	细P	细小片状	机床导轨、受力较大的机床床身、立柱机座等；通用机械的水泵出口管、吸入盖等；动力机械中的液压阀体、蜗轮、汽轮机隔板、泵壳、大型发动机缸体、缸盖
	20～40		250			
	40～80		220			
	80～150		210			
	150～300		190			
HT350	10～20	350	—	细P	细小片状	大型发动机汽缸体、缸盖、衬套；水泵缸体、阀体、凸轮等；机床导轨、工作台等摩擦件；需经表面淬火的铸件
	20～40		290			
	40～80		260			
	80～150		230			
	150～300		210			

12.3.2 可锻铸铁

可锻铸铁是由白口铸铁经长时间石墨化退火，而得到团絮状石墨的高强度铸铁。其较之片状石墨对基体的割裂作用要小得多，故可锻铸铁应力集中大为减小，力学性能比灰铸铁高。其化学成分特点是C，Si含量较低，可在铸态下获得全白口组织。

铸件经长时间石墨化退火后，其金相组织一般有两种：铁素体＋石墨；珠光体＋石墨。根据退火条件不同，可锻铸铁可分为黑心可锻铸铁和白心可锻铸铁。可锻铸铁的化学成分为：$w_C=2.2\%\sim2.8\%$，$w_{Si}=1.2\%\sim2.0\%$，$w_{Mn}=0.4\%\sim1.2\%$，$w_P\leqslant0.1\%$，$w_S\leqslant0.2\%$。可锻铸铁牌号由"KTH"（或"KTZ""KTB"）和其后两组数字组成。其中"KT"表示"可锻"，"H""Z""B"分别表示黑心、珠光体和白心可锻铸铁。后面两组数字分别为最低抗拉强度和断后伸长率。常用可锻铸铁的牌号、力学性能及用途列于表12-3中。

表12-3 常用可锻铸铁的牌号、力学性能及用途(GB/T 9440—2010)

种类	牌号	试样直径/mm	R_m/MPa	R_{eL}/MPa	A/%	布氏硬度(HBW)	用途
			不小于				
黑心	KTH300-06	12或15	300	—	6	≤150	管道、弯头、接头、三通、中压阀门
	KTH330-08		330	—	8		各种扳手、犁刀、犁柱、车轮壳等
	KTH350-10		350	200	10		汽车、拖拉机的前、后轮壳，减速器壳，转向节壳，制动器等
	KTH370-12		370	—	12		
珠光体	KTZ450-06		450	270	6	150～220	曲轴、凸轮轴、连杆、齿轮、活塞环、轴套、耙片、犁刀、摇臂、万向节头、棘轮、扳手、传动链条、矿车轮等
	KTZ550-04		550	340	4	180～230	
	KTZ650-02		650	430	2	210～260	
	KTZ700-02		700	530	2	240～290	
白心	KTB350-04	15	350	—	4	≤230	国内在机械工业中较少应用，一般仅限于薄壁件的铸造。KTB380-12适用于对强度有特殊要求和焊后不需要进行热处理的零件
	KTB380-12		380	200	12	≤200	
	KTB400-05		400	220	5	≤220	
	KTB450-07		450	260	7	≤220	

由于可锻铸铁生产工艺周期长、工艺复杂、成本高，除管件及建筑脚手架扣件仍采用可锻铸铁外，不少传统的可锻铸铁件逐渐被球墨铸铁件所取代。

12.3.3 球墨铸铁

球墨铸铁（球铁）是石墨呈球体的灰铸铁，是在一定成分的铁液中加入一定量的球化剂（稀土镁等）和孕育剂，使得石墨化后的石墨变成球状。球墨铸铁的化学成分大概范围：$w_C=3.6\%\sim3.9\%$，$w_{Si}=2.0\%\sim2.8\%$，$w_{Mn}=0.6\%\sim0.8\%$，$w_S\leqslant0.04\%$，$w_P\leqslant0.1\%$。

球墨铸铁基体组织与许多因素有关，除了化学成分影响外，还与铁液处理、凝固条件以及热处理有关。球墨铸铁基体组织在铸态下通过化学成分和孕育处理控制，也可以通过退火或正火处理来进一步调整。球墨铸铁的金相组织有铁素体＋石墨、铁素体＋珠光体＋石墨、珠光体＋石墨等。

不同基体的球墨铸铁，性能差别很大。球状石墨对基体的损坏、减小有效承载面积以及引起应力集中作用均比片状石墨灰铸铁小得多。因此，球墨铸铁具有比灰铸铁高得多的强度、塑性和韧性，并保持有灰铸铁耐磨、减振、缺口不敏感等特性。此外，球墨铸铁亦可以与钢材一样，进行各种热处理改善其基体组织，进一步提高其机械性能。球墨铸铁使用范围已遍及汽车、农机、船舶、冶金、化工等工业部门，成为重要的铸铁材料。

表 12-4 为我国常用球墨铸铁的牌号和机械性能，其牌号中“QT”表示球墨铸铁；后面两组数字分别表示最低抗拉强度和断后伸长率。

表 12-4　　球墨铸铁的牌号及机械性能(GB/T 1348－2019)

牌号	抗拉强度 R_m/MPa	屈服强度 $R_{p0.2}$/MPa	断后伸长率 A/%	布氏硬度(HBW)	基体组织
	≥				
QT350-22	350	220	22	≤160	铁素体
QT400-18	400	250	18	120～175	铁素体
QT400-15	400	250	15	120～180	铁素体
QT450-10	450	310	10	160～210	铁素体
QT500-7	500	320	7	170～230	铁素体＋珠光体
QT550-5	550	350	5	180～250	铁素体＋珠光体
QT600-3	600	370	3	190～270	珠光体＋铁素体
QT700-2	700	420	2	225～305	珠光体
QT800-2	800	480	2	245～335	珠光体或索氏体
QT900-2	900	600	2	280～360	回火马氏体或托氏体＋索氏体

12.3.4 蠕墨铸铁

蠕墨铸铁是 20 世纪 60 年代开始发展并逐步受到重视的一种新铸铁材料，因其石墨介于片状和球状之间的中间形态(蠕虫状)而得名。

蠕墨铸铁的化学成分大致为：w_C＝3.5%～3.9%，w_{Si}＝2.1%～2.8%，w_{Mn}＝0.4%～0.8%，w_S＜0.1%，w_P＜0.1%。与球墨铸铁生产工艺相近，蠕墨铸铁是在一定成分铁液中加入蠕化剂及孕育剂处理，使石墨呈蠕虫状，石墨片短而厚且端部较钝。蠕墨铸铁基体组织和球墨铸铁相似，但蠕化处理工艺控制比较严，处理不足将生成片状石墨的灰铸铁，处理过量石墨球化则成为球墨铸铁。

蠕墨铸铁是一种综合性能良好的铸铁材料，其力学性能介于球墨铸铁与灰铸铁之间，抗拉强度、屈服强度、断后伸长率、弯曲疲劳极限均优于灰铸铁，接近于铁素体球墨铸铁，而导热性、切削加工性优于球墨铸铁，与灰铸铁相近。蠕墨铸铁常用于抗热疲劳的铸件，如钢锭模、发动机排气管、玻璃模具以及其他耐磨件。蠕墨铸铁的牌号及性能特点等见表12-5，其牌号中“RuT”表示蠕墨铸铁，后面的数字表示最低抗拉强度。

表 12-5　　蠕墨铸铁的牌号及性能特点等(GB/T 26655－2011)

牌号	抗拉强度 R_m/MPa	屈服强度 $R_{p0.2}$/MPa	断后伸长率 A/%	布氏硬度(HBW)	基体组织
RuT300	≥300	≥210	2.0	140～210	铁素体
RuT350	≥350	≥245	1.5	160～220	铁素体＋珠光体
RuT400	≥400	≥280	1.0	180～240	铁素体＋珠光体
RuT450	≥450	≥315	1.0	200～250	珠光体
RuT500	≥500	≥350	0.5	220～260	珠光体

12.3.5 特殊性能铸铁

特殊性能铸铁包括耐磨铸铁、耐热铸铁和耐蚀铸铁，下面对这三种铸铁进行简要介绍。

1. 耐磨铸铁

有些零件如机床的导轨、托板、发动机的缸套、球磨机的衬板以及磨球等，要求更高的耐磨性。一般普通铸铁满足不了这些工作条件要求，故应选用耐磨铸铁。耐磨铸铁根据组织可分为以下几类：

(1)耐磨灰铸铁

在灰铸铁中加入少量合金元素(如 P，V，Mo，Sb，Re 等)，可以增加金属基体中珠光体数量，使珠光体细化，同时也细化石墨。耐磨灰铸铁广泛应用于制造机床导轨、汽缸套、活塞环和凸轮轴等零件。

(2)耐磨白口铸铁

通过控制化学成分和提高铸件冷却速度，以此获得由珠光体和渗碳体组成的白口组织。这种白口组织具有高硬度和高耐磨性。耐磨白口铸铁牌号用汉语拼音字母“BTM”表示，字母后面为合金元素及其质量分数。GB/T 8263－2010 中规定了 BTMCr9Ni5，BTMCr2，BTMCr26 等 10 个牌号。耐磨白口铸铁广泛应用于制造犁铧、泵体，各种磨煤机、矿石破碎机、水泥磨机、抛丸机的衬板，磨球及叶片等零件。

(3)冷硬铸铁(激冷铸铁)

冷硬铸铁是通过加入少量 B，Cr，Mo，Te 等元素的低合金铸铁经表面激冷处理获得的，其主要用于冶金轧辊、发动机凸轮轴、气门摇臂及挺杆等零件，这些零件要求表面具有高硬度和耐磨性，而心部具有一定的韧性。

(4)中锰抗磨球墨铸铁

中锰抗磨球墨铸铁是一种锰质量分数为 4.5%～9.5%的抗磨合金铸铁。当锰质量

分数为5%～7%时，基体部分主要为马氏体；当锰质量分数增大到7%～9%时，基体部分主要为奥氏体。除此之外，组织中还存在复合型的碳化物。中锰抗磨球墨铸铁可用于制造磨球、煤粉机锤头、耙片、机引犁铧和拖拉机履带板等。

2. 耐热铸铁

普通灰铸铁的耐热性较差，只能在低于400 ℃的温度下工作。为了提高铸铁的耐热性，可以采取以下措施：

(1)加入合金元素

在铸铁中加入Si，Al，Cr等合金元素，一方面可使铸铁表面形成一层致密的、稳定性高的氧化膜，如SiO_2，Al_2O_3，Cr_2O_3等；另一方面可以提高铸铁的临界温度，使基体形成单一的铁素体或奥氏体。

(2)球化处理或变质处理

经过球化处理或变质处理，使石墨转变成球状和蠕虫状，可提高铸铁金属基体的连续性，减少氧化气氛渗入铸铁内部的可能性，从而有利于防止铸铁内部氧化和生长。

常用耐热铸铁有中硅耐热铸铁(RTSi5.5)、中硅球墨铸铁(RQTSi5.5)、高铝耐热铸铁(RTAl22)、高铝球墨铸铁(RQTAl22)、低铬耐热铸铁(RTCr1.5)和高铬耐热铸铁(RTCr28)等。

3. 耐蚀铸铁

耐蚀铸铁是指需要在腐蚀性介质中工作时具有抗蚀能力的铸铁，它广泛地应用于化工部门，用来制造管道、阀门、泵类、反应锅及盛储器等。

耐蚀铸铁用“蚀铁”两字汉语拼音的首字母“ST”表示，字母后面为合金元素及其质量分数。GB/T 8491－2009中规定的耐蚀铸铁牌号较多，其中应用最广泛的是高硅耐蚀铸铁(如STSi15)，它的碳质量分数小于1.4%，一般硅质量分数为10%～18%，组织为含硅合金铁素体＋石墨＋Fe_3Si(或FeSi)。

目前生产中，主要通过加入Si，Al，Cr，Ni，Cu等合金元素来提高铸铁的耐蚀性。这种铸铁在含氧酸类(如硝酸、硫酸)中的耐蚀性不亚于12Cr18Ni9不锈钢，而在碱性介质和盐酸、氢氟酸中由于铸铁表面的保护膜受到破坏，其耐蚀性下降。耐蚀铸铁还有高硅-钼铸铁(STSi15Mo4)、铝铸铁(STAl5)等。

思考题

12-1 可锻铸铁在高温时是否可以锻造加工？

12-2 某灰铸铁铸件经检查发现石墨化不完全，尚有渗碳体存在，试分析其原因，并提出使这一铸件完全石墨化的方法。

12-3 要使球墨铸铁的基本组织为铁素体、珠光体或下贝氏体，工艺上应如何控制？

12-4 试述石墨形态对铸铁性能的影响。

12-5 与钢相比较，铸铁性能有什么特点？

12-6 为什么一般机器的支架、机床的床身常用灰铸铁制造？

12-7 试比较各种铸铁在生产加工过程中对环境的影响。

第13章

有色金属

有色金属及其合金

有色金属及其合金是指除钢铁以外的各种金属材料，如铝、铜、锌、镁、铅、钛、锡等，又称为非铁材料。与黑色金属相比，有色金属及其合金具有钢铁材料所不具备的特殊性能，是现代工业中不可缺少的金属材料。

13.1 铝及铝合金

铝是地壳中储量最多的金属元素，约占地表总量的8.2%。近代以来，其产量一直居有色金属之首。当前铝产量和用量(按吨计算)仅次于钢材，成为人类应用的第二大金属。铝密度小，比强度高，经过各种强化手段，可以达到与低合金高强钢相近的强度。

13.1.1 纯 铝

纯铝为银白色金属，其密度为2.7 g/cm^3，大约是钢的三分之一。其具有面心立方结构，无同素异构转变，熔点为660 ℃。纯铝导电性和导热性高，仅次于银、铜和金。又因纯铝在大气中极易和氧结合生成致密的Al_2O_3膜，阻止进一步氧化，故具有良好的耐大气腐蚀性能。纯铝的强度、硬度低($R_m \approx 80 \sim 100$ MPa，硬度为20HBW)，塑性良好($A \approx 50\%$，$Z \approx 80\%$)，适用于各种冷、热加工，特别是塑性加工。但纯铝不能通过热处理强化，冷变形是提高其强度的唯一手段。故纯铝主要做导线材料及制作某些要求质轻、导热或防锈但强度要求不高的器具。

13.1.2 铝合金

因纯铝的强度、硬度低，不适于制作受力的机械零件，故为提高性能，通常向纯铝中加入适量合金元素制成铝合金。常加元素主要有 Cu，Si，Mg，Zn，Mn 等，此外还有 Cr，Ni，Ti，Zr，Li 等辅加元素。这些合金元素的强化作用，使得铝合金既有高强度，又保持了纯铝的优良特性。因此，铝合金可用于制造承受较大载荷的机械零件或构件。

铝合金一般分为变形铝合金和铸造铝合金，两者相图如图 13-1 所示，其中最大饱和溶解度 D 是两种合金的理论分界线。

根据图 13-1，列出详细铝合金的分类及性能特点，见表 13-1。

表 13-1 铝合金的分类及性能特点

分类		合金名称	合金系	性能特点	编号系列
铸造铝合金		简单铝-硅合金	Al-Si	铸造性能好，机械性能较低，不能热处理强化	ZL102
		特殊铝合金	Al-Si-Mg	铸造性能良好，能热处理强化，机械性能较高	ZL101
			Al-Si-Cu		ZL107
			Al-Si-Mg-Cu		ZL105，ZL110
			Al-Si-Mg-Cu-Ni		ZL109
		铝-铜铸造合金	Al-Cu	耐热性好，铸造与抗蚀性差	ZL201
		铝-镁铸造合金	Al-Mg	机械性能高，抗腐蚀性好	ZL301，ZL303
		铝-锌铸造合金	Al-Zn	能自动淬火，适用于压铸	ZL401
		铝-稀土铸造合金	Al-Re	耐热性能好	—
变形铝合金	不可热处理强化铝合金	防锈铝合金	Al-Mn	抗蚀性、压力加工性与焊接性能好，但强度较低	3A21(LF21)
			Al-Mg		5A05(LF5)
	可处理强化铝合金	硬铝合金	Al-Cu-Mg	力学性能高	2A11(LY11)，2A12(LY12)
		超硬铝合金	Al-Zn-Mg-Cu	室温强度最高	7A04(LC4)
		锻铝合金	Al-Mg-Si-Cu	锻造性能好	2A50(LD5)，2A14(LD10)
			Al-Cu-Mg-Fe-Ni	耐热性能好	2A80(LD8)，2A70(LD7)

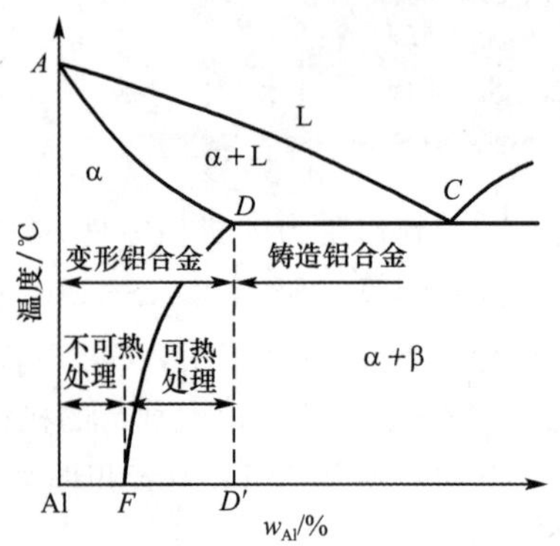

图 13-1 铝合金共晶相图

1. 变形铝合金

目前我国生产的变形铝合金分为防锈铝合金、硬铝合金、超硬铝合金及锻铝合金四大类。其中防锈铝合金是不可热处理强化的铝合金，其余三类合金可经热处理强化。

部分常用变形铝合金的牌号、化学成分、热处理工艺及力学性能见表 13-2。

表 13-2 部分常用变形铝合金的牌号、化学成分、热处理工艺及力学性能（GB/T 3190—2020 和 GB/T 16474—2011）

组别	牌号	化学成分（质量分数）/%					热处理工艺	力学性能		
		Cu	Mg	Mn	Zn	其他		R_m/MPa	A/%	HBW
防锈铝合金	5A05	≤0.10	4.8～5.5	0.3～0.6	≤0.20	—	退火	280	20	70
	5A12	≤0.05	8.3～9.6	0.4～0.8	≤0.20	Ti0.05～0.15	退火	270	20	70
	3A21	≤0.20	≤0.05	1.0～1.6	≤0.20	Ti≤0.15	退火	130	20	30
硬铝合金	2A01	2.2～3.0	0.2～0.5	≤0.20	≤0.10	Ti≤0.15	固溶处理+自然时效	300	24	70
	2A11	3.8～4.8	0.4～0.8	0.4～0.8	≤0.30	Ni≤0.10 Ti≤0.15	固溶处理+自然时效	420	18	100
	2A12	3.8～4.9	1.2～1.8	0.3～0.9	≤0.30	Ni≤0.10 Ti≤0.15	固溶处理+自然时效	480	11	131
超硬铝合金	7A04	1.4～2.0	1.8～2.8	0.2～0.6	5.0～7.0	Si≤0.5 Fe≤0.5 Cr0.10～0.25 Ti≤0.10	固溶处理+人工时效	600	12	150

（续表）

组别	牌号	化学成分（质量分数）/%					热处理工艺	力学性能		
		Cu	Mg	Mn	Zn	其他		R_m/MPa	A/%	HBW
锻铝合金	2A50	1.8～2.6	0.4～0.8	0.4～0.8	≤0.30	Ni≤0.10 Si0.7～1.2 Ti≤0.02～0.10	固溶处理+人工时效	420	13	105
	2A70	1.9～2.5	1.4～1.8	≤0.20	≤0.30	Ti0.02～0.1 Si≤0.35 Fe0.9～1.5	固溶处理+人工时效	440	13	120
	2A14	3.9～4.8	0.4～0.8	0.4～1.0	≤0.30	Ni≤0.10 Si0.6～1.2 Ti≤0.15	固溶处理+人工时效	480	10	135

（1）防锈铝合金

防锈铝合金主要是 Al-Mn 系和 Al-Mg 系合金，此类合金具有较高的耐蚀性。防锈铝合金有很好的塑性加工性和焊接性，但强度较低，且不能热处理强化，只能采用冷变形加工提高其强度。它主要用于制作需要弯曲或拉伸的高耐蚀性容器和受力小、耐蚀的制品与结构件。

（2）硬铝合金

硬铝合金是 Al-Cu-Mg 系合金。其主要合金元素有 Cu 和 Mg，使得合金中形成大量强化相 θ 相（$CuAl_2$）和 S 相（$CuMgAl_2$）。合金固溶与时效处理后，强度显著提高。但是硬铝合金耐蚀性差，尤其不耐海水腐蚀，因此常用表面包覆纯铝的方法来提高其耐蚀性。此外，向硬铝中加入少量 Mn 元素也可改善合金的耐蚀性，同时还有提高耐热性和固溶强化的作用。

（3）超硬铝合金

超硬铝合金属于 Al-Zn-Mg-Cu 系合金。合金中的强化相除 θ 相、S 相外，还可产生强烈时效强化效果的 η 相（$MgZn_2$）和 T 相（$Mg_3Zn_3Al_2$），故成为目前强度最高的一类铝合金。

这类铝合金具有较好的热塑性，适于压延、挤压和锻造，焊接性也比较好。超硬铝合金的淬火温度范围较宽，在 460～500 ℃淬火都能保证合金的性能。一般不进行自然时效处理，只进行人工时效处理。超硬铝合金的缺点是耐热性低，耐蚀性较差，并且应力腐蚀倾向大。它主要用作要求重量轻、受力较大的结构件，如飞机大梁、起落架等，典型合金有 7A04。

（4）锻铝合金

锻铝合金包括 Al-Mg-Si-Cu 系普通锻造铝合金和 Al-Cu-Mg-Fe-Ni 系耐热锻造铝合金。这类合金有良好的热塑性和可锻性，可用于制作形状复杂或承受重载的各类锻件和模锻件，并且在固溶处理和人工时效后可获得与硬铝相当的力学性能。典型锻铝合金为 2A50。

2. 铸造铝合金

铸造铝合金按主加合金元素不同，分为 Al-Si 系、Al-Cu 系、Al-Zn 系和 Al-Mg 系四类。其代号用 ZL（“铸铝”的汉语拼音首字首）和三位数字表示，第一位数字表示合金类别，以 1，2，3，4 顺序号分别代表 Al-Si 系、Al-Cu 系、Al-Mg 系和 Al-Zn 系；第二、三位数字表示合金元素顺序号。铸造铝合金的牌号由“ZAl”与合金元素符号及合金的质量分数（%）组成。

（1）Al-Si 系铸造铝合金

这类合金又称为“硅铝明”。其特点是铸造性能好，热膨胀系数、热裂倾向小，流动性好，具有较高的抗蚀性和足够的强度。最常见的 Al-Si 系铸造铝合金是 ZL102，其 Si 质量分数为 10%～13%，相当于共晶成分，铸造后几乎全部为（α＋Si）共晶体组织。ZL102 的最大优点是铸造性能好。但其强度低，铸件致密度不高，经过变质处理后可提高合金的力学性能。该合金不能进行热处理强化，主要在退火状态下使用。为了提高 Al-Si 系合金的强度，满足较大负荷零件的要求，可在该合金成分基础上加入 Cu，Mn，Mg，Ni 等元素，组成复杂硅铝明，这些加入的元素通过固溶实现合金强化，并能使合金通过时效处理进行强化。例如，ZL108 经过淬火和自然时效后，强度极限可提高到 200～260 MPa，适用于强度和硬度要求较高的零件，如铸造内燃机活塞，因此又被称为活塞材料。

（2）Al-Cu 系铸造铝合金

Al-Cu 系铸造铝合金的铜质量分数不低于 4%。由于铜在铝中有较大的溶解度，且随温度的改变而改变，因此这类合金可以通过时效强化来提高强度，并且强化效果能保持到较高温度，使合金具有较高热强性。但是由于合金中只含少量共晶体，故铸造性能差，抗蚀性和比强度也较优质 Al-Si 系合金低。此类合金主要用于制造在 200～300 ℃条件下工作、要求强度较高的零件，如增压器的导风叶轮。

（3）Al-Mg 系铸造铝合金

铝镁系铸造铝合金有 ZL301，ZL303 两种，其中应用最广的是 ZL301。该类合金的特点是密度小，强度高，比其他铸造铝合金耐蚀性好。但铸造性能同样不如 Al-Si 合金，流动性差，热膨胀系数大，铸造工艺复杂。Al-Mg 系铸造铝合金一般用于制造承受冲击载荷、耐海水腐蚀及外形不太复杂的便于铸造的零件，如舰船上使用的零件。

（4）Al-Zn 系铸造铝合金

与 ZL102 相类似，Al-Zn 系铸造铝合金铸造性能很好，流动性好，易充满铸型，但密度较大，耐蚀性差。由于在铸造条件下，Zn 原子很难从过饱和固溶体中析出，因而合金铸造冷却时能够自行淬火，经自然时效后就能有较高的强度。该类合金可以在不经热处理的铸态下直接使用，常用于汽车、拖拉机发动机的零件。

部分常用铸造铝合金的牌号、化学成分、铸造方法、力学性能及用途列于表 13-3 中。

表 13-3　常用铸造铝合金的牌号、化学成分、铸造方法、力学性能及用途(GB/T 1173—2013)

类别	牌号	化学成分(余量为 Al)(质量分数)/%					铸造方法与合金状态	力学性能(不低于)			用途
		Si	Cu	Mg	Zn	Ti		R_m/MPa	A/%	HBW	
铝-硅合金	ZA1Si12 (ZL102)	10.0～ 13.0	—	—	—	—	J,F SB,JB,RB, KB,F SB,JB,RB, KB,T2	155 145 135	2 4 4	50 50 50	抽水机壳体、工作温度在200 ℃以下，要求气密性承受低载荷的零件
	ZA1Si5CuMg (ZL105)	4.5～ 5.5	1.0～ 1.5	0.4～ 0.6	—	—	J,T5 R,K,S,T5 S,T6	235 215 225	0.5 1.0 0.5	70 70 70	在225 ℃以下工作的零件，如风冷发动机的气缸头
铝-铜合金	ZA1Cu5Mn (ZL201)	—	4.5 ～ 5.3	—	0.6～ 1.0	0.15～ 0.35	S,J,R, K,T4 S,J,R, K,T5	295 335	8 4	70 90	支臂、挂架梁、内燃机汽缸头、活塞等
	ZA1Cu4 (ZL203)	—	4.0 ～ 5.0	—	—	—	J,T4 J,T5	205 225	6 3	60 70	形状简单，表面质量要求较高的中等承载零件
铝-镁合金	ZA1Mg10 (ZL301)	—	—	9.5～ 11.0	—	—	S,J,R,T4	280	9	60	砂型铸造在大气或海水中工作的零件
	ZA1Zn11Si7 (ZL401)	6.0～ 8.0	—	0.1～ 0.3	9.0～ 13.0	—	J,T1 S,R,K,T1	245 195	1.5 2	90 80	结构形状复杂的汽车、飞机零件

注：①铸造方法：S—砂型铸造；J—金属型铸造；K—壳型铸造；R—熔模铸造。

②热处理方法：T1—人工时效；T2—退火；T4—固溶处理＋自然时效；T5—固溶处理＋不完全人工时效。

13.2 铜及铜合金

13.2.1 纯铜

铜及铜合金在机械、能源、交通以及工业设备中应用非常广泛，它们具有优异的物理、化学性能，塑性良好，容易冷、热成形。铜及铜合金对大气和水的抗腐蚀能力很高，同时还具备某些特殊机械性能、优良的减摩性和耐磨性(如青铜及部分黄铜)、高的弹性极限和疲劳极限(如铍青铜等)。

纯铜呈紫红色，故又称紫铜。其相对密度为 8.96 g/cm^3，熔点为 1 083.4 ℃，具有面心立方晶格，无同素异构转变，无磁性。纯铜的导电性和导热性优良，仅次于银(居第二位)。纯铜的强度不高(R_m=200～250 MPa)，硬度较低(40～50HB)，塑性极好(A=45%～50%)，并有良好的低温韧性，抗蚀性好。纯铜主要用于导电、导热及兼有耐蚀性的器材。

纯铜中主要杂质有 Pb，Bi，O，S 和 P 等元素，它们对纯铜的性能影响极大，不仅可使其导电性能降低，而且会使其在冷、热加工中发生冷脆和热脆现象。因此，必须控制纯铜中的杂质含量。

工业纯铜的牌号、化学成分及用途见表 13-4。

表 13-4　工业纯铜的牌号、化学成分及用途(GB/T 5231—2012)

牌号	铜的质量分数/%	主要杂质的质量分数/%		杂质总质量分数/%	主要用途
		Bi	Pb		
T1	99.95	0.001	0.003	0.05	电线、电缆、雷管、储藏器等
T2	99.90	0.001	0.005	0.10	
T3	99.70	0.002	0.010	0.30	电气开关、垫片、铆钉、油管等

13.2.2 铜合金

铜合金是在纯铜中加入合金元素后制成的，常用合金元素有 Zn，Sn，Pb，Mn，Ni，Fe，Be，Ti，Zr，Cr 等。合金元素的固溶强化及第二相强化作用，使得铜合金既提高了强度，又保持了纯铜的特性。铜合金具有比纯铜好的强度及耐蚀性，是电气仪表、化工、造船、航空、机械等工业部门中的重要材料。根据化学成分，可将铜合金分为黄铜、青铜和白铜。

1. 黄铜

黄铜是以 Zn 为主要合金元素的铜合金。按其化学成分不同分为普通黄铜和特殊黄铜；按生产方法的不同，分为加工黄铜和铸造黄铜。

(1)普通黄铜

由 Cu 和 Zn 组成的二元合金称为普通黄铜。Cu 加入 Zn 中提高了合金的强度、硬度和塑性,并改善了铸造性能。在平衡状态下,$w_{Zn}<33\%$时,锌可全部溶于铜中,形成单相 α 固溶体;随着锌含量增加,黄铜强度提高,塑性得到改善,适于冷成形加工;当 $w_{Zn}=33\%\sim45\%$时,Zn 的含量超过它在铜中的溶解度,合金中除形成 α 固溶体外,还产生少量硬而脆的 CuZn 化合物;随着 Zn 含量的增加,黄铜的强度继续提高,但塑性开始下降,不宜进行冷成形加工;当 $w_{Zn}>45\%$,黄铜的组织全部为脆性相 CuZn,合金的强度、塑性急剧下降,脆性大,故黄铜中 Zn 的质量分数一般不超过 47%。黄铜经退火后可获得全部是 α 固溶体单相黄铜($w_{Zn}<33\%$时),或是(x+CuZn)组织的双相黄铜($w_{Zn}\geqslant33\%$时),如图 13-2 所示。

(a) 单相黄铜

(b) 双相黄铜

图 13-2 普通黄铜的显微组织(500×)

普通黄铜牌号用"H"("黄"的汉语拼音首字首)加数字表示,数字代表铜的平均质量分数(%),例如 H62 表示 $w_{Cu}=62\%$,其余为 Zn 的普通黄铜。典型的普通黄铜有 H68,H62。H68 为单相黄铜,强度较高,冷、热变形能力好。

铸造黄铜的牌号依次由"Z"("铸"的汉语拼音首字首)、Cu、某合金元素符号及该元素质量分数(%)组成。如 ZCuZn38 表示 $w_{Zn}=38\%$,其余为铜的铸造合金。铸造黄铜的熔点低于纯铜,铸造性能好,且组织致密。

普通黄铜的耐蚀性良好,但由于 Zn 电极电位远低于铜,所以其在中性盐类水溶液中极易发生电化学腐蚀,产生脱锌现象,加速腐蚀。防止脱锌可加入微量的 As。此外,经冷加工的普通黄铜制件存在残余应力,在潮湿大气或海水中,特别是在有氨介质中易发生应力腐蚀开裂(季裂),防止方法是进行去应力退火。

(2)特殊黄铜

为了改善黄铜的耐蚀性、力学性能和切削加工性,在普通黄铜的基础上加入其他元素即可形成特殊黄铜,常用的有锡黄铜、锰黄铜、硅黄铜和铅黄铜等。添加的合金元素中,除强化作用外,Sn,Mn,Al,Si,Ni 等还可以提高耐蚀性及减少黄铜应力腐蚀破裂倾向;Si,Pb 可提高耐磨性,并能分别改善铸造和切削加工性。特殊黄铜分为压力加工用和铸造用两种,前者合金元素的加入量较少,使之能溶入固溶体中,以保证有足够的变形能力;后者因不要求很高的塑性,可加入较多的合金元素以提高其强度和铸造性能。

适用于加工变形的特殊黄铜的牌号依次由"H"("黄"的汉语拼音首字首)、主加合金元素、铜的质量分数(%)、合金元素的质量分数(%)组成。例如,HMn58-2 表示 $w_{Cu}=$

58%，$w_{Mn}=2\%$，其余为 Zn 的锰黄铜。铸造特殊黄铜的牌号依次由“Z”（“铸”的汉语拼音首字首）、Cu、合金元素符号及该元素质量分数（%）组成。例如，ZCuZn31Al2 表示 $w_{Zn}=31\%$，$w_{Al}=2\%$，其余为 Cu 的铸造特殊黄铜。

部分常用黄铜的牌号、化学成分、力学性能及用途见表 13-5。

表 13-5 常用黄铜的牌号、化学成分、力学性能及用途（GB/T 5231—2012，GB/T 1176—2013 和 GB/T 2040—2017）

种类	代号或牌号	化学成分（质量分数）/%		力学性能（≥）		用途
		Cu	其他	R_m/MPa	A/%	
普通黄铜	H90	88.0～91.0	余量 Zn	245～390	35～5	双金属片、供水和排水管、证章、艺术品
	H68	67.0～70.0	余量 Zn	290～(410～540)	40～3	复杂的冷冲压件、散热器外壳、弹壳、导管、波纹管、轴套
	H62	60.5～63.5	余量 Zn	294～412	30～2.5	销钉、铆钉、螺钉、螺母、垫圈、弹簧、夹线板
	ZCuZn38	60.0～63.0	余量 Zn	295～295	30	一般结构件如散热器、螺钉、支架等
特殊黄铜	HSn62-1	61.0～63.0	Sn 0.7～1.1 Zn 余量	295～390	35～5	与海水和汽油接触的船舶零件（又称海军黄铜）
	HMn58-2	57.0～60.0	Mn 1.0～2.0 Zn 余量	380～585	30～3	海轮制造业和弱电用零件
	HPb59-1	57.0～60.0	Pb 0.8～1.9 Zn 余量	340～440	25～5	热冲压及切削加工零件，如销、螺钉、螺母、轴套（又称易削黄铜）
	ZCuZn40Mn3Fe1	53.0～58.0	Mn 3.0～4.0 Fe 0.5～1.5 Zn 余量	440～490	18～15	轮廓不复杂的重要零件，海轮上在 300 ℃以下工作的管配件，螺旋桨等大型铸件
	ZCuZn25Al6Fe3Mn3	60.0～66.0	Al4.5～7 Mn1.5～4.0 Fe1.2～4.0 Zn 余量	725～745	10～7	要求强度耐蚀零件如压紧螺母、重型蜗杆、轴承、衬套

2. 青铜

现在工业上将除黄铜和白铜（铜-镍合金）之外的铜合金均称为青铜。根据不同主加元素 Sn，Al，Be，Si，Pb 等，分别称为锡青铜、铝青铜、铍青铜、硅青铜、铅青铜等。根据不同生产方式，可分为加工青铜和铸造青铜两类。青铜的代号依次由“Q”（“青”的汉语拼音首字首）、主加合金元素符号及质量分数（%）、其他合金元素质量分数（%）构成，例如 QSn4-3 表示 $w_{Sn}=4\%$、其他合金元素 $w_{Zn}=3\%$，其余为铜的锡青铜。如果是铸造青铜，代号之前加“Z”（“铸”的汉语拼音首字首），如 ZCuAl10Fe3 代表 $w_{Al}=10\%$，$w_{Fe}=3\%$，其余为铜的

铸造铝青铜。常用青铜的牌号、化学成分、力学性能及用途见表 13-6。

表 13-6 常用青铜的牌号、化学成分、力学性能及用途(GB/T 1176—2013 和 GB/T 5231—2012)

种类	牌号	化学成分(质量分数)/%		力学性能		用途
		第一主加元素	其他	R_m/MPa	A/%	
压力加工锡青铜	QSn4-3	Sn 3.5～4.5	Zn2.7～3.3 Cu 余量	290～(540～690)	40～3	弹性元件、管配件、化工机械中耐磨零件及抗磁零件
	QSn6.5-0.1	Sn6.0～7.0	P0.10～0.25 Cu 余量	315～(540～690)	40～5	弹簧、接触片、振动片、精密仪器中的耐磨零件
铸造锡青铜	ZCuSn10P1	Sn9.0～11.5	P0.5～1.0 Cu 余量	220～310	3～2	重要的减摩零件，如轴承、轴套、涡轮、摩擦轮、机床丝杠螺母
	ZCuSn5Zn5Pb5	Sn4.0～6.0	Zn4.0～6.0 Pb4.0～6.0 Cu 余量	200～200	13～13	中速、中等载荷的轴承，轴套，涡轮及 1 MPa 压力下的蒸汽管配件和水管配件
特殊青铜	QAl7	Al6.0～8.5	—	≤635	≤5	重要用途的弹簧和弹性元件
	ZCuAl10Fe3	Al8.5～11.0	Fe2.0～4.0 Cu 余量	490～540	13～15	耐磨零件(压下螺母、轴承、涡轮、齿圈)及在蒸汽、海水中工作的高强度耐蚀件，250 ℃以下的管配件
	ZCuPb30	Pb27.0～33.0	Cu 余量	—	—	大功率航空发动机、柴油机曲轴及连杆的轴承
	TBe2	Be1.8～2.1	Ni0.2～0.5 Cu 余量	—	—	重要的弹簧与弹性元件，耐磨零件以及在高速、高压和高温下工作的轴承

3. 白铜

以 Ni 为主加合金元素的铜合金称为白铜，其又分为普通白铜和特殊白铜。

普通白铜的牌号为 B+镍的平均质量分数(%)，常用牌号有 B5，B19 等。特殊白铜是在普通白铜基础上添加 Zn，Mn，Al 等元素形成的，分别为锌白铜、锰白铜、铝白铜等，其耐腐蚀性、强度和塑性高，成本低。特殊白铜的牌号为 B+主加元素符号(Ni 除外)+Ni 的平均质量分数+主加元素平均质量分数。如 BMn40-1.5 为 $w_{Ni}=40\%$，$w_{Mn}=1.5\%$的锰白铜，常用牌号有 BMn40-1.5(康铜)、BMn43-0.5(考铜)等。常用白铜的牌号、化学成分、力学性能及用途见表 13-7。

表 13-7 常用白铜的牌号、化学成分、力学性能及用途（GB/T 5231—2012 和 GB/T 2059—2017）

种类	牌号	化学成分(质量分数)/%				力学性能(≥)			用途
		Ni(+Co)	Mn	Zn	Cu	加工状态	R_m/MPa	A/%	
普通白铜	B19	18.0～20.0	0.5	0.3	余量	M Y	290 390	25 3	船舶仪器零件，化工机械零件
	B5	4.4～5.0	—	—	余量	M Y	215 370	30 10	
锌白铜	BZn15-20	13.5～16.5	0.3	余量	62.0～65.0	M Y	340 540～690	35 1.5	潮湿条件下和强腐蚀介质中工作的仪表零件
锰白铜	BMn3-12	2.0～3.5	11.5～13.5	—	余量	M	350	25	弹簧、热电偶丝
	BMn40-1.5	39.0～41.0	1.0～2.0	—	余量	M Y	390～590 590		

注：M—退火；Y—冷作硬化。

13.3 钛及钛合金

钛不仅资源丰富，密度小，比强度高，耐热性优良，而且具有很高的塑性及耐腐蚀性，便于冷、热加工。故钛在现代工业中占有极其重要的地位，在航空航天、化工、导弹及舰艇等方面应用广泛。但是由于钛在高温时异常活泼，所以钛及钛合金的熔炼、浇铸、焊接和热处理等均要在真空或稀有气体中进行，加工条件严格，成本较高，因此其应用受到一定的限制。

13.3.1 纯　钛

钛是银白色金属，熔点为 1 688 ℃，密度为 4.507 g/cm^3。纯钛低温韧性好，但强度低，导热性差，因此其切削、磨削加工困难。钛在大气中十分稳定，表面生成的致密氧化膜能使它保持金属光泽。其在硫酸、盐酸、硝酸和氢氧化钠等碱溶液，以及在湿气、海水中，都具有优良的抗蚀性，但是钛不能抵抗氢氟酸的侵蚀，并且当加热到 600 ℃以上时，氧化膜就失去了保护作用。

钛有两种同素异构结构，在 882.5 ℃以下的稳定结构为密排六方晶格，用 α-Ti 表示；在 882.5 ℃以上直到熔点的稳定结构为体心立方晶格，用 β-Ti 表示。

纯钛按杂质含量不同可分为三个等级，即 TA1，TA2，TA3。其中“T”为钛的汉语拼音首字母，A+数字为编号，编号越大表明所含杂质越多。

13.3.2 钛合金

为进一步提高纯钛强度，可加入合金元素形成钛合金。根据合金元素对钛同素异构转变的影响，可将其分为三类：第一类是α相稳定元素，这类元素能使钛的同素异构转变温度升高，形成α固溶体，如Al,C,N,B等；第二类是β相稳定元素，能使钛的同素异构转变温度降低，形成β固溶体，如Fe,Mo,Mg,Cr,Mn,V等；第三类是中性元素，对同素异构体转变温度无显著影响，如Sn,Zr等。按退火组织，钛合金可分为α钛合金、β钛合金和(α+β)钛合金三类。

1. α钛合金

由于α钛合金的组织全部为α固溶体，因而具有很好的强度、韧性及塑性。α钛合金在高温(500～600 ℃)时的强度为三类合金中较高者，但它的室温强度一般低于其他两者。α钛合金是单相合金，不能进行热处理强化，在高温下组织稳定，抗氧化能力较强，热强性较好。它在冷态也能加工成某种半成品，如板材、棒材等。代表性的α钛合金有TA5,TA6,TA7等，主要用于制造飞机压气机叶片、导弹的燃料罐、超声速飞机的涡轮机匣及飞船上的高压低温容器等。

2. β钛合金

β钛合金加入的合金元素有Mo,V等，全部是β相的钛合金在工业上很少应用。因为这类合金密度较大，耐热性差，抗氧化性能低。β相是体心立方结构，具有良好的冷成形性，为了利用这一特点，发展了一种介稳定的β钛合金，此合金在淬火状态为全β组织，便于进行加工成形，随后的时效处理又能使其获得很高的强度。代表性的β钛合金有TB2,TB3,TB4等，主要用于350 ℃以下工作的结构件和紧固件，如飞机压气机叶片、轴、弹簧、轮盘等。

3. (α+β)钛合金

(α+β)钛合金兼有α,β钛合金两者的优点，耐热性和塑性都比较好，并且可进行热处理强化，这类合金的生产工艺也比较简单。因此，(α+β)合金的应用比较广泛，其中以TC4(Ti-6Al-4V)合金应用最广。

虽然经过多年发展，我国有色金属加工工业已形成门类比较齐全、结构比较完善、布局比较合理的生产体系。但是由于我国生产技术落后，大部分设备比较陈旧，造成材料工程高能耗、高材耗、污染物排放量大等问题，亟待解决。因此，我们必须树立人与自然和谐相处的生态文明观，努力开创生产发展、生态良好的文明发展道路。

13.4 滑动轴承合金

滑动轴承是汽车、拖拉机、机床及其他机器中的重要部件，常用于支承轴颈和其他转动或摆动的零件。它由轴承体和轴瓦两部分构成。轴瓦可以直接由耐磨合金制成，也可在轴瓦上内衬一层耐磨合金制成。用来制造轴瓦及其内衬的合金，即滑动轴承合金。常用的滑动轴承合金包含锡基轴承合金、铅基轴承合金、铜基轴承合金、铝基轴承合金、多层轴承合金等。轴承合金牌号表示方法为Z(“铸”字汉语拼音首字首)、基体元素与主加元素的化学符号、主加元素的质量分数(%)、辅加元素的化学符号、辅加元素的质量分数(%)。例如：ZSnSb8Cu4即铸造锡基轴承合金，主加元素Sb的质量分数为8%，辅加元素Cu的质量分数为4%，余量为Sn。

13.4.1 锡基轴承合金

锡基轴承合金是以Sn为基体，加入Sb，Cu等元素组成的合金，铸造锡基轴承合金ZSnSb11Cu6的显微组织如图13-3所示。图中暗色的基体是软基体，是Sb溶入锡所形成的α固溶体(硬度为24～30HBS)；硬质点是以化合物SnSb为基体的β固溶体(硬度为110HBS，呈白色方块状)以及化合物Cu_3Sn(呈白色星状)和化合物Cu_6Sn_5(呈白色针状或粒状)。化合物Cu_3Sn和Cu_6Sn_5首先从液相中析出，其密度与液相接近，可形成均匀的骨架，并防止密度较小的β相上浮，以减少合金的比密度偏析。

锡基轴承合金摩擦系数小，塑性和导热性好，是优良的减摩材料，常用作重要的轴承，如汽轮机、发动机、压气机等巨型机器的高速轴承。它的主要缺点是疲劳强度较低，且锡较稀少，因此这种轴承合金价格最贵。

图13-3　铸造锡基轴承合金ZSnSb11Cu6的显微组织(500×)

13.4.2 铅基轴承合金

铅基轴承合金是以Pb-Sb为基体的合金。加入Sn能形成SnSb硬质点，并能大量溶入Pb中而强化基体，故可提高铅基合金的强度和耐磨性。加铜可形成Cu_2Sb硬质点，并防止偏析。铅基轴承合金ZPbSb16Sn16Cu2的显微组织如图13-4所示，黑色软基体为(α+β)共晶体(硬度为7～8HBS)，硬质点是初生的β相及化合物Cu_3Sn(白色针状或星状)、SnSb(白色方块状)。铅基轴承合金的强度、塑性、韧性及导热性、耐蚀性均较锡基轴承合金低，且摩擦系数较大，但价格较便宜。因此，铅基轴承合金常用来制造承受中、低载荷的中速轴承，如汽车、拖拉机的曲轴连杆轴承及电动机轴承等。

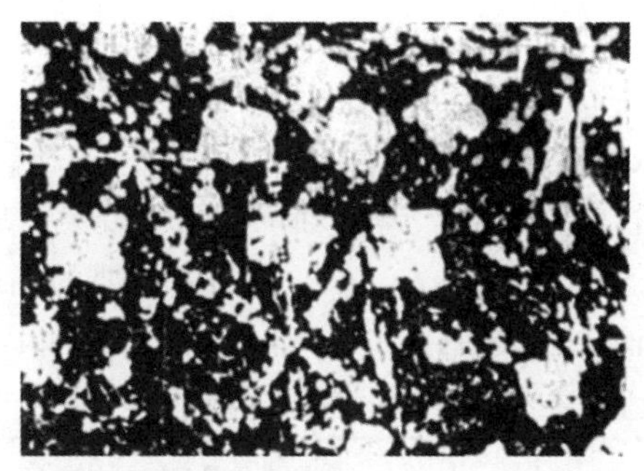

图 13-4 铅基轴承合金 ZPbSb16Sn16Cu2 的显微组织(500×)

13.4.3 铜基轴承合金

许多种铸造青铜和铸造黄铜均可以用作轴承合金，其中应用最多的是锡青铜和铅青铜。铅青铜中常用的有 ZCuPb30，是硬基体上分布软质点的轴承合金，其中铜为硬基体，颗粒状铅为软质点。这类合金可以制造承受高速、重载的重要轴承，如航空发动机、高速柴油机等轴承。锡青铜中常用 ZCuSn10P1，该合金硬度高，适于制造高速、重载的汽轮机、压缩机等机械上的轴承。铜基轴承合金的优点是承载能力大，耐疲劳性能好，使用温度高，具有优良的耐磨性和导热性。它的缺点主要是顺应性和嵌镶性较差，对轴颈的相对磨损较大。

13.4.4 铝基轴承合金

铝基轴承合金密度小，导热性好，疲劳强度高，价格低廉，广泛应用于高速负荷条件下工作的轴承上。按其化学成分可分为 Al-Sn 系(Al-20%Sn-1%Cu)、Al-Sb 系(Al-4%Sb-0.5%Mg)和 Al-C 系(Al-8%Si 合金基体-3%～6%石墨)三类。

铝-锡系铝基轴承合金具有疲劳强度高、耐热性和耐磨性良好等优点，因此适于制造高速、重载条件下工作的轴承。铝-锑系铝基轴承合金适用于载荷不超过 20 MPa、滑动线速度不大于 10 m/s 工作条件下的轴承。铝-石墨系铝基轴承合金具有优良的自润滑作用和减振作用以及耐高温性能，适用于制造活塞和机床主轴的轴承。

13.4.5 多层轴承合金

多层轴承合金是一种复合减摩材料。它综合了各种减摩材料的优点，弥补其单一合金的不足，从而组成两层或三层减摩合金材料，以满足现代机器高速、重载、大批量生产的要求。例如，将锡-锑合金、铅-锑合金、铜-铅合金、铝基合金等合金之一与低碳钢带一起轧制，复合而成双金属。为了进一步改善顺应性、嵌镶性及耐蚀性，可在双层减摩合金表面上再镀上一层软且薄的镀层，就构成了具有更好的减摩性及耐磨性的三层减摩材料。这种多层合金的特点都是利用增加钢背和减小减摩合金层的厚度以提高疲劳强度，采用镀层来提高表面性能。

除上述轴承合金外，珠光体灰铸铁也常用作滑动轴承的材料。它的显微组织是由珠光体(硬基体)与石墨(软质点)构成的。铸铁轴承可承受较大的压力，价格低廉，但摩擦系数较大，导热性低，故只适于制作低速(v<2 m/s)的不重要的轴承。

各种轴承合金的性能比较见表13-8。

表13-8 各种轴承合金的性能比较

种类	抗咬合性	磨合性	耐蚀性	耐疲劳性	合金硬度(HBS)	轴颈处硬度(HBS)	最大允许压力/MPa	最高允许温度/℃
锡基巴氏合金	优	优	优	劣	20～30	150	600～1 000	150
铅基巴氏合金	优	优	中	劣	15～30	150	600～800	150
锡青铜	中	劣	优	优	50～100	300～400	700～2 000	200
铅青铜	中	差	差	良	40～80	300	2 000～3 200	220～250
铝基合金	劣	中	优	良	45～50	300	2 000～2 800	100～150
铸铁	差	劣	优	优	160～180	200～250	300～600	150

常见铸造轴承合金的牌号、化学成分、力学性能及用途见表13-9。

表13-9 常见铸造轴承合金的牌号、化学成分、力学性能及用途(GB/T 1174—1992)

类别	牌号	化学成分(质量分数)/%				力学性能(≥)			用途
		Sn	Sb	Cu	其他	R_m/MPa	A/%	HB	
锡基	ZSnSb12Pb10Cu4	余	11.0～13.0	2.5～5.0	Pb 9.0～11.0	—	—	29	一般发动机的主轴承，但不适于高温工作条件
	ZSnSb12Cu6Cdl	余	10.0～13.0	4.5～6.8	Cd 1.1～1.6 Ni 0.3～0.6	—	—	34	内燃机和汽车轴承、轴衬、动力减速箱轴承、汽轮发电机轴瓦等
	ZSnSb11Cu6	余	10.0～12.0	5.5～6.5	—	—	—	27	1 500 kW以上蒸汽机、370 kW涡轮压缩机、涡轮泵及高速内燃机轴
	ZSnSb8Cu4	余	7.0～8.0	3.0～4.0	—	—	—	24	一般大机器轴承及高载荷汽车发动机的双金属轴承
	ZSnSb4Cu4	余	4.0～5.0	4.0～5.0	—	—	—	20	涡轮内燃机的高速轴承及轴承衬

（续表）

类别	牌号	化学成分（质量分数）/%				力学性能（≥）			用途
		Sn	Sb	Cu	其他	R_m/MPa	A/%	HB	
铅基	ZPbSb15Sn16Cu2	15.0～17.0	15.0～17.0	1.5～2.0	Pb 余	—	—	30	110～880 kW 蒸汽涡轮机，150～750 kW 电动机和小于 1 500 kW 起重机及重载荷推力轴承
	ZPbSb15Sn5Cu3Cd2	5.0～6.0	14.0～16.0	2.5～3.0	Pb 余 Cd 1.75～2.25 As 0.6～1.0	—	—	32	船舶机械、抽水机轴承、小于 250 kW 电动机
	ZPbSb15Sn10	9.0～11.0	14.0～16.0	≤0.7	Pb 余	—	—	24	中等压力机械，也适用于高温轴承
	ZPbSb15Sn5	4.0～5.5	14.0～15.5	0.5～1.0	Pb 余	—	—	20	低速、轻压力的机械轴承
	ZPbSb10Sn6	5.0～7.0	9.0～11.0	≤0.7	Pb 余	—	—	18	重载荷、耐蚀、耐磨轴承
铜基	ZCuPb30	≤1.0	≤2.0	余	Pb 18.0～23.0	—	—	245	要求高滑动速度的双金属轴瓦、减摩零件等
	ZCuPb20Sn5	4.0～6.0	≤0.75	余	Pb 18.0～23.0	150	6	55	高速轴承及破碎机、水泵、冷轧机轴承、双金属轴承活塞销套等
	ZCuPb15Sn8	7.0～9.0	≤0.5	余	Pb 13.0～17.0	200	6	635	表面高压且有侧压的轴承，内燃机双金属轴瓦、活塞销等
	ZCuSn10P1	9.0～11.5	≤0.05	余	P 0.5～1.0	310	2	885	高载高速的耐磨件，如连杆、轴瓦、衬套、齿轮、涡轮等
	ZcuSn5Pb5Zn5	4.0～6.0	≤0.25	余	Pb 4.0～6.0 Zn 4.0～6.0	200	13	590	高载中速的耐磨、耐腐蚀件，制冷机，高压油泵，切削机床等轴承
铝基	ZAlSn6Cu1Ni1	5.5～7.0	—	0.7～1.3	Al 余 Ni 0.7～1.3	130	15	40	高速、高载荷机械轴承，如汽车、拖拉机、内燃机轴承

思考题

13-1　铝合金是如何分类的?

13-2　不同铝合金可通过哪些途径达到强化目的?

13-3　何谓硅铝明?为什么硅铝明具有良好的铸造性能?在变质处理前、后其组织及性能有何变化?这类铝合金主要用在何处?

13-4　铜合金分为哪几类?不同的铜合金的强化方法与特点是什么?

13-5　试述H62黄铜和H68黄铜在组织和性能上的区别。

13-6　青铜如何分类?含Sn量对锡青铜组织和性能有何影响?试分析锡青铜铸造性能特点。

13-7　简述轴承合金应具备的主要性能及组织形式。

13-8　钛合金如何分类?试论述其性能特点与应用。

第4篇 工程材料的应用

第14章

非金属材料与新材料

非金属材料及新材料

自19世纪以来，随着生产和科学技术的进步，尤其是无机化学、有机化学以及材料科学等工业的发展，人类以天然矿物、植物、石油等为原料，制造和合成了许多非金属材料以及新材料。

非金属材料通常指以无机物为主体的玻璃、陶瓷、石墨、岩石，以及以有机物为主体的木材、塑料、橡胶等。非金属材料由晶体或非晶体所组成，无金属光泽，是热和电的不良导体(碳除外)。这些非金属材料因具有各种优异的性能，故在近代工业中的用途不断扩大，并迅速发展。非金属材料按照其组成主要分为高分子材料和陶瓷材料。

14.1 高分子材料

高分子材料以其特有的重量轻、比强度高、耐腐蚀性能好、绝缘性好等性能，被大量地应用于工程结构中，遍及各个工业领域，其产量已有超过金属材料的趋势。

14.1.1 高分子材料的组成

高分子材料是以高分子化合物为主要组分的材料。高分子化合物是指分子量大于 1×10^4 的有机化合物，常称聚合物或高聚物。实际上，高分子化合物与低分子化合物并没有严格的界限，主要根据它是否显示高分子化合物的特性来判断。高分子化合物具有一定的强度和弹性，而低分子化合物没有。高分子化合物由简单的结构单元重复连接而成。如由乙烯合成的聚乙烯：$CH_2=CH_2+CH_2=CH_2+\cdots\rightarrow—CH_2—CH_2—CH_2—CH_2—\cdots$可简写成 $nCH_2=CH_2\rightarrow[CH_2—CH_2]_n$。组成聚合物的低分子化合物(如乙烯、氯乙烯)称为单体。聚合物的分子为很长的链条，称为大分子链。大分子链中重复的结构单元称为链节。一条大分子链中的链节数目称为聚合度(如聚乙烯中的 n)。

14.1.2 高分子材料的化学反应

高分子材料常常发生以下化学反应：

1. 交联反应

交联反应指大分子由线型结构转变为体型结构的过程。交联反应使聚合物的力学性能、化学稳定性提高，如树脂的固化、橡胶的硫化等。

2. 裂解反应

裂解反应指大分子链在各种外界因素（光、热、辐射、生物等）作用下，发生链的断裂，分子量下降的过程。

3. 聚合物的老化

聚合物的老化指高分子材料在长期使用过程中，由于受热、氧、紫外线、微生物等因素的作用发生变硬变脆或变软发黏的现象。老化的主要原因是大分子的交联或裂解，可通过加入防老剂、涂镀保护层等方法防止老化。

14.1.3 高分子材料的分类

高分子材料有天然的，如松香、淀粉、天然橡胶等；也有人工合成的，如塑料、合成橡胶等。工业用高分子材料主要是人工合成的。高分子材料的分类方法很多，常用的有以下几种：

1. 按用途分类

高分子材料按用途分类可分为塑料、橡胶、纤维、黏合剂、涂料等。塑料在常温下有固定形状，强度较大，受力后能发生一定变形。橡胶在常温下具有高弹性，而纤维的单丝强度高。有时把聚合后未加工的聚合物称作树脂，如电木未固化前称作酚醛树脂。

2. 按聚合物反应类型分类

高分子材料按聚合物反应类型分类可分为加聚物和缩聚物。加聚物由加成聚合反应（简称加聚反应）得到，链节结构与单体结构相同，如聚乙烯。而缩聚物由缩合聚合反应（简称缩聚反应）得到，聚合过程中有小分子副产物生成。

3. 按聚合物的热行为分类

高分子材料按聚合物的热行为分类可分为热塑性聚合物和热固性聚合物。热塑性聚合物的特点是热软冷硬，如聚乙烯。热固性聚合物受热时固化，成型后再受热不软化，如环氧树脂。

4. 按主链上的化学组成分类

高分子材料按主链上的化学组成分类可分为碳链聚合物、杂链聚合物和元素有机聚合物。碳链聚合物的主链由碳原子一种元素组成，如—C—C—C—C—C—。杂链聚合物的主链除碳外还有其他元素，如—C—C—O—C—，—C—C—N—，—C—C—S—等。元素有机聚合物的主链由氧和其他元素组成，如—O—Si—O—Si—O—等。

14.1.4 常用高分子工程材料

工程上常用的高分子材料主要包括塑料、合成纤维、橡胶等。

1. 塑料

塑料是一类以天然或合成树脂为基本原料，在一定温度、压力下可塑制成型，并在常温下能保持其形状不变的高聚物材料。塑料常被用作耐腐蚀材料、电绝缘材料、绝热保温材料、摩擦材料，难以应用到高温、高强度的场合中。

(1)工程塑料的组成

树脂是工程塑料的主要成分，在常温下为固体或黏稠液体，但受热时软化或呈熔融状态。树脂主要决定塑料的类型(热塑性或热固性)，也决定塑料的基本性能。因此，大多数塑料以所用树脂的名称命名。

塑料添加剂(助剂)是指为改善塑料的使用性能和成型加工特性而分布于树脂中，但对树脂的分子结构无明显影响的物质，包括增塑剂、稳定剂(防老化剂)、填充剂(填料)、固化剂(硬化剂)、润滑剂、着色剂(染料)、发泡剂、催化剂和阻燃剂等。

根据组成不同，塑料可分简单组分塑料和复杂组分塑料两类。简单组分塑料基本上由一种物质(树脂)组成，如聚四氟乙烯、聚苯乙烯等，仅加入少量色料、润滑剂等辅助物质。复杂组分塑料除树脂外，还需加入添加剂，如酚醛塑料、环氧塑料等。

(2)常用工程塑料

常用塑料及其性能见表 14-1。

表 14-1　常用塑料及其性能

类别	名称	代号	密度/(g·cm^{-3})	抗拉强度/MPa	抗压强度/MPa	吸水率/%(24 h)	缺口冲击韧性/(J·cm^{-2})	使用温度/℃
热塑性塑料	聚乙烯	PE	0.91～0.98	14～40	—	—	1.60～5.40	−70～100
	聚氯乙烯	PVC	1.20～1.60	35～63	56～91	0.07～0.40	0.30～1.10	−15～55
	聚苯乙烯	PS	1.02～1.11	42～56	98	0.03～0.10	1.37～2.06	−30～75
	聚丙烯	PP	0.90～0.91	30～39	39～56	0.03～0.04	0.5～1.07	−35～120
	聚酰胺	PA	1.04～1.15	47～83	55～120	0.39～2.00	0.30～2.68	<100
	聚甲醛	POM	1.41～1.43	62～70	110～125	0.22～0.25	0.65～0.88	−40～100
	聚碳酸酯	PC	1.18～1.20	66～70	83～88	—	6.50～7.50	−100～130
	ABS 塑料	ABS	1.05～1.08	21～63	18～70	0.20～0.30	0.60～5.20	−40～90
	聚砜	PSF	1.24	85	87～95	0.12～0.22	0.69～0.79	−100～174
	聚四氟乙烯	PTFE	2.10～2.20	14～15	42	<0.005	1.60	−180～220
	有机玻璃	PMMA	1.18	60～70	—	—	1.20～1.30	−60～80
热固性塑料	酚醛塑料	PF	1.24～2.00	32～63	80～210	0.01～1.2	0.06～2.17	<150
	环氧塑料	EP	1.10	15～70	54～210	0.03～0.20	0.44	−80～155

①一般结构用塑料　一般结构用塑料包括聚乙烯、聚氯乙烯、聚苯乙烯、聚丙烯和ABS塑料等。

聚乙烯的合成方法有低压、中压、高压三种。高压聚乙烯质地柔软，适于制造薄膜。低压聚乙烯质地坚硬，适于做结构件，如化工管道、电缆绝缘层、小负荷齿轮、轴承等。

聚氯乙烯成本低，但有一定毒性。根据增塑剂的用量不同分为硬质聚氯乙烯和软质聚氯乙烯两种。硬质聚氯乙烯主要用于工业管道系统及化工结构件等，软质聚氯乙烯主要用于薄膜、电缆包覆等。

聚苯乙烯电绝缘性优良，但脆性大。主要用于日用、装潢、包装及工业制品，如仪器仪表外壳、接线盒、开关按钮、玩具、包装及管道的保温层、耐油的机械零件等。

聚丙烯具有优良的综合性能，可用来制造各种机械零件，如法兰、齿轮、接头、把手，各种化工管道、容器，以及医疗器械、家用电器部件等。

ABS塑料是由丙烯腈(A)、丁二烯(B)、苯乙烯(S)三种单体共聚而成，兼具三种组分的性能，是具有"坚韧、质硬、刚性"的材料，在机械、电气、纺织、汽车、飞机、轮船等制造工业及化学工业中被广泛应用。

②摩擦传动零件用塑料　这类塑料主要包括聚酰胺、聚甲醛、聚碳酸酯、聚四氟乙烯等。

聚酰胺又称尼龙或绵纶，品种很多，机械工业常用尼龙6、尼龙66、尼龙610、尼龙1010、尼龙MC等。这种塑料强度较高，耐磨，自润滑性好，广泛用作机械、化工及电气零件。

聚甲醛具有优良的综合性能，广泛用于汽车、机床、化工、电气仪表、农机等工业。

聚碳酸酯具有优良的机械性能，尤以冲击强度和尺寸稳定性为突出，透明无毒，广泛用于机械、仪表、通信、交通、航空、光学照明、医疗器械等方面。如波音747飞机上约有2 500个零件用聚碳酸酯制造，总质量达2 t。

聚四氟乙烯俗称"塑料王"，具有极优越的化学稳定性和热稳定性以及优越的电性能，几乎不受任何化学药品的腐蚀，摩擦系数极低，只有0.04。其缺点是强度低，加工性差。主要用于减摩密封件、化工耐蚀件与热交换器以及高频或潮湿条件下的绝缘材料。

③耐蚀用塑料　耐蚀用塑料主要有聚四氟乙烯、氯化聚醚等。

氯化聚醚的化学稳定性仅次于聚四氟乙烯，但工艺性比聚四氟乙烯好，成本低。在化学工业和机电工业获得广泛应用，如化工设备零件、管道、衬里等。

④耐高温件用塑料　这类塑料主要有聚砜、聚苯醚、聚酰亚胺等。

聚砜的热稳定性高是其最突出的特点。长期使用温度可达150～174 ℃，且蠕变值极低。它具有优良的机械性能和电性能，可进行一般成型加工和机械加工，广泛用于电气、机械设备、医疗器械、交通运输等工业。

聚苯醚具有良好的综合性能，蠕变值低，且随温度变化小，使用温度外围大(－190～190 ℃)，广泛用于机电、电气、化工、医疗器械等方面。

聚酰亚胺是耐热性最高的塑料。其在260 ℃下可长期使用，在稀有气体保护下，可在300 ℃下长期使用，但加工性能差，成本高，主要用于特殊条件下使用的精密零件，如喷气发动机供燃料系统的零件，耐高温、高真空的自润滑轴承及电气设备零件等。

⑤热固性塑料　热固性塑料是在树脂中加入固化剂压制成型的体型聚合物。

酚醛树脂是由酚类和醛类合成的，应用最多的是苯酚和甲醛的聚合物。酚醛塑料以酚醛树脂为基，加入填料及其他添加剂而制成。这种塑料的性能因填料不同而变化，广泛用于制作各种通信器材和电木制品（如插座、开关等）、耐热绝缘部件及各种结构件。

环氧塑料以环氧树脂为基，加入填料及其他添加剂而制成。环氧塑料强度高，耐热，耐蚀，电绝缘性好，主要用于制作仪表构件、塑料模具、黏合剂、复合材料等。

2. 合成纤维

(1)合成纤维概述

合成纤维是以煤、石油、天然气、水、空气、食盐、石灰石等为原料，经化学处理制成的人工纤维。20 世纪 70 年代合成纤维的年产量已占世界纤维总产量的一半。合成纤维的主要品种有绵纶（聚酰胺）、腈纶（聚丙烯腈）、涤纶（聚酯）、维纶（聚乙烯醇）、丙纶（聚丙烯）和氯纶（聚氯乙烯）等六种，其中前三种产量最大，占整个合成纤维产量的 90%。它们都具有强度高、耐磨、密度小、弹性大、防蛀、防霉等优点。除做衣服以外，在工业和其他方面也很有用处。它们共同的缺点是吸湿性和耐热性较差，染色比较困难。

(2)常用合成纤维

下面介绍几种工业上常用的合成纤维。

①绵纶　最早出现的合成纤维。尼龙 66 和尼龙 6 先后于 1939 年和 1943 年开始工业化生产。其特点是密度小，强度高，具有突出的耐磨性，大多用于制造丝袜、衬衣、渔网、缆绳、降落伞、宇航服，轮胎帘布等。

②腈纶　又称人造羊毛。密度低于羊毛，强度是羊毛的 3 倍，手感柔软蓬松，耐洗耐晒，可以纯纺或同羊毛混纺，制作衣料、毛毯和工业毛毯。腈纶毛线是市场上最畅销的产品之一。近年来，复合材料需用的碳纤维数量日增，常常采用腈纶纤维作为原丝。

③涤纶　俗称“的确良”。它兼有绵纶和腈纶的特点，强度高、耐磨，混纺后的棉涤纶和毛涤纶成为最常用的衣着用料。在工业上，涤纶还可制作轮胎帘布、固定带及运输带等。涤纶纤维出世较晚，但 20 世纪 70 年代产量已超过绵纶而居合成纤维首位。

④维纶　可作为医用手术缝合材料等。

⑤氟纶　与“塑料王”氟塑料源出一家，在各种酸、碱介质中耐腐蚀性最好，还可耐 250 ℃左右的高温，并保持良好的电绝缘性，在原子能、航空和化学工业中发挥了巨大作用。

⑥芳纶　号称“合成钢丝”，它在 20 世纪 60 年代就应用于航空和航天领域，是目前有机合成纤维中强度最大、产量最高的纤维。

3. 橡胶

橡胶是以高分子化合物为基础的具有高弹性的材料。橡胶具有较好的抗撕裂、耐疲劳特性。因而橡胶制品在工程上广泛应用于密封、防腐蚀、防渗透、减振、耐磨、绝缘以及安全防护等方面，这些良好性能使橡胶成为重要的工业原料之一，具有广泛的应用。但是除某些品种外橡胶一般不耐油、溶剂和强氧化性介质，比较容易老化。

(1)橡胶的组成

根据原料来源,橡胶可分为天然橡胶和合成橡胶。工业用橡胶是由生胶和橡胶配合剂组成的合成橡胶。生胶是指无配合剂、未经硫化的橡胶,其来源有天然和合成两种。生胶的性能随温度变化很大,如高温发黏、低温变脆,必须加入配合剂,经硫化处理后才能制成各种橡胶制品。橡胶的配合剂有硫化剂、硫化促进剂、防老剂、软化剂、填充剂、发泡剂、着色剂等。

(2)常用橡胶

合成橡胶按用途和用量分为通用橡胶和特种橡胶,前者主要用于制作轮胎、运输带、胶管、胶板、垫片、密封装置等;后者主要用于高低温、强腐蚀、强辐射等特殊环境下工作的橡胶制品。常用橡胶的性能和用途见表 12-2。

表 14-2　常用橡胶的性能和用途

名称	代 号	抗拉强度/MPa	断后伸长率/%	使用温度/℃	特性	用途
天然橡胶	NR	25～30	650～900	−50～120	高强、绝缘、减振	通用制品、轮胎
丁苯橡胶	SBR	15～20	500～800	−50～140	耐磨	通用制品、胶板、胶布、轮胎
顺丁橡胶	BR	18～25	450～800	120	耐磨、耐寒	轮胎、运输带
氯丁橡胶	CR	25～27	800～1 000	−35～130	耐酸碱、阻燃	管道、电缆、轮胎
丁腈橡胶	NBR	15～30	300～800	−35～175	耐油水、气密	油管、耐油垫圈
乙丙橡胶	EPDM	10～25	400～800	150	耐水、气密	汽车零件、绝缘体
聚氨酯胶	VR	20～35	300～800	80	高强、耐磨	胶辊、耐磨件
硅橡胶		4～10	50～500	−70～275	耐热、绝缘	耐高温零件
氟橡胶	FPM	20～22	100～500	−50～300	耐油碱真空	化工设备衬里、密封件
聚硫橡胶		9～15	100～700	80～130	耐油、耐碱	水龙头衬垫、管子

现有的高分子材料已具有很高的强度和韧性,足以和金属材料相媲美。家用器械、家具、洗衣机、冰箱、电视机、交通工具、住宅等中有广泛的应用,大部分的金属构造已被高分子材料所代替。工业、农业、交通以及高科技的发展,要求高分子材料具有更高的强度、硬度、韧性,以及耐温、耐磨、耐油、耐折等特性,这些都是高分子材料要解决的重大问题。

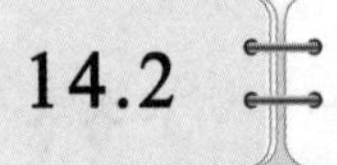

14.2 陶瓷材料

陶瓷材料是除金属和高聚物以外的无机非金属材料的通称。在工业上应用的传统陶瓷产品有陶瓷器皿、玻璃制品、水泥制品和耐火材料制品等。随着工业的发展,逐渐涌现出许多的新型陶瓷。新型陶瓷有许多性质是其他材料所难以企及的,例如耐热性、硬度、耐磨性、化学稳定性、韧性等。陶瓷制造的发动机部件正在悄悄地取代金属部件;光导纤维已全面占领了通信领域;陶瓷燃料电池正在试制之中。陶瓷的高硬度与高耐磨性被用来制造摩擦构件与切削工具，其寿命比金属材料要高数十倍。

14.2.1 陶瓷材料概述

1. 陶瓷材料的组成、结构

陶瓷由晶体相、玻璃相和气相组成，各相的结构、数量、形状与分布，都对陶瓷的性能有直接影响。晶体相是陶瓷的主要组成相，其结构，数量，晶粒的大小、形状和分布等决定了陶瓷的主要性能和应用。组成陶瓷晶体相的晶体主要有含氧酸盐（如硅酸盐、钛酸盐等）、氧化物和非氧化物等。玻璃相是陶瓷原料中部分组元与其他杂质在高温烧结过程中产生一系列物理、化学反应后形成的一种非晶态结构的低熔点固体。玻璃相成分主要为氧化硅和其他碱金属氧化物。气相是由原料和工艺等因素造成的，并保留于陶瓷中的气孔内。陶瓷中的气孔往往会成为裂纹源，使陶瓷的强度降低。所以除多孔陶瓷（如过滤陶瓷）外，应尽量降低材料的气孔率。

图 14-1 所示为陶瓷在室温下的组织结构。其中包括点状一次莫来石、针状二次莫来石、块状残留石英、小黑洞气孔和玻璃基体等。

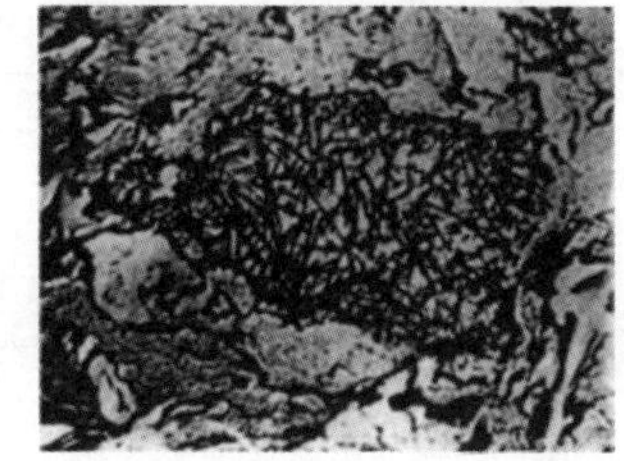

图 14-1 室温下陶瓷的组织（500×）

2. 陶瓷材料的性能

陶瓷材料的结合键为离子键和共价键，因此陶瓷材料具有高熔点、高硬度、高化学稳定性、耐高温、耐氧化、耐腐蚀等特性。此外，陶瓷材料具有密度小、弹性模量大、耐磨损、强度高、脆性大等特点。功能陶瓷还具有电、光、磁等特殊性能。

3. 陶瓷材料的分类

（1）按化学成分分类

按化学成分可将陶瓷材料分为氧化物陶瓷、氮化物陶瓷、碳化物陶瓷及其他化合物陶瓷。氧化物陶瓷种类繁多，应用广泛。最常用的氧化物陶瓷是 Al_2O_3，SiO_2，MgO，ZrO_3，CeO_2，CaO，Cr_2O_3 及莫莱石（$3Al_2O_3 \cdot 2SiO_2$）和尖晶石（$MgAl_2O_3$）等。碳化物陶瓷一般具有比氧化物更高的熔点，最常用的是 SiC，B_4C，WC，TiC 等。氮化物陶瓷常用的有 TiN，BN，AlN，Si_3N_4。

（2）按使用的原料分类

陶瓷材料按照使用原料的不同，可分为普通陶瓷和特种陶瓷。普通陶瓷主要用天然的矿石、岩石、黏土等含有较多的杂质或杂质不定的材料做原料。而特种陶瓷则采用化学方法人工合成的高纯度或纯度可控制的材料做原料。

（3）按性能和用途分类

按性能和用途可将陶瓷材料分为结构陶瓷和功能陶瓷两类。在工程结构上使用的陶瓷称为结构陶瓷。利用陶瓷特有的物理性能制造的陶瓷称为功能陶瓷。由于它们具有的物理性能差异往往很大，所以用途很广泛。

14.2.2 常用工业陶瓷

常用工业陶瓷的种类和性能见表14-3。

表14-3 常用工业陶瓷的种类和性能

陶瓷种类			性能				
			密度/($g\cdot cm^{-3}$)	抗弯强度/MPa	抗拉强度/MPa	抗压强度/MPa	断裂韧性/($MPa\cdot m^{1/2}$)
普通陶瓷	普通工业陶瓷		2.20～2.50	65～85	26～36	460～680	—
	化工陶瓷		2.10～2.30	30～60	7～12	80～140	0.98～1.47
特种陶瓷	氧化铝陶瓷		3.20～3.90	250～490	140～150	1 200～2 500	4.50
	氮化硅陶瓷	反应烧结	2.20～2.27	200～340	141	1 200	2.00～3.00
		热压烧结	3.25～3.35	900～1 200	150～275	—	7.00～8.00
	碳化硅陶瓷	反应烧结	3.08～3.14	530～700	—	—	3.40～4.30
		热压烧结	3.17～3.32	500～1 100	—	—	—
	氮化硼陶瓷		2.15～2.3	53～109	110	233～315	—
	立方氧化锆陶瓷		5.60	180	148.5	2 100	2.40
	Y-TZP陶瓷		5.94～6.10	1 000	1 570	—	10～15.3
	Y-PSZ陶瓷		5.00	1 400	—	—	9.00
	氧化镁陶瓷		3.00～3.60	160～280	60～98.5	780	—
	氧化铍陶瓷		2.90	150～200	97～130	800～1 620	—
	莫来石陶瓷		2.79～2.88	128～147	58.8～78.5	687～883	2.45～3.43
	赛隆陶瓷		3.10～3.18	1 000	—	—	

1. 普通陶瓷

普通陶瓷又称传统陶瓷，是用黏土($Al_2O_3\cdot 2SiO_2\cdot 2H_2O$)、石英($SiO_2$)和长石($K_2O\cdot Al_2O_3\cdot 6SiO_2$，$Na_2O\cdot Al_2O_3\cdot 6SiO_2$)为原料经烧结而成的。其组织中主晶相为莫来石($3Al_2O_3\cdot 2SiO_2$)，占25%～30%；次晶相为$SiO_2$玻璃相，占35%～60%，它是以长石为溶剂，在高温下溶解一定量的黏土和石英后得到的，气相占1%～3%。通过改变相组成物的配比、溶剂、辅料以及原料的细度和致密度，可以获得不同特性的陶瓷。传统陶瓷质地坚硬而脆性较大，绝缘性和耐蚀性极好，制造工艺简单，成本低廉，在各种陶瓷中用量最大。传统陶瓷广泛应用于日用、电气、化工、建筑、纺织等部门，如耐蚀要求不高的化工容器、管道、供电系统的绝缘子、纺织机械中的导纱零件等。

2. 特种陶瓷

特种陶瓷又称新型陶瓷或精细陶瓷。特种陶瓷材料的组成已超出传统陶瓷材料的以硅酸盐为主的范围，除氧化物、复合氧化物和含氧酸盐外，还有碳化物、氮化物、硼化物、硫

化物及其他盐类和单质，并由过去以块状和粉末为主的状态向着单晶化、薄膜化、纤维化和复合化的方向发展。

(1)氧化物陶瓷

氧化物陶瓷中应用最广泛的是氧化铝陶瓷，氧化铝陶瓷以 Al_2O_3 为主要成分，按 Al_2O_3 的含量不同可分为刚玉瓷、刚玉-莫来石瓷和莫来瓷。其中刚玉瓷中 Al_2O_3 的质量分数高达99%。氧化铝陶瓷的熔点为2 000 ℃以上，烧成温度约为1 800 ℃。具有很高的硬度、高温强度和耐磨性，具有良好的绝缘性和化学稳定性，能耐各种酸碱的腐蚀，但氧化铝陶瓷的缺点是热稳定性低。氧化铝陶瓷广泛应用于制造高速切削工具、量规、拉丝模、高温炉零件、火箭导流罩和内燃机火花塞等。此外，还可用作真空材料、绝热材料和坩埚材料等。

氧化物陶瓷除氧化铝陶瓷之外还有氧化铍陶瓷、氧化锆陶瓷、氧化镁/钙陶瓷，以及氧化钍/铀陶瓷等。其中氧化镁/钙陶瓷抗金属碱性熔渣腐蚀性好，但热稳定性差，MgO高温下易挥发，CaO易水化，可用于制造坩埚、热电偶保护套、炉衬材料等。氧化铍(BeO)具有优良的导热性、高的稳定性及消散高温辐射的能力，但强度不高，可用于制造真空陶瓷、高频电炉的坩埚、有高温绝缘要求的电子元件和核反应堆用陶瓷。

(2)碳化物陶瓷

碳化物陶瓷具有很高的熔点、硬度(近于金刚石)和耐磨性(特别是在侵蚀性介质中)，但是其耐高温(900～1 000 ℃)氧化能力差、脆性极大。碳化硅陶瓷在碳化物陶瓷中应用最广泛。碳化硅陶瓷的硬度高于氧化物陶瓷中最高的刚玉和氧化铍的硬度。该种材料热导率很高，而热膨胀系数很小，但在900～1 300 ℃时会慢慢氧化。

碳化硅陶瓷通常用于加热元件、石墨表面保护层以及砂轮和磨料等。将用有机黏结剂黏结的碳化砖陶瓷加热至1 700 ℃后加压成型，有机黏结剂被烧掉，碳化物颗粒间呈晶态黏结，从而形成高强度、高致密度、高耐磨性和高抗化学侵蚀的耐火材料。

碳化硼陶瓷的硬度极高，抗磨粒磨损能力很强，熔点高达2 450 ℃左右，但在高温下会快速氧化，并且与热或熔融黑色金属发生反应，因此其使用温度限定在980 ℃以下。碳化硼陶瓷主要用作磨料，有时用于超硬质工具材料。

碳化铌、碳化钛等甚至可用于2 500 ℃以下的氮气气氛。在各类碳化物陶瓷中，碳化铪的熔点最高，达2 900 ℃。

(3)硼化物陶瓷

最常见的硼化物陶瓷包括硼化铬、硼化钼、硼化钛、硼化钨和硼化锆等。该类陶瓷具有高硬度，同时具有较好的耐化学侵蚀能力。其熔点范围为1 800～2 500 ℃。比起碳化物陶瓷，硼化物陶瓷具有较高的抗高温氧化性能，使用温度达1 400 ℃。

硼化物陶瓷主要用于高温轴承、内燃机喷嘴、各种高温器件和处理熔融非铁金属的器件等。此外，还用于制作电触点材料。

(4)氮化物陶瓷

氮化硅(Si_3N_4)和氮化硼(BN)是最常见的氮化物陶瓷。氮化硅陶瓷键能较高，是稳定的共价键晶体。氮化硅的硬度高，摩擦系数低，且有自润滑作用，所以是优良的耐磨与减摩材料。氮化硅的耐热温度比氧化铝低，而抗氧化温度高于碳化物和硼化物。在1 200 ℃以下具有较高的机械性能和化学稳定性，并且热膨胀系数小，抗热冲击，所以可做优良的高温结构材料。另外,氮化硅陶瓷能耐各种无机酸(氢氟酸除外)和碱溶液侵蚀,是优良的耐腐蚀材料。

需要特别指出的是,氮化硅的制造方法不同,得到陶瓷的品格类型也不同,因而应用领域也各不一样。

①反应烧结法得到的 α-Si_3N_4,主要用于制造各种泵的耐蚀、耐磨密封环等零件。

②热压烧结法得到的 p-Si_3N4,主要用于制造高温轴承、转子叶片、静叶片以及加工难切削材料的刀具等。

③生产中,在 Si_3N_4 中加一定量 Al_2O_3 烧制成的陶瓷可制造柴油机的汽缸、活塞和燃气轮机的转动叶轮。

④氮化硼陶瓷。氮化硼陶瓷具有石墨类型的六方晶体结构,因而也叫“白色石墨”。其硬度较低,可与石墨一样进行各种切削加工;导热和抗热性能高,耐热性好,有自润滑性能;高温下耐腐蚀、绝缘性好。氮化硼陶瓷主要用于高温耐磨材料和电绝缘材料、耐火润滑剂等。在高压和 1 360 ℃时,六方氮化硼会转化为立方 β-BN,其密度为 $3.45\times10^3\ kg/m^3$,硬度提高到接近金刚石的硬度,而且在 1 925 ℃以下不会氧化,所以可用作金刚石的代用品,用于耐磨切削工具、高温模具和磨料等。

(5)其他特种陶瓷

特种陶瓷的发展日新月异,从前面的分析可知,从化学组成上新型陶瓷由单一的氧化物陶瓷发展到氮化物等多种陶瓷。就品种而言,新型陶瓷也由传统的烧结体发展到了单晶陶瓷、薄膜陶瓷、纤维陶瓷等,而且形式多种多样。

①氮化铝陶瓷　主要用于半导体基板材料、坩埚、保护管等耐热材料,以及树脂中高导热填料等。

②莫来石陶瓷　具有高的高温强度、良好的抗蠕变性能及低的热导率,主要用于 1 000 ℃以上高温氧化气氛下工作的长喷嘴、炉管及热电偶套管。加入 ZrO_2,SiO_2 可提高莫来石陶瓷的韧性,用作刀具材料或绝热发动机的某些零件。

③赛隆陶瓷　是在 Si_3N_4 中加入一定量的 Al_2O_3,MgO,Y_2O_3 等氧化物形成的一种新型陶瓷。它具有很高的强度、优异的化学稳定性和耐磨性,耐热冲击性好,主要用于切削刀具,金属挤压模内衬,汽车上的针形阀、底盘定位销等。

陶瓷材料不仅可以做结构材料,而且可以做性能优异的功能材料。目前,功能陶瓷材料已渗透到各个领域,尤其在空间技术、海洋技术、电子、医疗卫生、无损检测和广播电视等已出现了性能优良、制造方便的功能陶瓷。

14.3 新型工程材料简介

14.3.1 复合材料

复合材料是由两种或两种以上不同化学性质或不同组织结构的材料,经人工组合而成的合成材料。它通常具有多相结构,其中一类组成物(或相)为基体,起黏结作用;另一类组成物为增强相，起提高强度和韧性的作用。复合材料既保持了各组分材料的性能特点，同时通过叠加效应，使各组分之间取长补短，相互协同，形成优于原材料的特性，取得多种优异性能，这是任何单一材料所无法比拟的。

14.3.2 复合材料的分类

复合材料种类繁多，主要有以下几种分类方法：

1. 按基体类型分类

(1)金属基复合材料　如纤维增强金属、铝聚乙烯复合薄膜等。

(2)高分子基复合材料　如纤维增强塑料、碳碳复合材料、合成皮革等。

(3)陶瓷基复合材料　如金属陶瓷、纤维增强陶瓷、钢筋混凝土等。

2. 按增强材料类型分类

(1)层叠复合材料　如双金属、填充泡沫塑料等，如图 14-2(a)所示。

(2)纤维增强复合材料　如玻璃纤维、碳纤维、硼纤维、碳化硅纤维、难熔金属丝等，如图 14-2(b)所示；

(3)粒子增强复合材料　如金属离子与塑料复合、陶瓷颗粒与金属复合等，如图 14-2(c)所示。

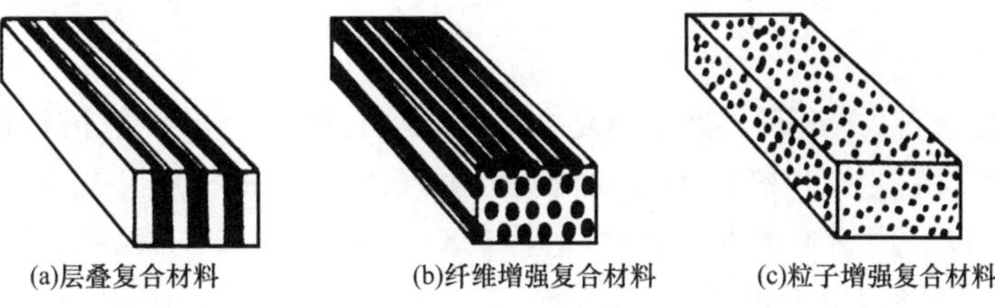

图 14-2　复合材料的种类(按增强材料类型分类)

3. 按复合材料用途分类

(1)结构复合材料　通过复合，材料的机械性能得到显著提高，主要用作各类结构零件，如利用玻璃纤维优良的抗拉、抗弯、抗压及抗蠕变性能，来制作减摩、耐磨的机械零件。

(2)功能复合材料　通过复合，使材料具有其他一些特殊的物理、化学性能，从而制成一种多功能的复合材料，如雷达用玻璃钢天线罩就是具有良好透过电磁波性能的磁性复合材料。

14.3.3 复合材料的性能特点

复合材料是各向异性的高强度非均质材料。由于增强相和基体是形状和性能完全不同的两种材料，它们之间的界面又具有分割的作用，因此复合材料不是连续的、均质的，其力学性能是各向异性的。特别是纤维增强复合材料更为突出。它们的主要性能特点有：

(1)比强度和比模量高　其中纤维增强复合材料的最高。

(2)抗疲劳性能好　一般金属材料仅为其拉伸强度的 40%～50%，而碳纤维增强树脂的疲劳强度为其拉伸强度的70%～80%，这是由于两者在应力状态下裂纹扩展过程完全不同，复合材料中的纤维对疲劳裂纹扩展有阻碍作用。

(3)高温性能　这是由于增强材料的熔点都很高。

(4)减振性能好　复合材料中的大量界面对振动有反射吸收作用，且自振频率高，不易产生共振，所以振动波在复合材料中衰减快，减振性能好。

表14-4为复合材料与某些材料的性能比较。

表14-4　复合材料与某些材料的性能比较

材料名称	密度/($g\cdot cm^{-3}$)	弹性模量/($\times10^2$ GPa)	抗拉强度/MPa	比模量/($\times10^2$ m)	比强度/(0.1 m)
钢	7.8	2 100	1 030	0.27	0.13
硬铝	2.8	750	470	0.26	0.17
玻璃钢	2.0	400	1 060	0.21	0.53
碳纤维-环氧树脂	1.5	1 400	1 500	0.21	1.03
硼纤维-环氧树脂	2.1	2 100	1 380	1.00	0.66

14.3.4　工程上常用的复合材料

1. 树脂基复合材料

树脂基复合材料(亦称聚合物基础复合材料)是目前应用最广泛、消耗量最大的一类复合材料。该类材料主要以纤维增强的树脂为主，最早开发的树脂基复合材料是20世纪40年代开发的，以玻璃纤维增强的塑料(俗称玻璃钢)问世以来，工程界才明确提出“复合材料”这一术语。其后，由于碳纤维、硼纤维、芳酰胺(芳纶)纤维、碳化硅纤维等高性能增强体和一些耐高温树脂基体的相继问世，发展了大量高性能树脂基复合材料，成为先进复合材料的重要组成部分。

根据增强体的种类，树脂基复合材料可分为玻璃纤维增强树脂基复合材料、碳纤维增强树脂基复合材料、硼纤维增强树脂基复合材料、碳化硅纤维增强树脂基复合材料、芳纶纤维增强树脂基复合材料及晶须增强树脂基复合材料等类型。又可根据树脂基体的性质，分为热固性树脂基复合材料和热塑性树脂基复合材料两种基本类型。

2. 金属基复合材料

金属基复合材料的迅速发展始于20世纪80年代，其推动力源自高新技术对材料耐热性和其他性能要求的日益提高。金属基复合材料除与树脂基复合材料同样具有强度高、模量高和热膨胀系数低的特性外，其工作温度可达300～500 ℃或者更高，同时具有不易燃烧、不吸潮、导热导电、屏蔽电磁干扰、热稳定性及抗辐射性能好、可机械加工和常规连接等特点，而且在较高温度的情况下不会放出气体污染环境，这是树脂基复合材料所不能比的。但金属基复合材料也存在着密度较大、成本较高、一些种类复合材料制备工艺复杂以及某些复合材料中增强体与基体界面易发生化学反应等缺点。通过对上述不利因素的不断改进与完善，金属基复合材料在过去的10余年里取得了长足进步，一些西方发达国家已达到了特定领域规模应用的水平。

目前备受研究者和工程界关注的金属基复合材料有长纤维增强型、短纤维或晶须增强型、颗粒增强型以及共晶定向凝固型复合材料，所选用的基体主要有铝、镁、钛及其合金、镍基高温合金以及金属间化合物。

3. 其他类型的复合材料

其他类型的复合材料有夹层复合材料、碳/碳复合材料等。夹层复合材料是一种由上、下两块薄面板和芯材构成的夹心结构复合材料。面板可以是金属薄板，如铝合金板、钛合金板、不锈钢板、高温合金板，也可以是树脂基复合材料板；芯材则采用泡沫塑料、波纹板或窝芯。

碳纤维增强碳基复合材料简称碳/碳复合材料（或 C/C 复合材料），是一种新型特种工程材料。碳/碳复合材料是指用碳纤维或石墨纤维或是它们的织物作为碳基体骨架，埋入碳基质中增强机制所制成的复合材料。

碳/碳复合材料最初用于航天工业，作为战略导弹和航天飞机的防热部件。如导弹头锥和航天飞机机翼前缘，能承受返回大气层时高达数千摄氏度的温度和严重的空气动力载荷。碳/碳复合材料还适用 T 火箭和喷气飞机发动机后燃烧室的喷管用高温材料。高速飞机用刹车盘是碳/碳复合材料用量最大的耐磨材料。例如波音 747-400 客机的刹车系统，每架飞机用复合材料较金属耐磨材料轻 900 kg，使用中抗磨损性高，热膨胀性小，飞机的维修期长。

碳/碳复合材料可以用于制造超塑性成型工艺中的热锻压模具，还可用于制造粉末冶金中的热压模具。在核工业部门，碳/碳复合材料用于原子反应堆作为氦冷却反应器的热交换器；在浓缩铀工程中用以制造耐六氟化铀的部件；在涡轮压气机中可用以制造涡轮叶片和涡轮盘的热密封件。

14.4 新材料简介

进入 20 世纪 90 年代以来，材料科学技术的发展异常迅猛。随着科学技术的发展，各种新材料层出不穷。有些新材料不宜归入四大类材料，有些则是具有鲜明的特色，有些用途有别于其同类，故称它们为“其他材料”。“智能”是“其他材料”的一大特色。今天的材料学家用普通的原材料通过结构设计，就能实现不同凡响的功能。

下面对几种典型的新材料进行简单的介绍。

1. 半导体材料

提起半导体，人们就会想到小巧玲珑的晶体管收音机，人们习惯地称它为半导体收音机。其实这仅仅是半导体应用中一个很小的方面，如今，它已渗透到人类生产、科研和生活的各个方面。从小小的电子表到大型电子计算机，从家庭电视到自动化仪器，从电子秤到数控机床，形形色色的现代化电子设备都离不开半导体材料。

半导体材料实际上是指锗、硅、砷化镓一类材料。因为它们的导电性介于金属和非金属之间，所以称为半导体。由于半导体的微观结构是按一定规则排列的晶体结构，因此半导体管也叫晶体管。锗是一种浅灰色金属，质地坚硬，自然界蕴藏量很少，地壳中的含量只有万分之七，被称为稀散金属。硅和锗不同，到处都有它的踪迹，在地壳中，除了氧以外它是含量最多的。例如砂子中就含有二氧化硅。由于硅的半导体特性必须在很高的纯度下才能显示出来，同时提纯技术又很复杂，因此，一直到 20 世纪 50 年代硅单晶材料才问世。硅的应用到 20 世纪 70 年代得到发展，而现在，它已遍及各个技术领域，显得再平常不过了。

半导体材料的导电性能，在不同的温度、光照、杂质等条件下会灵敏地发生变化。正因为半导体这一非凡的“本领”，才使得它能够在技术上大显神通。例如，利用半导体对温度十分敏感的特性，制成自动化装置中常用的热敏电阻，可以测出万分之一摄氏度的温度变化。

2. 生物医用材料

展望 21 世纪，材料科学技术研究开发的前沿有：生物医用材料；高可靠植入人体内的生物活性材料合成关键技术；生物相容材料制备技术，如组织器官替代材料、人造血液、人造皮和透析膜技术；生物医用新材料制品质量性能的在线检测和评价技术。

3. 新型光电子材料

大直径、高光学质量人工晶体制备技术和有机、无机新型非线性光学晶体探索；大功率半导体激光光纤模块及全固态(可调谐)激光技术；有机、无机超高亮度红、绿、蓝三基色材料及应用技术；新型红外、蓝、紫半导体激光材料以及新型光探测和光储存材料及应用技术。

4. 高温超导材料

高温超导薄膜及异质结构薄膜的制备、集成和微加工技术，可实用化高温超导线材制备技术，高温超导体材料(准单晶和织构材料)批量生产技术。生态环境材料是发展与环境相协调的材料，如可完全降解农用塑料薄膜制备技术，材料的延寿、再生与综合利用新技术，降低材料生产的资源和能源消耗新技术。

5. 纳米材料

纳米材料即纳米尺寸的材料，或者称为纳米粒子。凡是在一维或一维以上的尺度为几纳米或几十纳米的材料的属于此类纳米材料。在这一范围的材料往往显示出具有尺寸依赖性的性质，不论是物理性质、化学性质、力学性质与组成、相行为均具有尺寸依赖性。物理性质包括电子性质、光学与磁学性质；组成与相行为包括晶格的变形、相转变、蒸汽压、内压、熔点与溶解度等；力学性质包括硬度、延展性、蠕变与疲劳性质等；化学性质则与巨大的表面积与表面能相关，表现出超乎寻常的烧结速度与反应活性。上述性质在微米

以上的尺度都不具有尺寸依赖性，而在几乎所有纳米材料上都有。以陶瓷粒子的烧结为例，纳米尺寸的粒子烧结速度快得可以在低温下进行。以纳米粒子构成的密实陶瓷在应力下可发生超塑性流动，可进行普通条件下不可能发生的超塑性成型。

思考题

14-1 工程材料主要分为哪些类型？试分别举出三种生活中常见的实例。

14-2 塑料的主要成分是什么？它们各起什么作用？

14-3 举例说明常用工程塑料的性能特点。

14-4 举例说明陶瓷材料的性能特点。

14-5 举例说明复合材料的性能特点。

14-6 何为复合材料？有哪些增强结构类型？简述我们能从复合材料中得到何种启示。

第15章

机械零件失效与选材

机械零件的失效分析与选材

对大多数人来说，失效和失效分析也许是一个陌生的概念。然而在我们的周围，大到各种机械零件、工程设备、运输机械、锅炉和压力容器等，小到生活、学习、娱乐场所的各类设施，以及我们手头的各种电子器件等，失效时刻在发生。

失效给人类造成巨大的，甚至是无法挽回的损失，而失效分析则可以有效地避免或减少这些损失。失效分析预测、预防是对生产经营活动中的安全事故、事故隐患和事故风险进行分析诊断、预测控制和预防根治的科学、公正的技术活动和管理活动的总称。

15.1 零件的失效

15.1.1 失效的概念

失效是指零件在使用中，由于形状、尺寸的改变或内部组织及性能的变化而失去正常的工作能力。一般机械零件在以下三种情况下即可认定已失效：

(1)零件由于断裂、腐蚀、磨损、变形等而完全丧失其功能。

(2)零件在外部环境作用下，部分失去其原有功能，虽然能够工作，但不能完成规定功能，如由于磨损导致的尺寸超差等。

(3)零件虽然能够工作，也能完成规定功能，但继续使用时，不能确保安全可靠性。如经过长期高温运行的压力容器及其管道，其内部组织已经发生变化，如果达到一定的运行时间，继续使用就存在开裂的可能。

15.1.2 失效的形式

零件在实际工作中受力情况比较复杂,往往承受多种应力的组合作用,因而造成的失效形式有多种。常见的失效形式有变形失效、断裂失效、表面损伤失效和材料老化失效。

1. 变形失效

变形失效是指零件变形量超过允许范围造成的失效,主要有过量弹性变形失效、过量塑性变形失效。过量弹性变形会使零件的机械精度降低,造成较大的振动而失效。过量塑性变形会造成零部件间相对位置变化,致使整个机器运转不良而失效。

2. 断裂失效

断裂失效是指零件完全断裂而无法工作的失效,主要有韧性断裂失效、脆性断裂失效、蠕变断裂失效等。零件的断裂失效造成的危害最大。

3. 表面损伤失效

零件在工作中,由于磨损、腐蚀、磨蚀、接触疲劳等原因,使表面失去正常工作所必需的形状、尺寸而造成的失效,主要有表面磨损失效、表面腐蚀失效、表面疲劳失效(疲劳点蚀)。同一个零件可能有几种不同的失效形式,例如轴类零件,其轴颈处因摩擦而发生磨损失效,在应力集中处则发生疲劳断裂,两种失效形式同时起作用。但一个零件失效,总是有一种形式起主导作用。另外,各种失效因素相互交叉组合成更复杂的失效形式,如腐蚀疲劳断裂、腐蚀磨损、蠕变疲劳等。

4. 材料老化失效

高分子材料在储存和使用过程中发生变脆、变硬或变软、发黏等而失去原有性能的现象,即高分子材料的老化。老化是高分子材料不可避免的。

15.1.3 失效的原因

引起零件失效的原因很多,主要有设计、选材、加工和装配及使用四个方面。

1. 设计不合理

(1)零件尺寸、几何形状及结构不合理。如存在尖角或缺口、过渡圆角太小等。这些部位作为应力集中源,容易产生较大的应力集中而导致失效。

(2)设计中对零件的工作条件估计不全面。如对工作中可能的过载估计不足,或者没有考虑温度、介质等其他因素的影响,造成零件实际承载能力不够而过早失效。

(3)坚持用以强度条件为主、韧性要求为辅的传统设计方法,不能有效地解决脆性断裂,尤其是低应力脆断的失效问题。

2. 选材不当

选材不当主要体现在两方面:一是对零件的失效形式判断错误,所选材料的性能指标不能满足使用要求;二是由于错选材料,选材依据的性能指标反映不出材料对实际失效形式的抗力。另外,材料本身的缺陷也是导致零件失效的一个重要原因,如所用材料的质量差，内部含有夹杂物、气孔、杂质元素等，造成零件的实际工作性能满足不了设计要求。

3. 加工工艺不合理

零件在加工或成形过程中，加工工艺不当，会造成各种缺陷，如热加工中产生的过热、过烧和带状组织等；热处理中产生的过热、脱碳、变形及开裂等；冷加工造成的表面粗糙度太高、较深的刀痕、磨削裂纹等。

4. 装配及使用不良

零件在装配或安装过程中，配合过紧、过松、对中不好、固定不牢或重心不稳、密封性差等会使零件产生附加应力或振动，不能正常工作或工作不安全。使用维护不良、不按工艺规程正确操作，也可使零部件在不正常的条件下运转，造成过早失效。

15.2 失效分析的特点

失效分析具有以下特点：

(1)失效具有绝对性

从人类认识客观世界的历史长河来说，人的认识是有限的，而客观世界是无限的。失效是人们的主观认识与客观事物相互脱离的结果，失效发生与否是不以人的主观意志为转移的。因此，失效是绝对的，而安全则是相对的，失效具有绝对性。

(2)失效及其分析具有普遍性

失效分析、改进提高、再失效分析研究、再提高发展，如此循环往复、螺旋上升、发展飞跃，就是人类科学技术发展历史，乃至社会发展历史的全过程。因此，广义地说，科学技术发展史、社会发展史都是人类与广义的失效不断做斗争、变失败(失效)为成功(安全)的历史。因此，失效及其分析具有普遍性。

(3)失效分析预测预防技术具有高科技性

当今，高科技的发展已成为国民经济和国防科技发展的主要关键和依托，而高科技的发展也依赖于高科技发展中的失效分析预测预防。因此，高科技的发展更需要失效分析预测预防技术的进一步强化，并将失效分析预测预防带入高科技的发展领域。所以，失效分析预测预防技术具有高科技性。

(4)失效分析预测预防具有辩证性

失效分析预测预防是从失败入手，着眼于成功和发展，是从过去入手着眼于未来和进步的科学技术领域，并且正向“失效学”这一分支学科方向发展。

总之，失效分析预测预防的绝对性、普遍性、高科技性和辩证性就构成它的“认识论”——失败(失效)是成功(安全)之母。

15.3 失效分析案例

某化肥装置在使用 6.5 a 后，转化炉的一支炉管破裂，如图 15-1 所示。为了查找其原因，特委托某大学研究机构进行分析。

某大学研究机构针对失效炉管的设计、制造及使用诸多方面的情况进行了认真检查和分析。请委托方提供了设计单位的设计图纸、强度校核及技术协议等资料，以及制造厂家关于设备材料的成分、制造参数等数据，并认真了解了日常生产情况及发现爆管时的情况和日常使用中的工况参数。

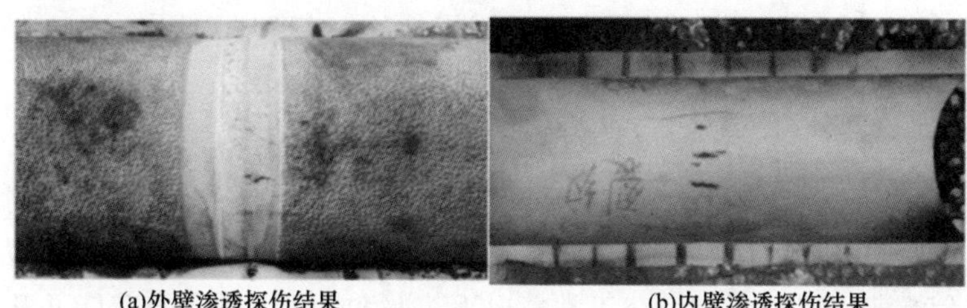

图 15-1　一段爆裂的炉管

委托方将预分析的管段送来后，首先拍照检查，并制订分析计划，然后着手切割样品，分析如下：

(1)化学成分分析

检查炉管各部位的成分，包括裂口处、裂口附近及远离裂纹处。

(2)蠕胀与宏观尺寸检查

渗透探伤检查。

(3)宏观组织分析

炉管的铸态宏观组织有两种(柱状晶和等轴晶)，行业标准中对柱状晶和等轴晶的比例有要求，检查是否符合行业标准或技术协议要求。

(4)显微组织分析

检查裂口附近及远离裂口部位的组织，证明制造厂生产的材料原始组织情况、长时间使用其微观组织劣化情况，以及裂口处微观组织是否有缺陷或局部超温。

(5)焊缝分析

一根转化管都是由几段焊接而成的，检查焊缝的微观组织时，首先检查焊接是否有缺陷，是否有安全隐患；其次进行焊接周边的组织与远离焊缝处的组织对比，检查焊接对附近母材的影响情况。

(6)裂纹及内、外表面损伤分析

根据腐蚀情况了解高温氧化情况、辅助说明使用温度，以及是否还有其他腐蚀方式。

(7)常温力学性能分析、高温短时力学性能分析、高温持久性能分析

这部分检查是为了进一步验证炉管各部位组织劣化程度。微观组织决定力学性能，同时，高温持久性能也是评估其剩余寿命的根据。

通过以上各方面的综合分析以及 Larson-Miller 曲线上的数据分析及趋势拟合，得出结论：本次分析的有裂纹的管段是由局部超温造成的。建议企业在生产中注意压力及温度的变化，也建议设计部门在壁厚设计中应稍微加大安全系数。

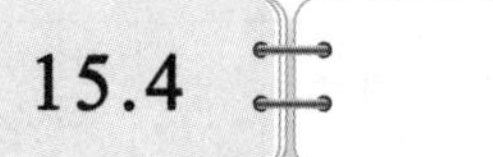

15.4 材料的选择

材料是构成机械零件的实体物质，同时也是制造零件过程中要处理的对象，对于零件

的质量起着关键性的作用。因此,材料的选择对保证零件安全、有效地工作和零件制造工艺过程的经济性等具有极其重要的意义。

材料的选择,不仅要考虑材料性能适应零件的工作条件,经久耐用,而且要求材料有较好的加工工艺性能和经济性,以便提高机械零件的生产率,降低成本。

15.4.1 考虑材料的使用性能

选材时应考虑材料的使用性能（主要包括力学性能、物理性能和化学性能）指标对零件功能和寿命的满足程度。零件在正常情况下,应完成设计规定的功能并达到预期的使用寿命。

选材时,主要以零件使用性能要求作为依据。一般零件都在受力条件下工作,因此常以力学性能要求作为选材依据。一般从以下两个方面考虑:

1.零件受载情况

主要有以下原则:

(1)脆性材料原则上只适于在静载荷作用下工作,在动载荷情况下,以塑性材料为基本材料。

(2)若零件的接触应力较高,则选用可进行表面强化处理的材料。

(3)若零件尺寸取决于强度,且尺寸和重量又受到某些限制,则选用强度较高的材料。

(4)若零件尺寸取决于刚度,则选用弹性模量较大的材料。

2.零件使用工况

主要有以下原则:

(1)在温热或有腐蚀性物质环境下工作的零件,材料应具有良好的防锈能力和耐腐蚀能力。

(2)在高温下工作的零件,应选用耐热材料。

(3)滑动摩擦下工作的零件,应选用减摩性能好的材料;靠摩擦传递运动和动力的零件,应选用摩擦系数大的材料。

常用零件的工作条件、主要失效形式及性能要求,见表15-1。

表15-1 常用零件的工作条件、主要失效形式及性能要求

零件	工作条件			主要失效形式	性能要求
	应力种类	载荷性质	受载状态		
螺栓	拉、剪	静载	—	过量变形、断裂	强度、塑性
传动轴	弯、扭	循环 冲击	轴颈摩擦	疲劳断裂、过量变形、轴颈磨损	综合力学性能
传动齿轮	压、弯	循环 冲击	摩擦 振动	断齿、疲劳断裂、磨损、接触疲劳	表面高强度及疲劳极限、心部强度及韧性
弹簧	扭、弯	交变 冲击	振动	弹性失稳、疲劳破坏	弹性极限、屈强比、疲劳极限

15.4.2 考虑材料的工艺性能

零件选材应满足生产工艺对材料工艺性能的要求。任何零件都是由不同的工程材料通过一定的加工工艺制造出来的。因此材料的工艺性能,即加工成零件的难易程度,自然应是选材时必须考虑的重要问题。所以,熟悉材料的加工工艺过程及材料的工艺性能,对于正确选材是相当重要的。与使用性能的要求相比,工艺性能处于次要地位。但在某些情况下,工艺性能也可成为主要考虑的因素,使得某些使用性能合格的材料不得不被放弃。例如,某厂曾尝试将 25SiMnWV 钢作为 20CrMnTi 钢的代用材料,虽然它的力学性能比 20CrMnTi 钢高,但其正火后硬度高,切削加工性能差,不能适应大批量生产,故未被采用。

15.4.3 考虑材料的经济性能

材料的经济性能要求在满足使用性能和工艺性能要求的前提下,尽可能选用货源充足、价格低廉、加工容易的材料,使零件的总成本降低,以获取最大的经济效益。零件的总成本包括材料费、加工费、试验研究费、维修管理费等。

在金属材料中,碳钢和铸铁的价格比较低廉,资源丰富,而且加工方便。因此,首先,在满足零件力学性能的前提下,尽量以铁代钢、以铸代锻、以焊代锻。其次,选材时不能只考虑材料价格,还应考虑零件的使用寿命。如某大型柴油机中的曲轴,以前用珠光体球墨铸铁生产,价格为 160 元,使用寿命为 3~4 a。后改为 40Cr 钢调质再表面淬火后使用,价格为 300 元,使用寿命近 10 a,总成本反而降低了。另外,选材时还要考虑材料供应状况对成本的影响,应立足于国内,考虑国内的生产和供应状况。在同一产品中,选用材料的种类应尽量少而集中,以减少采购运输及库存的费用。

15.4.4 考虑资源、能源和环保情况

随着地球资源的日益枯竭、环境的日益恶化,材料的环境和资源准则在今后变得日益重要。这就要求材料在生产—使用—废弃的全过程中,对能源和资源的消耗少,对生态环境影响小,可以完全再生利用或废弃时可完全降解。

总之,作为一个设计人员,必须全面了解国内资源条件、生产情况、国家标准等,从实际情况出发,全面考虑使用性能、工艺性能和经济性能,以及能源和环保等方面的因素,方能在产品设计中合理地选材。

思考题

15-1 什么是零件的失效?它有哪些形式?

15-2 简述失效分析的特点。

15-3 简述失效分析的实施步骤。

15-4 如何做好机械零件的选材工作?

第16章 典型零件选材及工艺路线分析

任何材料都必须通过制造过程，制成成品后才具有使用价值。而从设计到制造，不同结构与材料的零件需采用不同的成形加工方法，影响因素比较多，且相互关联、相互影响。因此，在实际生产过程中，应依据零件的工作条件、所需功能、使用要求及经济指标，综合分析与比较零件的结构设计、材料选用、工艺设计，确定最佳方案。在进行工程材料与成形工艺的选择时，一般遵循使用性能足够、工艺性能良好、经济性合理及环保性强等四个基本原则。

当前，金属是机械工程中最主要的结构材料，而在金属材料中，钢铁材料又是机械零件的最主要用材。本章介绍几种典型钢制零件的选材，并结合热处理工艺，分析其工艺路线。

16.1 齿 轮

齿轮是各类机械中应用最广泛的传动零件，主要用于传递转矩，有时也用于换挡或改变传动方向。

16.1.1 齿轮的工作条件、失效形式及材料性能要求

1. 工作条件

齿轮工作时，由于传递扭矩，齿根承受较大的交变弯曲应力；齿面相互滚动或滑动接触，承受很大的接触应力，并发生强烈的摩擦；换挡、启动、制动或啮合不均匀时，轮齿承受较高的冲击载荷；瞬间过载、润滑油腐蚀及外部硬质磨粒的侵入亦使其工作条件恶化。

2. 失效形式

齿轮的主要失效形式有断齿、齿面接触疲劳破坏、齿面磨损及塑性变形。在多数情况下，齿根的弯曲疲劳应力是造成断齿的主要原因。在交变接触应力作用下，齿面产生微裂纹并进一步扩展而形成麻点，即疲劳点蚀，造成接触疲劳破坏。而齿面接触区的摩擦将导致齿面磨损失效。轮齿强度不足和齿面硬度较低易造成轮齿塑性变形。

3. 材料性能要求

根据齿轮的工作条件和失效形式，齿轮材料应具备以下性能：

（1）较高的弯曲疲劳强度

防止齿轮在工作中因根部弯曲应力过大而造成疲劳断裂。

（2）较高的接触疲劳强度、高的表面硬度和耐磨性

防止齿面在受到较高接触应力发生接触疲劳破坏现象。

（3）心部应有足够的强度和韧性

防止过载或冲击断裂。

（4）良好的工艺性能

保证齿轮的加工精度和质量，提高齿轮抗磨损能力。

16.1.2 齿轮的选材

齿轮用材绝大多数是钢（锻钢和铸钢），某些开式传动的低速齿轮可用铸铁，特殊情况下还可采用有色金属和工程塑料。齿轮选材主要依据工作条件（如载荷性质与大小、传动速度、传动方式及精度要求等）来确定。

1. 轻载，低、中速，冲击力小，精度较低的一般齿轮

这类齿轮选用普通碳钢或中碳钢，如Q255，Q275，40，45，50，50Mn等。常用正火或调质等热处理制成软齿面齿轮。正火后齿面硬度可达160～200HBW，经调质处理后齿面硬度达200～280HBW（≤350HBW）。此类齿轮硬度适中，齿轮的加工可在热处理后进行，工艺简单，成本较低，主要用于标准系列减速箱齿轮，以及冶金机械、重型机械和机床中的一些不太重要的齿轮。

2. 中载、中速、受一定冲击载荷、运动较为平稳的齿轮

此类齿轮一般选用中碳钢或合金调质钢，如45，50Mn，40Cr，42SiMn等。其最终热处理常采用高频或中频淬火及低温回火制成硬齿面齿轮。齿面硬度可达50～55HRC，而其心部保持原正火或调质状态，故具有较好的韧性。机床变速箱中多用这类齿轮。

3. 重载，中、高速，受较大冲击载荷的齿轮

这类齿轮选用低碳合金渗碳钢或碳氮共渗钢，如20Cr，20MnB，20CrMnTi，30CrMnTi等。其热处理是渗碳、淬火、低温回火，齿轮表面可获得58～63HRC的硬度。这类齿轮的表面耐磨性、抗接触疲劳强度、抗弯强度及心部的抗冲击能力都比表面淬火的齿轮要高，但是热处理变形较大，在精度要求较高时应安排磨削加工。它们主要用于汽车、拖拉机的变速箱和后桥中的齿轮。而内燃机车、坦克、飞机上的变速齿轮，它们的负荷更重、工作环境更恶劣，对材料的性能要求也更高，需选用含合金元素较多的渗碳钢（如20CrNi，18Cr2Ni4WA），以获得更高的强度和耐磨性。

4. 精密传动齿轮或磨齿有困难的硬齿面齿轮(如内齿轮)

这类齿轮选用调质钢中的氮化钢,如 35CrMo,38CrMoAl 等。热处理采用调质及氮化,氮化后齿面硬度高达 850～1 200HV,热处理变形极小,且热稳定性好,并有一定耐磨性。其缺点是硬化层薄,不耐冲击,不适用于载荷频繁变动的重载齿轮。

16.1.3 典型齿轮的选材及其工艺路线分析示例

1. 机床齿轮的选材及其工艺路线

机床齿轮工作时运行平稳,无强烈冲击,载荷不大,转速中等,工作条件相对较好,因此对齿轮的表面耐磨性和心部韧性要求不太高。其齿面硬度超过 50HRC,齿心硬度为 220～250HBW,可满足性能要求,故一般采用碳钢(如 40,45)制造,经正火或调质处理后再进行表面淬火和低温回火。对性能要求较高的齿轮,也可选用中碳合金钢(如 40Cr,40MnB)制造,其齿面硬度可提高到 58HRC,心部强韧性也有所改善。对于极少数的高速、高精度、重载齿轮,还可选用中碳渗氮钢(如 38CrMoAlA)进行表面渗氮处理。其工艺路线为:

下料→锻造→正火→粗加工→调质→精加工→表面淬火＋低温回火→精磨。

2. 汽车变速箱齿轮选材及其工艺路线

汽车变速箱齿轮工作时传递的功率较大,承受的冲击力、摩擦力都很大,工作条件比机床齿轮恶劣得多,因此对其疲劳强度、耐磨性、心部强度及冲击韧性等方面都有更高的要求。一般要求其齿面硬度为 58～62HRC,心部硬度为 33～45HRC,心部强度 $R_m \geqslant$ 1 000 MPa,$R_{-1} \geqslant$ 440 MPa,冲击韧性 $a_K >$ 60 J/cm^2。故一般选用合金渗碳钢作为这类齿轮的选材,经渗碳(或碳氮共渗)、淬火及低温回火后使用最为合适。常采用的合金渗碳钢有 20CrMo,20CrMnTi,20CrMnMo 等。采用正火处理能够均匀组织,消除锻造应力,调整硬度,以便于后续的切削加工。这类钢的淬透性较高,通过渗碳、淬火及低温回火后,齿面硬度可达到要求,具有较高的疲劳强度和耐磨性;心部硬度也满足要求,具有较高的强度及韧性。喷丸处理能使齿面硬度提高 2～3HRC,可进一步提高齿面接触疲劳强度。其工艺路线为:

下料→锻造→正火→切削加工→渗碳→淬火＋低温回火→喷丸→磨齿。

16.2 轴类零件

轴是组成机器的主要零件之一,其主要功能是支撑回转零件(如齿轮、蜗轮)及传递运动和动力。

16.2.1 轴的工作条件、失效形式及性能要求

1. 工作条件

轴在工作时主要受交变弯曲应力和交变扭转应力的复合作用,同时也承受拉压应力

作用；轴颈部分与其他零件相配合处承受摩擦与磨损；多数轴还会承受一定的过载或冲击载荷。

2. 失效形式

轴的主要失效形式有疲劳断裂、磨损失效及变形失效，而疲劳断裂是轴最主要的失效形式。轴颈表面长期承受较大的摩擦会造成磨损失效。承受大载荷或冲击载荷作用的轴会产生过量变形和断裂破坏。

3. 性能要求

根据轴的工作条件和失效形式，要求轴用材料具备以下性能要求：

(1)良好的综合力学性能，即具有高的强度和韧性，以防过载或冲击断裂。

(2)具有高的疲劳强度，以防止疲劳断裂。

(3)具有较高的硬度和良好的耐磨性，防止轴颈等部位过度磨损。

此外，在特殊条件下工作的轴，如在高温下工作的轴，则要求有高的蠕变变形抗力。对于在腐蚀性介质环境条件下工作的轴，则要求材料具有对该介质有较高的耐腐蚀性。

16.2.2 轴类零件的选材

轴类零件用材大都选用金属材料。高分子材料由于其弹性模量小以及刚度不足而容易变形；陶瓷材料则由于太脆，韧性差，也不太适于制作轴类零件。轴类零件主要根据载荷的性质和大小、转速、技术要求、轴承种类、轴的尺寸以及有无冲击等来选择材料。

1. 受载较小、转速较低或不重要的轴

该类轴选用 Q235，Q255，Q275 等碳素结构钢制造，而这类钢通常无须进行热处理。

2. 受中等载荷且转速和精度要求不高、冲击与交变载荷较小的轴类零件

这类轴用材料选用 35，40，45，50 等优质碳素结构钢，经调质或正火处理。例如曲轴、连杆、机床主轴等。

3. 承受较大载荷或要求精度高、冲击和交变载荷较低的轴类零件

该类轴用材料选用 40MnB，40Cr，35CrMo，40CrNi，40CrNiMo 等合金钢，再进行表面淬火及低温回火处理。如汽车、拖拉机、柴油机的轴，以及压力机曲轴等。

4. 要求高精度、高尺寸稳定性及高耐磨性的轴

这类轴用材料选用渗氮钢，如 38CrMoAl，进行调质和氮化处理。如镗床主轴。

5. 承受较大冲击和交变载荷，同时要求较高耐磨性的形状复杂的轴

此类轴选用低碳合金钢，如 18Cr2NiWA，20Cr，20CrMnTi 等材料，再经渗碳、淬火及低温回火处理。如汽车、拖拉机的变速轴等。

另外，球墨铸铁(包括合金球墨铸铁)越来越多地取代中碳钢(如 45)成为轴用材料。它们制造成本低，使用效果良好，因而得到广泛应用。在有特殊要求的轴的选材上，如要求高比强度的领域(如航空航天)，多选超高强度钢、钛合金、高性能铝合金或高性能复合材料；在高温环境下工作的轴多选择耐热钢及高温合金材料；在腐蚀条件下则选用不锈钢或耐蚀树脂基复合材料等作为轴的材料。

16.2.3 典型轴类零件的选材及其工艺路线分析示例

1. 机床主轴的选材及其工艺路线

机床主轴主要承受弯-扭复合交变载荷、转速中等，并承受一定的冲击载荷，故一般选用 45，40Cr 钢制造(40Cr 钢用于载荷较大、尺寸较大的轴)。对于承受重载、要求高精度、高尺寸稳定性及高耐磨性的主轴(如镗床主轴)，则必须用 38CrMoAlA 钢经渗氮处理制造。

用 45，40Cr 钢制造机床主轴的加工工艺路线为：

下料→锻造→正火→粗加工→调质→半精加工→表面淬火＋低温回火→精磨。

2. 汽车半轴的选材及其工艺路线

汽车半轴工作时承受冲击载荷、反复弯曲疲劳应力和扭转应力的作用，要求材料应有足够的抗弯强度、疲劳强度和较好的韧性。要求其杆部硬度达 37～44HRC，盘部外圆硬度达 24～34HRC。根据上述分析，对中型载重汽车，半轴可选用 40Cr 钢，经正火、调质处理即可满足要求。其工艺路线为：

锻造→正火→机加工→调质→盘部钻孔→精加工。

16.3 弹 簧

弹簧在各类机械中应用十分广泛。它是一种弹性元件，可以在载荷作用下产生较大的弹性变形，从而起到缓冲、减振、定位及复原的作用。

16.3.1 弹簧的工作条件、失效形式及性能要求

1. 工作条件

弹簧在外力作用下压缩、拉伸、扭转时，将承受弯曲应力或扭转应力。起缓冲、减振或复原用的弹簧则承受交变应力和冲击载荷的作用。

2. 失效形式

一般情况下，弹簧的失效形式主要有塑性变形、疲劳断裂及脆性断裂。

3. 性能要求

根据弹簧的工作条件和失效形式，要求弹簧材料具有以下性能：

(1)高的弹性极限和高的屈强比，以提高其弹性和承载能力。

(2)高的疲劳强度，以提高其抗疲劳性能。

(3)足够的塑性、韧性，以防止发生冲击断裂。

16.3.2 弹簧的选材

弹簧主要根据载荷的性质、大小、循环特性、工作温度及技术要求等来选择材料。钢是最常用的弹簧材料，主要是碳素弹簧钢、低锰弹簧钢、硅锰弹簧钢和铬钒钢等；在要求防腐、防磁的特殊环境下，可以采用有色金属材料。此外，还可以用非金属材料制造弹簧，如橡胶、塑料、软木、非金属复合材料等。

1. 直径较小的不太重要的弹簧

这类弹簧可选用 60，65，70，75，60Mn，65Mn 等碳素弹簧钢。热处理后具有一定的强度，但淬透性差。这类钢的价格比合金弹簧钢的便宜。

2. 性能要求较高的重要的弹性零件

这类弹簧可选用 55Si2MnB，60Si2Mn，50CrVA，60Si2CrVA 等合金弹簧钢。这类钢的淬透性较好，热处理后弹性极限、屈强比及疲劳强度都比较高。如车辆板簧、气阀弹簧等。

3. 在腐蚀性介质中使用的弹簧

这类弹簧可选用 0Cr18Ni9，1Cr18Ni9，1Cr18Ni9Ti 等不锈钢。也可选用黄铜、锡青铜、铝青铜、铍青铜等铜合金。

16.3.3 典型弹簧的选材及其工艺路线分析示例

1. 汽车板簧的选材及其工艺路线

汽车板簧用于缓冲和吸振，承受很大的交变应力和冲击载荷的作用，需要高的屈服强度和疲劳强度。轻型汽车中的板簧选用 65Mn，60Si2Mn 钢；中型或重型汽车中的板簧选用 50CrMn，55SiMnVB 钢；重型载重汽车的大截面板簧则选用 55SiMnMoV，55SiMnMoVNb 钢。热处理工艺为：淬火温度为 850～860 ℃（60Si2Mn 钢为 870 ℃），采用油冷，淬火后组织为马氏体；回火温度为 420～500 ℃，组织为回火屈氏体。用热轧钢带（板）制造板簧的工艺路线为：

冲裁下料→压力成形→淬火→中温回火→喷丸强化。

2. 自行车手闸弹簧的选材及其工艺路线

自行车手闸弹簧是一种扭转弹簧，其用途是使手闸复位。该弹簧承受载荷小，不受冲击和振动作用，精度要求不高。因此，其可选用碳素弹簧钢（60 或 65 钢），经冷拔加工，获得钢丝，再直接冷卷、弯钩成形即可。卷后可低温（200～220 ℃）去应力退火，以消除内应力。

16.4 刀具类零件

刀具主要指切削加工使用的工具，如车刀、孔加工刀具、铣刀、拉刀等。

16.4.1 刀具的工作条件、失效形式及性能要求

1. 工作条件

刀具在切削过程中，受到切削力的作用，使刃部承受弯曲、扭转、剪切和冲击、振动等载荷作用，同时还要受到工件和切屑的强烈摩擦作用，使刀具的主切削刃部分温度升高，有时高达 600～1 000 ℃。

2. 失效形式

刀具的主要失效形式有刃具磨损、刀具断裂及刀具刃部软化。

3. 性能要求

根据刀具的工作条件和失效形式，要求刃具材料具备高硬度、高耐磨性、高红硬性，以及良好的强度、韧性和淬透性。

16.4.2 刀具的选材

制造刀具的材料主要有碳素工具钢、低合金刃具钢、高速钢和硬质合金等，可根据刀具的使用条件和性能要求进行选用。

1. 简单、低速的手用刃具

这类刃具选用 T7～T12A 等碳素工具钢，如手工锯条、锉刀、木工用刨刀、凿子等。

2. 低速切削机用刃具和形状较复杂的刃具

这类刃具选用 9SiCr，CrWMn 等低合金刃具钢，如丝锥、板牙、拉刀等。

3. 高速切削用刃具

这类刃具选用 W18Cr4V，W6Mo5Cr4V2 等高速钢，一般使用温度达 600 ℃，如车刀、铣刀、钻头和精密刀具等。

4. 高速强力切削和难加工材料的切削刃具

这类切削刃具选用 YG6，YG8，YT5，YT15 等硬质合金，一般使用温度高达 1 000 ℃。

5. 淬火钢、冷硬铸铁等高硬度难加工材料的精加工和半精加工用刃具

这类刀具选用氧化铝、热压氮化硅和立方氮化硼等陶瓷刀具，使用温度可达 1 400～1 500 ℃。

16.4.3 典型刀具选材及其工艺路线分析示例

1. 手用铰刀的选材及其工艺路线

手用铰刀主要用于钻削后孔的加工，可降低孔的表面粗糙度值，以保证孔的形状和尺寸，并达到所需的加工精度。手用铰刀在使用过程中刃口受到较大的摩擦，其主要失效形式是磨损及扭断。因此，手用铰刀对材料的性能要求是具有高硬度和高耐磨性以抵抗磨损，以及刀轴弯曲畸变量要小，应为 0.15～0.30 mm。故手用铰刀可选低合金工具钢制造，如 9SiCr 钢，并进行适当热处理。其具体热处理工艺为：刀具毛坯锻压后采用球化退火，机械加工后的最终热处理采用分级淬火 600～650 ℃预热，再升温至 850～870 ℃加热，然后在 160～180 ℃硝盐中冷却（ϕ3～ϕ13 mm）或≤80 ℃油冷（ϕ13～ϕ50 mm），再在 160～180 ℃进行低温回火。柄部则采用 600 ℃高温回火后快冷。其工艺路线为：

下料→锻造→球化退火→机加工→淬火→低温回火→精加工。

2. 麻花钻头的选材及其工艺路线

麻花钻头在高速钻削过程中，麻花钻头的周边和刃口受到较大的摩擦力，温度升高，同时还受到一定的转矩和进给力，因此选材要求具有较高的硬度、耐磨性、高的热硬性和足够的韧性。因此，麻花钻头常选用高速工具钢 W6Mo5Cr4V2。其热处理工艺为：淬火工艺要经过两次盐炉中预热加热到 1 200 ℃后进行分级淬火，获得马氏体、少量碳化物和大量残余奥氏体，硬度为 40～46HRC。然后进行 560 ℃三次回火，获得回火马氏体、碳化物和少量残余奥氏体，硬度达到 62～64HRC。其工艺路线为：

下料→锻造→退火→加工成形→淬火→三次高温回火→磨削→刃磨。

16.5 工程材料应用示例

以汽车和船舶为例，它们的主要用材均为金属材料，塑料、橡胶、陶瓷等非金属材料也占有一定比例。近年来，复合材料随着制造技术的进步和成本的降低，在汽车、船舶领域也得到了广泛的应用。

16.5.1 汽车用工程材料

1. 金属材料

（1）缸体和缸盖

缸体常用的材料有灰铸铁和铝合金两种。缸盖应选用导热性好、高温机械强度高、能承受反复热应力、铸造性能良好的材料来制造。一般选用灰铸铁、合金铸铁或铝合金材料。

(2)缸套

常用缸套材料为耐磨合金铸铁，主要有高磷铸铁、硼铸铁、合金铸铁等。

(3)活塞、活塞销和活塞环

常用的活塞材料是铝-硅合金。活塞销材料一般用 20，20Cr，18CrMnTi 等低碳合金钢。活塞销外表面应进行渗碳或氰化处理，以满足外表面硬且耐磨，材料内部韧且耐冲击的要求。活塞环用合金铸铁或球墨铸铁，再经表面处理。

(4)连杆

连杆材料一般采用 45，40Cr，40MnB 等调质钢。

(5)气门

气门材料应选用耐热、耐蚀、耐磨的材料。进气门一般可用合金钢(如 40Cr，35CrMo，38CrSi，42Mn2V)制造；而排气门则要求用高铬耐热钢(如 4Cr9Si2，4Cr10Si2Mo)制造。

(6)半轴

中、小型汽车的半轴一般用 45，40Cr 钢制造，而重型汽车用淬透性较高的合金钢(如 40MnB，40CrNi，40CrMnMo)制造。

(7)车身、纵梁、挡板等冷冲压件

在汽车零件中，冷冲压件种类繁多，占总零件数的 50%～60%。汽车冷冲压件用的原材料有钢板和钢带。其中主要选材是钢板，包括热轧钢板和冷轧钢板。如 08，20，25，Q345(16Mn)等钢板。

2. 高分子材料

(1)塑料

汽车内饰塑料制品主要有内饰坐垫、仪表板、扶手、头枕、门内衬板、顶棚衬里、地毯、控制箱及转向盘等。

汽车上常用的工程塑料有聚丙烯、聚乙烯、聚苯乙烯、ABS、聚酰胺、聚甲醛、聚碳酸酯、酚醛树脂等。聚丙烯主要用于通风采暖系统、发动机的某些配件以及外装件，如真空助推器、转向盘、仪表板、前/后保险杠、加速踏板、蓄电池壳、空气滤清器、冷却风扇、风扇护罩、散热器格栅、转向机套管、分电器盖、灯壳及电线覆皮等。聚乙烯可用于制造汽油箱、挡泥板、转向盘、各种液体储罐以及衬板，聚乙烯在汽车上最重要的用途是用于制造汽油箱。聚苯乙烯主要用作各种仪表外壳、灯罩及电器零件。ABS 制作汽车用车轮罩、保险杠垫板、镜框、控制箱、手柄、开关喇叭盖、后端板、百叶窗、仪表板、控制板、收音机壳、杂物箱及暖风壳等。

(2)橡胶

汽车的主要橡胶件是轮胎，此外还有各种橡胶软管、密封件、减振垫等。生胶是轮胎最重要的原材料，轿车轮胎以合成橡胶为主，而载重轮胎以天然橡胶为主。

3. 无机非金属材料

日本、美国绝热发动机上采用工程陶瓷，如日野汽车公司开发的陶瓷发动机系统。该发动机汽缸套、活塞等燃烧室件中有 40%左右是陶瓷件，使用的陶瓷有 ZrO_2，Si_3N_4 等。此外，还采用 Si_3N_4 制造气阀头、活塞顶、汽缸套、摇臂镶块等。

4. 汽车用复合材料

随着复合材料制造技术的发展和汽车轻量化的要求，复合材料在汽车中的应用越来越广泛。如汽车上常用的玻璃纤维和热固性树脂等复合材料，可用于制造汽车顶棚、空气导流板、前灯壳、发动机罩、挡泥板、后端板、三角窗框、尾板等外装件。用碳纤维增强树脂基复合材料制成的汽车零件，如传动轴、悬挂弹簧、保险杠、车轮、转向节、车门、座椅骨架、发动机罩、格栅、车架等；还有碳纤维增强碳基复合材料（C/C）和碳纤维增强 SiC 基复合材料（C/SiC）刹车盘等。

16.5.2 船舶用工程材料

1. 金属材料

（1）甲板、船底

甲板和船底常用的材料是碳素钢和低合金钢，如 12MnC，16MnC，15MnTiC 等，主要考虑材料的焊接性能。

（2）艉柱、舵架

艉柱、舵架常用铸钢材料，如 ZG25Mn2。需承受冲击、腐蚀和摩擦作用，部分铸钢件可在高温和动载荷下工作。

（3）轴系

船舶轴系受力情况复杂，主要受到扭矩、弯曲、推力和振动等多种外力作用。因此，船舶轴系对材料提出了较高的要求，主要采用锻钢件，如 35，45，40Cr，45CrNi，35CrNiMo，18Cr2Ni14WA 等。

（3）吊艇杆、快艇壳体

吊艇杆和快艇壳体一般选用铝合金材料制造。吊艇杆主要选用 LF11，LF5，LF2 等材料；快艇壳体主要选用 LF6 或特殊要求牌号的材料。

（4）螺旋桨

螺旋桨是船舶推力的重要部件，主要采用铜合金、不锈钢、铸铁和塑料。常用铜合金包括锰青铜、镍-锰青铜、镍-铝青铜、锰-铝青铜。

（5）潜艇和深潜器

潜艇和深潜器一般选用钛合金材料制造，主要是为了提高设备的强度和耐腐蚀性能。

2. 船舶用高分子材料

（1）塑料材料

塑料材料在船舶上的应用较为广泛，主要应用在内饰、电风扇、低压电器元件（开关、插头、接线盒等）以及电气安装元件（电缆、衬套、接线板、填料函等）。

（2）橡胶

船舶上应用橡胶材料的主要是船舷、橡皮艇、救生圈、密封圈等，主要用于减振、防撞、救援和密封防水等。

（3）涂料

船舶涂料也称船舶漆，主要包括漆料（主要成膜物质）、颜料（次要成膜物质）和稀料

(溶剂),有时也加入其他成分,如增塑剂、催干剂等辅助材料,以满足涂装工艺和涂料使用要求。

漆料是涂料中最主要的成分,它能结成坚固的漆膜,以保护船舶与海洋工程结构不受海水或海洋大气的腐蚀。船舶漆主要采用的漆料是指酚醛树脂、醇酸树脂、环氧树脂、聚氨酯、过氯乙烯等合成树脂和沥青、松香、虫胶等天然树脂,主要以合成树脂为主。颜料在涂料中属于次要成膜物质,主要起着色、防锈、填充、提高漆膜机械性能、推迟漆膜老化和延长涂层使用寿命的作用;船舶漆中常采用的着色颜料有钛白粉、铅铬黄、群青、铁红等,采用的填充颜料主要有滑石粉、硫酸钡、云丹粉等。稀料(溶剂)是一种能溶解漆料的挥发性液体,主要用于调整涂料的稠度,以便于施工;船舶漆中常采用松香水、松节油、二甲苯、重质苯、酒精、丁醇和香蕉水等。增塑剂主要用来提高漆膜的柔韧性和附着力。

3. 无机非金属材料

无机非金属材料在船舶中主要用于绝缘材料(包括隔热、隔音、防火材料等,如石棉、矿物棉、毛毡等)和门窗用玻璃材料等。

4. 复合材料

树脂基复合材料在船舶船体材料上的应用目前已经较为广泛,如玻璃纤维增强塑料的玻璃钢渔船、玻璃钢游艇等。此外,陶瓷基复合材料在船用汽轮机和燃气轮机的叶片上也得到了较好的应用。

思考题

16-1 制定下列零件的热处理工艺,并编写简明的工艺路线(各零件均选用锻造毛坯,且钢材具有足够的淬透性)。

(1)某机床变速箱齿轮(模数 $m=4$),要求齿面耐磨,心部强度和韧性要求不高,选用45钢制造。

(2)某机床主轴,要求有良好的综合机械性能,轴颈部分要求耐磨(50~55HRC),选用45钢制造。

16-2 指出下列零件在选材和制定热处理技术条件中的错误,并予以改正。

(1)表面耐磨的凸轮,材料用20钢,热处理技术条件:淬火、回火,60~63HRC。

(2)直径为30 mm,要求良好综合力学性能的传动轴,材料用40Cr钢制造,热处理技术条件:调质,40~45HRC。

(3)弹簧(直径为15 mm),材料用45钢,热处理技术条件:淬火、回火,55~60HRC。

(4)转速低、表面耐磨及心部强度要求不高的齿轮,材料用T12钢,热处理技术条件:渗碳、淬火,58~62HRC。

16-3 手锯锯条、普通螺钉、车床主轴和弹簧钢,分别用何种碳钢制造?试说出其名称、牌号(至少一个)以及其热处理方法。

16-4 工程材料在汽车和船舶领域选用时有哪些不同之处?

参考文献

[1] 王忠.机械工程材料.2 版[M].北京:清华大学出版社,2009.

[2] 郝建民.机械工程材料[M].西安:西北工业大学出版社,2006.

[3] 梁耀能.机械工程材料.2 版[M].广州:华南理工大学出版社,2011.

[4] 沈莲.机械工程材料.4 版[M].北京:机械工业出版社,2018.

[5] 郑明新.工程材料[M].北京:中央广播电视大学出版社,2000.

[6] 齐民,于永泗.机械工程材料.10 版[M].大连:大连理工大学出版社,2017.

[7] 宋杰.机械工程材料.3 版[M].大连:大连理工大学出版社,2010.

[8] 王运炎,朱莉.机械工程材料.3 版[M].北京:机械工业出版社,2017.

[9] 汪传生.工程材料及应用[M].西安:西安电子科技大学出版社,2008.

[10]朱张校,姚可夫.工程材料.5 版[M].北京:清华大学出版社,2011.

[11] 刘新佳.工程材料.2 版[M].北京:化学工业出版社,2013.

[12] 王章忠.机械工程材料.3 版[M].北京:机械工业出版社,2019.

[13] 齐宝森.机械工程材料.4 版[M].哈尔滨:哈尔滨工业大学出版社,2018.

[14] 刘天模,徐幸梓.工程材料[M].北京:机械工业出版社,2012.

[15] 梁戈.机械工程材料与热加工工艺.2 版[M].北京:机械工业出版社,2015.

[16] 杨莉,郭国林.工程材料及成形技术基础[M].西安:西安电子科技大学出版社,2019.

[17] 崔忠圻,覃耀春.金属学与热处理.3 版[M].北京:机械工业出版社,2020.

[18] 何世禹,金晓鸥.机械工程材料[M].哈尔滨:哈尔滨工业大学出版社,2006.

[19] 崔振铎,刘华山.金属材料及热处理[M].长沙:中南大学出版社,2020.

[20] 袁志钟,戴起勋.金属材料学[M].北京:化学工业出版社,2019.

[21] 赵杰.材料科学基础[M].大连:大连理工大学出版社,2010.

[22] 胡赓祥,蔡珣,戎咏华.材料科学基础[M].上海:上海交通大学出版社,2017.

[23] 赵品,谢辅洲,孙振国.材料科学基础教程[M].哈尔滨:哈尔滨工业大学出版社,2016.

[24] 庞国星.工程材料与成形技术基础.3 版[M].北京:机械工业出版社,2018.

[25] 高聿为,邱平善,崔占全.机械工程材料教程[M].哈尔滨:哈尔滨工程大学出版社,2009.

[26] 范敏. 机械工程材料[M]. 西安:西安电子科技大学出版社,2013.
[27] 崔占全,孙振国. 工程材料. 3 版[M]. 北京:机械工业出版社,2013.
[28] 王顺兴. 机械工程材料[M]. 北京:化学工业出版社,2019.
[29] 刘贯军. 机械工程材料与成形技术. 3 版[M]. 北京:电子工业出版社,2019.
[30] 徐婷,刘斌. 机械工程材料[M]. 北京:国防工业出版社,2017.
[31] 徐林红,饶建华. 金属材料及热处理[M]. 武汉:华中科技大学出版社,2019.
[32] 李成栋,赵梅,刘光启. 金属材料速查手册[M]. 北京:化学工业出版社,2018.
[33] 刘瑞堂,刘锦云. 金属材料力学性能[M]. 哈尔滨:哈尔滨工业大学出版社,2015.
[34] 施江澜,赵占西. 材料成形技术基础. 3 版[M]. 北京:机械工业出版社,2013.
[35] 邢建东,陈金德. 材料成形技术基础. 2 版[M]. 北京:机械工业出版社,2007.
[36] 王爱珍. 机械工程材料成形技术基础[M]. 北京:北京航空航天大学出版社,2005.
[37] 陈宝国. 金属材料焊接工艺[M]. 北京:机械工业出版社,2021.
[38] 乌日根. 金属材料焊接工艺[M]. 北京:机械工业出版社,2019.
[39] 邓洪军. 金属熔焊原理. 2 版[M]. 北京:机械工业出版社,2020.
[40] 钟平福. 逆向造型与快速成型技术应用[M]. 北京:机械工业出版社,2019.
[41] 王广春. 快速成型与快速模具制造技术及其应用. 3 版[M]. 北京:机械工业出版社,2017.
[42] 魏安安,谈登来,陆怡,等. 炉管材料 ZG40Ni35Cr25Nb 过早失效的原因分析[J]. 腐蚀与防护,2008,(11):713-716.
[43] 冯卫忠. 机械零件失效原因分析及预防措施[J]. 设备管理与维修,2014,(S1):131-133.